CÉREBRO EM AÇÃO

CB060070

DAVID EAGLEMAN

CÉREBRO EM AÇÃO

A HISTÓRIA DETALHADA DA ETERNA
RECONFIGURAÇÃO DO CÉREBRO

TRADUÇÃO DE RYTA VINAGRE

Título original
LIVEWIRED
The Inside Story of the Ever-Changing Brain

Copyright © David Eagleman, 2020
Todos os direitos reservados.

Direitos para a língua portuguesa reservados
com exclusividade para o Brasil à
EDITORA ROCCO LTDA.
Rua Evaristo da Veiga, 65 – 11º andar
Passeio Corporate – Torre 1
20031-040 – Rio de Janeiro – RJ
Tel.: (21) 3525-2000 – Fax: (21) 3525-2001
rocco@rocco.com.br
www.rocco.com.br

Printed in Brazil/Impresso no Brasil

preparação de originais
RODRIGO AUSTREGÉSILO

CIP-Brasil. Catalogação na Publicação.
Sindicato Nacional dos Editores de Livros, RJ.

E11c   Eagleman, David
     Cérebro em ação: a história detalhada da eterna reconfiguração do cérebro / David Eagleman; tradução de Ryta Vinagre. – 1ª ed. – Rio de Janeiro: Rocco, 2022.

Tradução de: Livewired: the inside story of the ever-changing brain
ISBN 978-65-5532-212-5
ISBN 978-65-5595-101-1 (e-book)

1. Cérebro - Obras populares. 2. Neurociência – Obras populares. 3. Neuroplasticidade – Obras populares. I. Vinagre, Ryta. II. Título.

22-75842   CDD-612.82
                                                                              CDU-612.82

Meri Gleice Rodrigues de Souza – Bibliotecária – CRB-7/6439

O texto deste livro obedece às normas do
Acordo Ortográfico da Língua Portuguesa.

SUMÁRIO

1 O tecido elétrico vivo   11
A criança com meio cérebro • O outro segredo da vida • Se lhe falta a ferramenta, crie uma • Um sistema em eterna mudança

2 Basta adicionar o mundo   28
Como cultivar um bom cérebro • Exige-se experiência • A grande aposta da natureza

3 O interior espelha o exterior   38
O caso dos macacos de Silver Spring • O além-túmulo do braço direito do lorde Horatio Nelson • O timing é tudo • A colonização é um trabalho de tempo integral • Quanto mais, melhor • De uma velocidade cegante • O que sonhar tem a ver com a rotação do planeta? • O que está por fora é como o que está por dentro

4 O aproveitamento de inputs   68
A tecnologia vencedora do Cabeça de Batata • Substituição sensorial • O mágico de um truque só • Melodias oculares • Boas vibrações • O melhoramento dos periféricos • A conjuração de um novo sensorium • A imaginação de uma nova cor • Está pronto para uma nova sensação?

5 Como ter um corpo melhor 139
 *Por favor, o verdadeiro Doutor Octopus pode levantar as
 mãos? • Sem projetos-padrão • Balbucio motor • O córtex
 motor, os marshmallows e a lua • Autocontrole • Os brinquedos
 somos nós • Um cérebro, planos corporais infinitos*

6 Por que é importante se importar 174
 *Os córtices motores de Perlman e Ashkenazy •
 Modelando a paisagem • Tenaz • Permitindo que o
 território mude • O cérebro de um nativo digital*

7 Por que o amor só conhece a própria profundidade na hora da separação 198
 *Um cavalo no rio • Deixando invisível o esperado • A
 diferença entre o que você pensou que aconteceria e o que
 realmente aconteceu • A caminho da luz. Ou do açúcar.
 Ou dos dados • Adaptação para esperar o inesperado*

8 O equilíbrio à beira da mudança 216
 *Quando os territórios desaparecem • Como espalhar
 traficantes de drogas uniformemente • Como os neurônios
 expandem sua rede social • Os benefícios de uma boa
 morte • Será o câncer uma expressão de plasticidade
 que correu mal? • Salvando a floresta cerebral*

9 Por que é mais difícil ensinar truques novos a cachorros velhos? 238
 *Nascido como muitos • O período sensível • As portas se fecham
 em taxas diferentes • Ainda mudando depois de todos esses anos*

10 Lembra quando 257
 *Falando com seu eu futuro • O inimigo da memória não é o
 tempo; são as outras lembranças • Partes do cérebro ensinam*

para outras partes do cérebro • Para além das sinapses • O sequenciamento de uma gama de escalas de tempo • Muitos tipos de memória • Modificado pela história

11 O lobo e a sonda em Marte 286

12 A descoberta do amor há muito perdido de Ötzi 297
Conhecemos os metamorfos, e somos nós

Agradecimentos 303

Notas 305

Leituras adicionais 353

Créditos das ilustrações 367

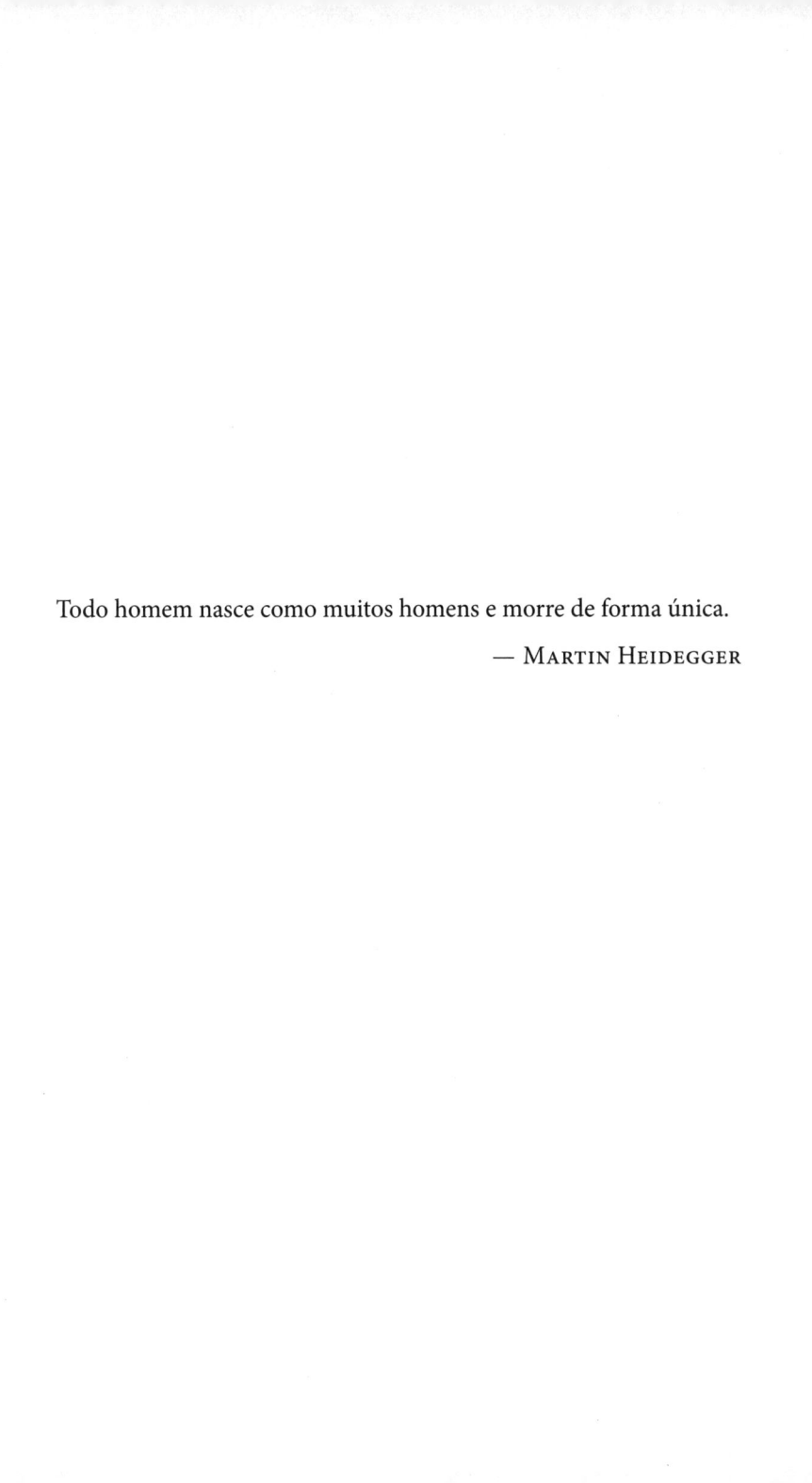

Todo homem nasce como muitos homens e morre de forma única.

— Martin Heidegger

1
O TECIDO ELÉTRICO VIVO

Imagine o seguinte: no lugar de mandarmos um veículo de exploração de 200 quilos a Marte, nós simplesmente disparamos ao planeta uma única esfera que possa caber na ponta de um alfinete. Pelo uso de energia de fontes próximas, a esfera se divide em um exército diversificado de outras esferas semelhantes. Elas ligam-se umas às outras e, dessa união, surgem funcionalidades: rodas, lentes, sensores de temperatura e um sistema completo de orientação interno. Você entraria em choque ao ver um sistema desses se desenvolver.

Mas você só precisa ir a qualquer berçário para ver esta descompactação em ação. Verá bebês chorosos que começaram como uma única célula fertilizada e agora estão em vias de se emancipar, transformando-se em humanos enormes, repletos de detectores de fótons, membros multiarticulados, sensores de pressão, bombas de sangue e maquinaria para metabolizar energia a partir de tudo que os cerca.

E esta nem é a melhor parte do que sabemos sobre a espécie humana; tem algo mais impressionante. Nossa maquinaria não é inteiramente pré-programada, ela se modela ao interagir com o mundo. Enquanto crescemos, constantemente estamos reescrevendo os circuitos de nosso cérebro para enfrentar desafios, aproveitar oportunidades e compreender as estruturas sociais à nossa volta.

Nossa espécie conseguiu dominar cada canto do planeta porque nós representamos a mais elevada expressão de um truque descoberto pela Mãe Natureza: não roteirizar inteiramente o cérebro; em lugar disto, configurá-lo com seus blocos fundamentais e lançá-lo ao mundo. O bebê chorão por fim deixará de chorar, olhará em volta e absorverá o mundo. Ele se molda ao ambiente. Encharca-se de tudo, da língua local à cultura mais ampla e à política global. Leva adiante as crenças e os vieses daqueles que o criam. Cada lembrança terna que tem, cada lição que aprende, cada gota de informação que bebe — tudo isso talha seus circuitos para desenvolver algo que nunca foi planejado de antemão, mas reflete o mundo que o cerca.

Este livro mostrará como nosso cérebro reconfigura incessantemente seus próprios circuitos e o que isto significa para nossa vida e nosso futuro. Pelo caminho, veremos nossa história iluminada por muitas perguntas: por que as pessoas nos anos 1980 (e apenas nos anos 1980) enxergavam as páginas dos livros ligeiramente vermelhas? Por que o melhor arqueiro do mundo não tem braços? Por que sonhamos toda noite e o que isso tem a ver com a rotação do planeta? O que a abstinência de drogas tem em comum com um coração partido? Por que o inimigo da memória não é o tempo, mas as outras lembranças? Como uma pessoa cega pode aprender a enxergar com a língua, ou uma surda aprende a ouvir com a pele? Será que um dia seremos capazes de ler os detalhes rudimentares da vida de alguém em estruturas microscópicas gravadas na floresta de suas células encefálicas?

A CRIANÇA COM MEIO CÉREBRO

Enquanto Valerie S. se arrumava para trabalhar, seu filho de três anos, Matthew, desmaiou no chão.[1] Não respondia aos chamados pelo seu nome. Seus lábios ficaram azulados. Valerie ligou, em pânico, para o marido. "Por que está ligando para mim?", gritou ele. "Ligue para um médico!"

Uma ida à emergência do hospital foi seguida de uma longa tarde de consultas. O pediatra recomendou que examinassem o coração de Matthew. O cardiologista o equipou com um monitor cardíaco, que Matthew insistia em desconectar. As consultas não trouxeram à tona nada em particular. O susto foi um evento único. Ou assim eles pensavam. Um mês depois, enquanto Matthew estava comendo, seu rosto assumiu uma expressão estranha. Os olhos ficaram intensos, o braço direito elevado e rígido, e ele não reagiu a nada por cerca de um minuto. Mais uma vez, Valerie o levou às pressas ao médico; mais uma vez, não houve um diagnóstico claro.

E aconteceu de novo no dia seguinte.

Um neurologista conectou Matthew a uma touca de eletrodos para medir a atividade cerebral e foi quando encontrou os sinais reveladores de epilepsia. Receitaram remédios para convulsões a Matthew.

Os remédios ajudaram, mas não por muito tempo. Logo Matthew tinha uma série de convulsões intratáveis, primeiro a intervalos de uma hora, depois 45 minutos, em seguida 30 minutos — como a duração cada vez menor entre as contrações de uma mulher em trabalho de parto. Depois de um tempo, ele sofria uma convulsão de dois em dois minutos. Valerie e o marido, Jim, levavam Matthew correndo ao hospital sempre que começava uma série dessas e ele ficava internado por dias ou até semanas. Depois de vários episódios assim, eles esperavam até que as "contrações" chegassem à marca de 20 minutos e avisavam ao hospital, entravam no carro e, no caminho, davam alguma coisa para Matthew comer no McDonald's.

Matthew, enquanto isso, esforçava-se para aproveitar a vida entre uma convulsão e outra.

A família o internava dez vezes por ano. Esta rotina continuou por três anos. Valerie e Jim começaram a lamentar a perda de seu filho saudável — não porque ele fosse morrer, mas porque não teria mais uma vida normal. Passaram pela raiva e pela negação. Não viviam mais normalmente. Por fim, durante uma internação hospitalar de três semanas, os neurologistas tiveram de admitir que aquele problema era maior que a capacidade deles de tratá-lo naquele hospital.

E então a família viajou em uma UTI aérea de Albuquerque, no Novo México, onde moravam, ao hospital Johns Hopkins, em Baltimore. Foi lá, na UTI pediátrica, que passaram a entender que Matthew tinha encefalite de Rasmussen, uma doença inflamatória rara e crônica. O problema da doença é que afeta não só uma pequena parte do cérebro, mas metade dele. Valerie e Jim exploraram as alternativas e ficaram alarmados quando souberam que só havia um tratamento conhecido para o problema de Matthew: uma hemisferectomia, ou a remoção cirúrgica de toda uma metade do cérebro.

— Não consigo lhe contar o que os médicos disseram depois disso —, disse-me Valerie. — Tudo se apagou, como se todo mundo falasse numa língua estrangeira.

Valerie e Jim tentaram outras abordagens terapêuticas, mas se provaram infrutíferas. Quando Valerie ligou para o hospital Johns Hopkins para marcar a hemisferectomia alguns meses depois, o médico lhe perguntou:

— Tem certeza?

— Sim — disse ela.

— Você conseguirá se olhar no espelho todo dia e saber que tomou a decisão que precisava tomar?

O tecido elétrico vivo 15

Valerie e Jim não conseguiram dormir com o peso da ansiedade esmagadora. Será que Matthew sobreviveria à cirurgia? Será mesmo possível viver sem metade do cérebro? E se for possível, será que a remoção de um hemisfério será debilitante a ponto de dar a Matthew uma vida que não vale a pena ser vivida? Mas não havia outras opções. Uma vida normal não podia ser vivida na sombra de várias convulsões por dia. Eles se viram comparando as desvantagens garantidas de Matthew com o resultado incerto da cirurgia.

Os pais de Matthew o levaram de avião ao hospital em Baltimore. Por baixo de uma pequena máscara de tamanho infantil, Matthew dormiu sob a anestesia. Uma lâmina fez cuidadosamente um corte no couro cabeludo raspado. Uma broca óssea abriu um orifício circular e com rebarbas em seu crânio.

Trabalhando pacientemente ao longo de várias horas, o cirurgião removeu metade do delicado material que sustentava o intelecto, as emoções, a linguagem, o senso de humor, os medos e amores de Matthew. O tecido encefálico extraído, inútil fora de seu meio biológico, foi guardado em pequenos recipientes. A metade vazia do crânio de Matthew aos poucos se encheu de líquido cefalorraquidiano, aparecendo na neuroimagem como um vazio escuro.[2]

Na sala de recuperação, os pais beberam o café do hospital e esperaram que Matthew abrisse os olhos. Como seria seu filho agora? Quem ele seria com somente metade do cérebro?

De todos os objetos que nossa espécie descobriu no planeta, nenhum se compara em complexidade com nosso cérebro. O cérebro humano consiste em 86 bilhões de células chamadas neurônios: células que transportam informações rapidamente na forma de picos de voltagem itinerantes.[3] Os neurônios são densamente interconectados em redes complexas, que parecem florestas, e o número total de conexões entre os neurônios em sua cabeça é da ordem de centenas de trilhões (cerca de 0,2 quatrilhão). Para se calibrar, pense no seguinte: existem vinte vezes mais conexões em um milímetro cúbico de tecido cortical do que seres humanos em todo o planeta.

Mas não é a quantidade de estruturas o que torna o cérebro interessante; é a forma de interação entre elas.

Nos livros didáticos, na publicidade e na cultura popular, o cérebro costuma ser retratado como um órgão com diferentes regiões dedicadas a tarefas específicas. Esta área aqui existe para a visão, aquela faixa ali é necessária para saber usar ferramentas, esta região se ativa quando resistimos a doces e esses pontos se acendem quando matutamos sobre um dilema moral. Todas as áreas podem ser perfeitamente rotuladas e categorizadas.

Mas este modelo de livro didático é inadequado e deixa passar a parte mais interessante da história. O cérebro é um sistema dinâmico, que altera constantemente seus próprios circuitos para fazer frente às exigências do ambiente e às capacidades do corpo. Se você tivesse uma câmera de vídeo mágica que pudesse dar um zoom no cosmo vivo e microscópico dentro do crânio, testemunharia as projeções dos neurônios, como tentáculos, agarrando, apalpando, trocando esbarrões, procurando pelas conexões certas a serem formadas ou esquecidas, como cidadãos de um país que estabelecem amizades, casamentos, bairros, partidos políticos, vendetas e redes sociais. Pense no cérebro como uma comunidade viva de trilhões de organismos interligados. Muito mais estranho do que a imagem no livro didático, o cérebro é uma espécie enigmática de material computacional, um tecido tridimensional que muda, reage e se ajusta para maximizar sua eficiência. O padrão complexo de conexões no cérebro — os circuitos — é cheio de vida: conexões entre neurônios brotam, morrem e se reconfiguram incessantemente. Você é uma pessoa diferente do que era a esta mesma hora no ano passado, porque a tapeçaria gigantesca de seu cérebro teceu a si mesma e formou algo novo.

Quando você aprende alguma coisa — a localização de um restaurante de sua preferência, uma fofoca sobre o chefe, aquela música nova e viciante no rádio —, seu cérebro passa por uma mudança física. O mesmo acontece quando você vive um sucesso financeiro, um fiasco social ou um despertar emocional.

Quando arremessa a bola de basquete, discorda de um colega de trabalho, viaja a uma cidade desconhecida, olha uma foto antiga ou ouve os tons melífluos da voz de um ente querido, as selvas imensas e interligadas de seu cérebro modificam-se para algo um pouco diferente do que eram um instante antes. Estas mudanças sintetizam nossas lembranças: o resultado de nossa vida e nossos amores. Acumulando-se por minutos, meses e décadas, as mudanças inumeráveis do cérebro somam o que chamamos de você.

Ou pelo menos o você neste momento. Ontem você era ligeiramente diferente. E amanhã será outra pessoa de novo.

O OUTRO SEGREDO DA VIDA

Em 1953, Francis Crick entrou intempestivamente no pub Eagle and Child. Anunciou aos fregueses assustados que ele e James Watson tinham acabado de descobrir o segredo da vida: decifraram a estrutura em dupla hélice do DNA. Foi um dos momentos mais chocantes na história da ciência.

Mas acontece que Crick e Watson tinham descoberto apenas *metade* do segredo. A outra metade você não vai encontrar escrita em uma sequência de pares de bases do DNA e não encontrará escrita em um livro didático. Nem agora, nem nunca.

Porque a outra metade está à sua volta. Está em cada experiência, mesmo mínima, que você tem com o mundo: as texturas e os sabores, as carícias e os acidentes de carro, as línguas e as histórias de amor.[4] Para compreender isto, imagine que você nasceu 30 mil anos atrás. Você tem exatamente o seu DNA, mas desliza do útero e abre os olhos em uma época diferente. Como você seria? Teria prazer em dançar vestido em peles em volta do fogo enquanto admirava as estrelas? Gritaria do alto de uma árvore para avisar da aproximação de tigres-dente-de-sabre? Dormir ao relento lhe daria ansiedade quando nuvens de chuva aparecessem no céu? Não importa como você acha que seria; é engano seu. Esta é uma pergunta capciosa. Porque você não seria você. Nem mesmo vagamente. Este ser das cavernas com o DNA idêntico pode se *parecer* um pouco com você, por ter o mesmo livro de receitas genômico. Mas o ser da caverna não pensaria como você. Nem planejaria, imaginaria ou simularia o passado e o futuro como você faz.

Por quê? Porque as experiências do ser das cavernas são diferentes das suas. Embora o DNA seja uma parte da história de sua vida, é apenas uma parte pequena. O resto da história envolve os variados detalhes de suas experiências e seu ambiente, e tudo isso tece a vasta tapeçaria microscópica das células cerebrais e suas conexões. O que pensamos como *você* é um vaso de experiências despejado em uma pequena amostra de espaço e tempo. Você assimila a cultura local e a tecnologia por meio dos sentidos. Quem você é deve tanto a seu ambiente quanto ao DNA em suas células.

Compare esta história com um dragão-de-komodo nascido hoje e um dragão-de-komodo nascido 30 mil anos atrás. Pode-se presumir que seria mais complicado distingui-los por qualquer aferição do comportamento dos dois.

Qual é a diferença?

Os dragões-de-komodo chegam ao mundo com um cérebro que descompacta aproximadamente o mesmo resultado, sempre. As habilidades em seu currículo são principalmente programadas (*coma! acasale! nade!*). E essas habilidades os permitem manter certa estabilidade em seus ecossistemas. Mas eles são trabalhadores inflexíveis. Se fossem levados por ar de sua casa no sudeste da Indonésia e transferidos para as neves do Canadá, logo não existiriam mais dragões-de-komodo.

A espécie humana, por sua vez, prospera em ecologias de todo o globo e muito em breve estaremos fora do planeta. Qual é o truque? Não é que sejamos mais durões, mais robustos, ou mais resistentes do que outras criaturas: por qualquer uma destas medidas, perdemos para a maioria dos outros animais. Em vez disso, existe o fato de que caímos no mundo com grande parte do cérebro incompleta. Por conseguinte, temos um período singularmente longo de vulnerabilidade na primeira infância. Mas esse custo compensa, porque nosso cérebro convida o mundo a lhe dar forma — e é assim que absorvemos, sedentos, a língua de nossa localidade, assim como suas culturas, modas, política, religiões e moralidades.

Cair no mundo com um cérebro imaturo mostrou-se uma estratégia vencedora para a espécie humana. Vencemos a competição com cada espécie do planeta: cobrimos massas terrestres, conquistamos os mares e viajamos à Lua. Triplicamos nossa expectativa de vida. Compomos sinfonias, erguemos arranha-céus e medimos com uma precisão cada vez maior os detalhes de nosso próprio cérebro. Nenhum destes empreendimentos estava geneticamente codificado.

Pelo menos não diretamente. Em lugar disto, nossa genética promove um princípio simples: *não construa equipamento inflexível; construa um sistema que se adapte ao mundo.* Nosso DNA não é um esquema fixo para a construção de um organismo; antes, ele configura um sistema dinâmico que reescreve continuamente seus circuitos para refletir o mundo em que se encontra e otimizar a eficácia nele.

Pense em como uma criança em idade escolar olhará um globo terrestre e concluirá que existe algo fundamental e inalterável nas fronteiras dos países. Um historiador profissional, por sua vez, entende que as fronteiras entre os países são funções circunstanciais e que nossa história poderia ter ligeiras variações: um aspirante a rei morre na infância, ou uma praga nos milharais é evitada, ou uma nave de guerra afunda e uma batalha pende para o outro lado. Pequenas mudanças em cascata produziriam diferentes mapas do mundo.

O mesmo acontece com o cérebro. Embora o desenho em um livro didático tradicional sugira que os neurônios no cérebro estão alegremente acondicionados lado a lado como jujubas em um pote, não se deixe iludir pelo desenho: os neurônios são fixados na competição pela sobrevivência. Como nações vizinhas, os neurônios demarcam seus territórios e os defendem cronicamente. Lutam por território e pela sobrevivência em cada nível do sistema: cada neurônio e cada conexão entre neurônios luta por recursos. À medida que as guerras de fronteira grassam pelo tempo de vida do cérebro, os mapas são redesenhados de tal modo que as experiências e os objetivos de uma pessoa sempre são refletidos na estrutura cerebral. Se uma contadora abandona a profissão para se tornar pianista, o território neural dedicado aos dedos se expandirá; se ela se tornar microscopista, seu córtex visual desenvolverá uma resolução mais alta para os pequenos detalhes que ela procura; se ela se tornar perfumista, aumentarão as regiões do cérebro destinadas ao olfato.

É apenas de uma distância desapaixonada que o cérebro dá a ilusão de um globo com fronteiras predestinadas e definitivas.

O cérebro distribui seus recursos de acordo com o que é mais importante e, para tanto, implementa uma competição faça-ou--morra entre todos os componentes. Este princípio básico esclarecerá várias questões que encontraremos em breve: por que você às vezes sente que o celular acaba de tocar no bolso, descobrindo que ele está na mesa? Por que o ator austríaco Arnold Schwarzenegger tem um forte sotaque quando fala inglês americano, enquanto a atriz ucraniana Mila Kunis não tem nenhum? Por que uma criança autista, com síndrome de Savant, é capaz de resolver um cubo mágico em 45 segundos, mas incapaz de manter uma conversa normal com colegas? Será que a espécie humana pode aproveitar a tecnologia para construir novos sentidos, ganhando assim uma percepção direta da luz infravermelha, dos padrões climáticos globais ou do mercado de ações?

SE LHE FALTA A FERRAMENTA, CRIE UMA

No final de 1945, Tóquio se viu em apuros. No período que abrangeu a Guerra Russo-Japonesa e as duas guerras mundiais, a cidade dedicou quarenta anos de recursos intelectuais ao pensamento militar. Isto equipou a nação com talentos desenvolvidos para uma coisa só: mais guerra. Mas as bombas atômicas e a fadiga do combate arrefeceram seu apetite pela conquista na Ásia e no Pacífico. A guerra tinha acabado. O mundo mudara, e a nação japonesa teria de mudar com ele.

Só que a mudança convidava a uma pergunta difícil: o que eles fariam com o grande número de engenheiros militares que foram treinados, desde o alvorecer do século, para produzir melhores armamentos? Esses engenheiros simplesmente não se entrosavam com o desejo de tranquilidade, recém-descoberto no Japão.

Ou assim parecia. Nos poucos anos seguintes, porém, Tóquio alterou a paisagem social e econômica, redistribuindo, aos engenheiros, novas atribuições. Milhares tiveram a tarefa de construir o trem-bala de alta velocidade conhecido como Shinkansen.[5] Aqueles que antes projetaram aviões aerodinâmicos da Marinha agora criavam trens otimizados. Aqueles que tinham trabalhado no bombardeiro Mitsubishi Zero agora concebiam rodas, eixos e trilhos para garantir que o trem-bala operasse com segurança em altas velocidades.

Tóquio modelou seus recursos para corresponder melhor ao ambiente. Transformou as espadas em arados. Alterou a maquinaria para condizer com as exigências do presente.

Tóquio fez o que o cérebro faz.

O cérebro adapta-se constantemente para refletir seus desafios e objetivos. Ele molda os recursos para corresponder às exigências da circunstância. Quando não tem o que precisa, ele esculpe.

Por que esta é uma boa estratégia para o cérebro? Afinal, a tecnologia feita pela espécie humana teve muito sucesso e utilizando-se de uma estratégia inteiramente diferente. Construímos dispositivos de hardware fixos que se utilizam de programas em software para realizar perfeitamente o que precisamos. Qual seria a vantagem em apagar as distinções entre essas camadas de hardware e software de modo a permitir que o maquinário fosse constantemente reprojetado pelas operações realizadas pelos programas?

A primeira vantagem é a velocidade.[6] Você digita rapidamente no laptop porque não precisa pensar exatamente na posição dos dedos, buscas e objetivos no teclado. Tudo isso acontece sozinho, como que por mágica, porque a digitação tornou-se parte de seus circuitos. Na reconfiguração dos circuitos neurais, tarefas como esta tornam-se automatizadas, possibilitando decisões e ações rápidas. Milhões de anos de evolução não previram a chegada da linguagem escrita, muito menos de um teclado, e ainda assim nosso cérebro não tem dificuldades para tirar proveito das inovações.

Compare isto com o toque das notas corretas de um instrumento musical que você nunca tocou. Para estas tarefas sem treinamento, você depende de pensamento consciente, e ele é comparativamente lento. Esta diferença de velocidade entre o amadorismo e a perícia explica por que quem joga futebol por lazer tem constantemente a bola roubada. O jogador experiente, por sua vez, interpreta os sinais dos adversários, dribla com pés hábeis e chuta a bola com alta precisão. Os atos inconscientes são mais rápidos que a deliberação consciente. Arados cultivam mais rapidamente que espadas.

A segunda vantagem da especialização da maquinaria para tarefas importantes é a eficiência energética. O jogador de futebol novato simplesmente não entende como se encaixa todo o movimento do campo, enquanto o profissional pode manipular o jogo de várias maneiras para marcar um gol. Qual dos dois tem o cérebro mais ativo? Você pode supor que é o especialista com muitos gols — porque ele compreende a estrutura do jogo e zune por possibilidades, decisões e movimentos complexos. Mas esta seria uma suposição errada. O cérebro do especialista desenvolveu circuitos neurais específicos para o futebol, permitindo que ele realize os movimentos com uma atividade cerebral surpreendentemente pequena. De certo modo, o especialista se unificou ao jogo. O cérebro do amador, por sua vez, está em chamas de tanta atividade. Ele tenta deduzir que movimentos importam. Considera múltiplas interpretações da situação e tenta determinar qual delas está correta, se existir alguma.

Como grava o futebol nos circuitos, o desempenho do profissional é ao mesmo tempo rápido e eficiente. Ele otimizou os circuitos internos para o que é importante em seu mundo.

UM SISTEMA EM ETERNA MUDANÇA

O conceito de um sistema que pode ser alterado por eventos externos — e manter sua nova forma — levou o psicólogo americano William James a cunhar o termo "plasticidade". Um objeto plástico é aquele que pode ser moldado e *manter* esta forma. É daí que o material que chamamos de plástico obtém seu nome: moldamos tigelas, brinquedos e telefones com ele, e o material não derrete inutilmente de volta à forma original. O mesmo acontece com o cérebro: a experiência o altera e o cérebro retém a mudança.

"Plasticidade cerebral" (também chamada neuroplasticidade) é a expressão que usamos na neurociência. Mas usarei a expressão com moderação neste livro, porque às vezes ela traz o risco de errarmos o alvo. Propositalmente ou não, "plasticidade" sugere que a ideia fundamental é moldar alguma coisa uma vez e deixá-la assim para sempre: moldar o brinquedo de plástico e nunca mais o alterar. Mas não é isso que o cérebro faz. Ele continua se remodelando a vida toda.

Pense em uma cidade em desenvolvimento e a observe crescendo, se otimizando e reagindo ao mundo. Perceba onde a cidade constrói as paradas de caminhão, como elabora a política de imigração, como modifica os sistemas educacional e judicial. Uma cidade está sempre em fluxo. Uma cidade não é projetada por urbanistas e depois imobilizada como um enfeite de plástico. Ela se desenvolve incessantemente.

Como as cidades, os cérebros nunca chegam a um ponto final. Passamos a vida desabrochando para alguma coisa, mesmo com o alvo em movimento. Pense na sensação de topar com uma anotação de diário que você escreveu muitos anos atrás. Ela representa o pensamento, as opiniões e a perspectiva de alguém que era meio diferente de quem você é agora, e essa pessoa anterior às vezes pode beirar o irreconhecível. Apesar de terem o mesmo nome e a mesma história inicial, nos anos entre a escrita e a interpretação, quem fez a narrativa passou por alterações.

A palavra "plástico" pode ser esticada e comportar esta noção de mudança contínua, e usarei o termo de vez em quando para manter os laços com a literatura existente.[7] Mas é possível que tenham passado os tempos de se impressionar com a moldagem plástica. Nosso objetivo aqui é entender como opera este sistema vivo e, para tanto, vou cunhar um termo que apreende melhor o sentido: "livewired", ou cérebro em ação. Como veremos, passa a ser impossível pensar no cérebro como divisível em camadas de hardware e software.* Em vez disso, precisaremos do conceito de *liveware* para apreender este sistema dinâmico, adaptável, que busca informações.

Para compreender o poder de um órgão que configura a si mesmo, voltemos à história de Matthew. Depois da remoção de todo um hemisfério do cérebro, ele ficou incontinente, não conseguia andar e não conseguia falar. Os piores temores dos pais haviam se materializado. Mas com fisioterapia e fonoaudiologia diárias, aos poucos, ele conseguiu reaprender a linguagem. Sua aquisição seguiu as mesmas fases de um bebê: primeiro uma palavra, depois duas, depois frases curtas.

Três meses depois, ele era competente do ponto de vista do desenvolvimento — de volta aonde deveria estar.

Agora, muitos anos depois, Matthew não consegue usar muito bem a mão direita e anda com uma leve coxeadura.[8] Mas, tirando isso, tem uma vida normal, com poucos sinais de que passou por uma aventura tão extraordinária. Sua memória de longo prazo é excelente. Ele fez faculdade por três semestres, mas devido à dificuldade de tomar notas com a mão direita, abandonou os estudos para trabalhar em um restaurante. Ali ele atende a telefonemas, cuida do atendimento aos clientes, serve pratos e cobre praticamente qualquer trabalho que precise ser feito. As pessoas que o conhecem não suspeitam de que lhe falta metade do cérebro. Como Valerie coloca, "Se já não soubessem, não teriam como saber".

Como é possível que um apagamento neural tão grande passe despercebido?

---

* "Hardware" e "software", aqui, no sentido de um cérebro com uma configuração predefinida, inata e incapaz de passar por alterações. [N. da T.]

Eis o como: o restante do cérebro de Matthew se reprogramou dinamicamente para assumir as funções perdidas. Os projetos de seu sistema nervoso se adaptaram para ocupar uma parte menor do terreno — englobando a totalidade da vida com metade da maquinaria. Você não pode cortar metade dos componentes eletrônicos de seu smartphone e esperar que ele ainda faça uma ligação, porque o hardware é frágil. O *liveware* perdura.

Em 1596, o cartógrafo belga Abraham Ortelius debruçou-se sobre um mapa do planeta e teve uma revelação: parecia que as Américas e a África podiam se encaixar como peças de um quebra-cabeças. A combinação parecia evidente, mas ele não tinha uma boa ideia sobre o que as havia "separado". Em 1912, o geofísico alemão Alfred Wegener conjecturou a ideia da deriva continental: embora antes se supusesse que os continentes tinham uma localização imutável, talvez eles flutuassem por aí, como nenúfares gigantescos. A deriva é lenta (os continentes flutuam no mesmo ritmo em que crescem as suas unhas), mas um filme de um milhão de anos do globo revelaria que as massas de terra fazem parte de um sistema dinâmico e fluido, redistribuindo-se segundo as regras do calor e da pressão.

Como o globo, o cérebro é um sistema dinâmico e fluido, mas quais são suas regras? O número de artigos científicos sobre a plasticidade do cérebro cresceu a centenas de milhares. Mesmo hoje em dia, quando olhamos este estranho material autoconfigurante, não existe nenhum arcabouço fundamental que nos diga por que e como o cérebro faz o que faz. Este livro expõe este arcabouço, permitindo que compreendamos melhor quem somos, como passamos a ser assim e para onde vamos.

Depois que pegamos o jeito de pensar em *livewiring*, nossas máquinas hardware atuais parecem irremediavelmente inadequadas para nosso futuro. Afinal, na engenharia tradicional, tudo que é importante é projetado cuidadosamente. Quando uma fabricante de carros remodela o chassi de um veículo, passa meses produzindo o motor para caber ali. Mas imagine mudar a carroceria do jeito que você quiser e deixar o motor se reconfigurar sozinho para corresponder a ela. Como veremos, depois de entendermos os princípios do *livewiring*, poderemos recrutar o gênio da Mãe Natureza para fabricar novas máquinas: dispositivos que determinam dinamicamente seus próprios circuitos, otimizando-se aos inputs e aprendendo com a experiência.

A aventura da vida não gira em torno de quem somos, mas de *quem estamos no processo de vir a ser*. Da mesma forma, a magia de nosso cérebro está não nos elementos constituintes, mas em como estes elementos se reconfiguram incessantemente para formar um tecido vivo, dinâmico e elétrico.

Depois de apenas algumas páginas deste livro, seu cérebro já mudou: estes símbolos nas páginas orquestraram milhões de mudanças mínimas nos vastos mares de suas conexões neurais, transformando você em alguém ligeiramente diferente de quem era no início do capítulo.

2

BASTA ADICIONAR O MUNDO

COMO CULTIVAR UM BOM CÉREBRO

Os cérebros não nascem no mundo como uma tábula rasa. Em lugar disto, eles chegam pré-equipados com expectativas. Pense no nascimento de um pintinho: momentos depois da eclosão, ele bamboleia com as perninhas e consegue correr desajeitado e se esquivar. Em seu ambiente, ele simplesmente não tem tempo para passar meses ou anos aprendendo a se movimentar por aí.

Os bebês humanos também chegam com uma boa dose de pré-programação. Pense no fato de que chegamos pré-equipados para absorver a linguagem. Ou que os bebês imitarão um adulto mostrando a língua, uma proeza que exige uma capacidade sofisticada de traduzir a visão em ação motora.[1] Ou que as fibras de seu olho não precisam *aprender* a encontrar os alvos nas profundezas do cérebro; elas simplesmente seguem pistas moleculares e atingem a meta — sempre. Podemos agradecer a nossos genes por toda essa programação.

Mas a programação genética não conta toda a história, em particular para a espécie humana. A organização do sistema é complexa demais e os genes são muito poucos. Mesmo quando levamos em consideração o fatiamento que produz muitas variações diferentes do mesmo gene, o número de neurônios e suas conexões supera amplamente o número de combinações genéticas. Então, sabemos que os detalhes das conexões neurais envolvem mais do que a genética. E dois séculos atrás pensadores começaram a suspeitar, corretamente, de que os detalhes da experiência têm importância. Em 1815, o fisiologista Johann Spurzheim propôs que o cérebro, como os músculos, podia aumentar por meio de exercício: a ideia dele era de que o sangue carregava a nutrição para o crescimento e que ele "transportava uma abundância maior às partes que são exercitadas".[2] Em 1874, Charles Darwin refletiu se esta ideia básica podia explicar por que os coelhos silvestres têm cérebros maiores do que os domésticos: ele sugeriu que os coelhos silvestres eram obrigados a usar a perspicácia e os sentidos mais do que aqueles domesticados e que o tamanho do cérebro acompanhava este uso.[3]

Nos anos 1960, pesquisadores começaram a estudar a sério se o cérebro podia mudar de forma mensurável como resultado direto de suas experiências. O jeito mais simples de examinar a questão era criar ratos em diferentes ambientes — por exemplo, um ambiente fértil, cheio de brinquedos e rodas de exercício, ou o ambiente simplório de uma gaiola solitária e vazia.[4] Os resultados foram impressionantes: o ambiente alterava a estrutura cerebral dos ratos e a estrutura correlacionada à capacidade de aprendizagem e memória dos animais. Os ratos criados em ambientes enriquecidos se saíram melhor nas tarefas, e, em sua autópsia, descobriu-se que tinham longos e exuberantes dendritos (as ramificações, como galhos de uma árvore, que crescem do corpo celular neuronal).[5] Os ratos de ambientes despojados, por sua vez, eram aprendizes fracos e tinham neurônios anormalmente encolhidos. Este mesmo efeito do ambiente é encontrado em aves, macacos e em outros mamíferos.[6] O contexto importa para o cérebro.

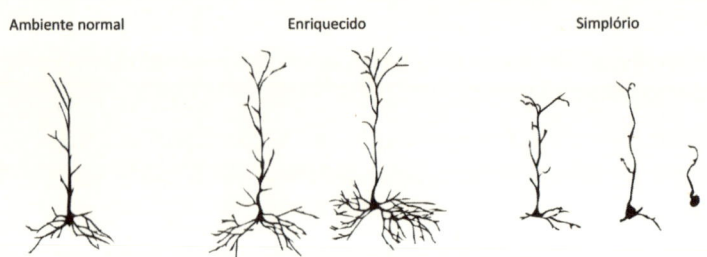

Um neurônio normalmente cresce como uma árvore com seus galhos, permitindo que se conecte com outros neurônios. Em um ambiente enriquecido, as ramificações têm um crescimento mais pródigo. Em um ambiente simplório, elas encolhem.

Será que o mesmo acontece com a espécie humana? No início dos anos 1990, pesquisadores da Califórnia perceberam que podiam tirar proveito de autópsias para comparar os cérebros daqueles que concluíram o ensino médio com os daqueles que concluíram a faculdade. Em analogia com os estudos animais, descobriram que uma área envolvida na compreensão da linguagem continha dendritos mais desenvolvidos nos que tiveram educação de nível superior.[7]

Assim, a primeira lição é que a estrutura fina do cérebro reflete o ambiente ao qual é exposto. E isto não envolve apenas os dendritos. Como saberemos em breve, a experiência no mundo modula quase todo detalhe mensurável do cérebro, da escala molecular à anatomia encefálica geral.

EXIGE-SE EXPERIÊNCIA

Por que Einstein foi *Einstein*? Certamente a genética importa, mas ele é aposto em nossos livros de história devido a cada experiência que teve: a exposição a violoncelos, o professor de física que teve no último ano, a rejeição de uma garota que ele amava, o escritório de patentes em que trabalhou, os problemas de matemática pelos quais foi elogiado, as histórias que leu e milhões de outras experiências — todas elas moldaram seu sistema nervoso na maquinaria biológica que distinguimos como Albert Einstein. Todo ano, existem milhares de outras crianças com um potencial como o dele, mas que são expostas a culturas, condições econômicas ou estruturas familiares que não dão suficiente *feedback* positivo. E não os chamamos de Einstein.

Se só o DNA importasse, não haveria nenhum motivo especial para montar programas sociais relevantes para proporcionar boas experiências a crianças e protegê-las das experiências ruins. Mas os cérebros exigem o ambiente certo para se desenvolverem corretamente. Quando o primeiro esboço do Projeto Genoma Humano foi concluído na virada do milênio, uma das maiores surpresas foi a descoberta de que a espécie humana tem apenas cerca de 20 mil genes.[8] Este número surpreendeu os biólogos: em vista da complexidade do cérebro e do corpo, supunha-se que seriam necessárias centenas de milhares de genes.

Sendo assim, como um livro de receitas tão pequeno pode construir o cérebro, que é tão imensamente complicado com seus 86 bilhões de neurônios? A resposta gira em torno de uma estratégia inteligente aplicada pelo genoma: construa de forma incompleta e deixe a experiência no mundo refinar. Assim, para seres humanos o cérebro é extraordinariamente inacabado ao nascimento, e é necessária a interação com o mundo para sua completude.

Pense no ciclo sono-vigília. Este relógio interno, conhecido como ritmo circadiano, funciona aproximadamente em um ciclo de 24 horas. Porém, se você descesse a uma caverna por vários dias — onde não há sinais dos ciclos de luz e escuridão da superfície —, seu ritmo circadiano se desviaria a uma faixa entre 21 e 27 horas. Isto expõe a solução simples do cérebro: construa um relógio inexato e o calibre depois com o ciclo solar. Com este truque elegante, não há necessidade de codificar geneticamente um relógio com a corda perfeita. O mundo dá corda nele. A flexibilidade do cérebro permite que os acontecimentos de sua vida se costurem diretamente no tecido neural. É um ótimo truque por parte da Mãe Natureza, permitindo que o cérebro aprenda línguas, pedale bicicletas e apreenda física quântica, tudo a partir de sementes de uma pequena coleção de genes. Nosso DNA não é um projeto; é apenas o primeiro dominó que dá início ao show.

Deste ponto de vista, é fácil entender por que alguns dos problemas de visão mais comuns — como a incapacidade de enxergar corretamente a profundidade — desenvolvem-se a partir de desequilíbrios no padrão de atividade enviado pelos olhos ao córtex visual. Por exemplo, quando crianças nascem com estrabismo convergente ou divergente, a atividade dos olhos não é bem correlacionada (como seria com os olhos alinhados). Se o problema não é tratado, a criança não desenvolverá a visão estéreo normal — isto é, a capacidade de determinar a profundidade a partir das pequenas diferenças entre o que os dois olhos estão vendo. Um olho ficará progressivamente mais fraco, em geral ao ponto da cegueira. Voltaremos a isto posteriormente para entender por que e o que se pode fazer a esse respeito. Por ora, o importante é que o desenvolvimento dos circuitos da visão normal depende de input visual normal. Ele é *dependente da experiência*.

Assim, as instruções genéticas têm um papel menor na montagem detalhada das conexões corticais. Não pode ser de outra forma: com 20 mil genes e 200 trilhões de conexões entre os neurônios, como os detalhes podem ser especificados de antemão? Este modelo talvez nunca desse certo. Em vez disso, as redes neuronais exigem interação com o mundo para seu desenvolvimento adequado.[9]

A GRANDE APOSTA DA NATUREZA

Em 29 de setembro de 1812, a criança que herdaria o trono de grão-duque de Baden, na Alemanha, nasceu. Infelizmente, o bebê morreu 17 dias depois. E isto foi o fim da história. Será que foi mesmo? Dezesseis anos depois, um jovem de nome Kaspar Hauser apareceu em Nuremberg, na Alemanha. Levava um bilhete que explicava que ele tinha sido entregue a terceiros quando criança e aparentemente só sabia algumas frases, inclusive "Quero ser um cavaleiro, como foi meu pai". Ele atraiu ampla atenção e plateias de gente poderosa; muitos começaram a suspeitar de que aquele fosse o príncipe herdeiro de Baden, trocado nas primeiras semanas de vida por um bebê moribundo em uma trama nefasta urdida por aqueles na linha de sucessão do trono.

A fama da história foi além da intriga da realeza: Kaspar tornou-se o exemplar de uma criança selvagem. Segundo seu próprio relato, Kaspar passou toda a juventude sozinho em uma cela escura. Seu cativeiro teria apenas um metro de largura, dois de extensão e um metro e meio de altura. Tinha uma cama de palha e um cavalinho de madeira. Toda manhã, ele acordava e descobria um pouco de pão e água, e mais nada. Não via ninguém entrar ou sair. De vez em quando, a água que ele bebia tinha um gosto diferente e depois ele ficava sonolento — e quando acordava, seu cabelo tinha sido cortado, assim como as unhas. Mas foi apenas pouco antes de sua libertação que ele teve contato direto com outro ser humano, um homem que lhe ensinou a escrever, mas sempre escondia o rosto.

A história de Kaspar Hauser despertou atenção internacional. Ele passou a escrever de forma prolífica e tocante sobre a infância. Sua história vive atualmente em peças teatrais, livros e na música; talvez seja a história mais famosa no mundo de uma infância selvagem.

Mas é quase certo que as alegações de Kaspar fossem falsas. Além da extensa análise histórica que a torna impossível, existe um motivo neurobiológico: uma criança criada sem interação humana não se desenvolve nem passa a andar, conversar, escrever, falar em público e progredir, como o bem-sucedido Kaspar. Depois de um século de imprensa popular sobre Kaspar, o psiquiatra Karl Leonhard ridicularizou a história:

>Se ele tivesse vivido desde a infância nas condições que descreve, não teria se desenvolvido para além da condição de um idiota; com efeito, não teria sobrevivido tanto tempo. Sua história é tão repleta de absurdos que é impressionante que um dia tenham acreditado nela e que mesmo hoje muitos ainda acreditem.[10]

Afinal, apesar de alguma pré-especificação genética, a abordagem da natureza ao desenvolvimento de um cérebro depende da recepção de um vasto conjunto de experiências, como interação social, conversas, brincadeiras, contato com o mundo e o resto do conjunto dos assuntos humanos normais. A estratégia de interação com o mundo permite que a maquinaria colossal do cérebro tome forma a partir de um conjunto relativamente pequeno de instruções. É uma abordagem engenhosa para descompactar um cérebro (e um corpo) a partir de uma única célula-ovo microscópica.

Mas esta estratégia também é uma aposta. É uma abordagem um tanto arriscada — uma abordagem em que o trabalho de moldagem do cérebro é relegado, em parte, à experiência no mundo em vez de ser programado. Afinal, o que acontece se uma criança realmente nasce com uma história como a de Kaspar e tem uma infância caracterizada pelo completo descaso dos pais?

Tragicamente, sabemos a resposta a esta pergunta. Em um exemplo, em julho de 2005, a polícia de Plant City, na Flórida, parou na frente de uma casa dilapidada para investigar. Tinha sido alertada por um vizinho que avistara uma menina na janela algumas vezes, mas nunca a vira sair da casa nem nenhum adulto com ela na janela.

Os policiais passaram algum tempo batendo na porta e, por fim, foram atendidos por uma mulher. Disseram-lhe que tinham um mandado de busca de sua filha dentro da casa. Andaram pelos corredores, sondaram vários cômodos e, por fim, entraram em um quarto pequeno. Lá estava a menina. Um dos policiais vomitou.

Danielle, uma criança selvagem encontrada em 2005 na Flórida. Embora a fotografia mostre um lindo rosto infantil, os comportamentos e as expressões inerentes à interação humana normal estão ausentes nela: ela não teve a oportunidade fundamental de receber input adequado do mundo.

Danielle Crockett, uma menina franzina de quase sete anos, ficara trancada em um armário escuro por toda a infância. Estava salpicada de matéria fecal e baratas. Além do sustento básico, nunca recebeu carinho físico, nunca se envolveu em uma conversa normal e muito provavelmente nunca saiu da casa. Ela era inteiramente incapaz de falar. Quando encontrou os policiais (e mais tarde assistentes sociais e psicólogos), parecia olhar através deles; não tinha o brilho de reconhecimento, nem sinais de interação humana normal. Não conseguia mastigar alimentos sólidos nem sabia usar o banheiro, não sabia mexer a cabeça negativa ou afirmativamente e, um ano depois, ainda não tinha dominado o uso de um copo com canudo. Após muitos exames, os médicos conseguiram verificar que a menina não tinha problemas genéticos, como paralisia cerebral, autismo ou síndrome de Down. Em vez disso, o desenvolvimento normal de seu cérebro tinha sido descarrilado por privação social severa.

Apesar do máximo esforço de médicos e assistentes sociais, o prognóstico de Danielle era ruim; a hipótese provável é a de que ela viverá em uma casa de repouso e um dia talvez consiga viver sem fraldas.[11] Dolorosamente, a história de Danielle é a de um Kaspar Hauser da vida real, com as consequências da vida real.

O desfecho de Danielle é sombrio porque o cérebro humano chega ao mundo inacabado. O desenvolvimento adequado requer input adequado. O cérebro absorve a experiência para descompactar seus programas e só durante uma janela de tempo que se fecha rapidamente. Perdida a janela, é difícil ou impossível reabri-la.

A história de Danielle tem paralelo em uma série de experimentos com animais no início dos anos 1970. Harry Harlow, cientista da Universidade de Wisconsin, usou macacos para estudar os laços entre mães e sua prole. Harlow tinha uma carreira ativa na ciência, mas quando a esposa morreu de câncer em 1971, ele afundou na depressão. Continuou a trabalhar, mas os amigos e colegas sentiam que não era o mesmo. Ele voltou seus interesses científicos ao estudo da depressão.

Usando macacos como modelo para a depressão humana, ele desenvolveu um estudo de isolamento. Colocou um filhote de macaco em uma jaula com paredes de aço e sem janelas. Um espelho falso permitia que Harlow visse o interior da jaula, mas impedia o macaco de ver do lado de fora. Harlow experimentou isto com um macaco por trinta dias. Depois outro macaco por seis meses. Outros macacos foram encarcerados por um ano inteiro.

Como não tinham a chance de desenvolver laços normais (eram colocados na jaula logo após o nascimento), os macacos bebês saíam com perturbações profundamente arraigadas. Aqueles que ficaram isolados por mais tempo acabaram como Danielle: não mostravam interação normal com outros macacos e não se envolviam em recreação, cooperação ou competição. Eles mal se mexiam. Dois deles nem comiam mais. Harlow também notou que os macacos eram incapazes de ter relações sexuais normais. Mesmo assim, selecionou algumas fêmeas isoladas e fez com que engravidassem, para ver como iriam interagir com os próprios filhotes. Os resultados foram desastrosos. As macacas isoladas eram completamente incapazes de criar uma prole. Nos melhores casos, ignoravam inteiramente os filhotes; nos piores, os feriam.[12]

A lição dos macacos de Harlow é a mesma de Danielle: a estratégia da Mãe Natureza de descompactar um cérebro depende de experiência adequada no mundo. Sem ela, o cérebro acaba desenvolvendo sinapses patológicas, como uma malformação. Como uma árvore que precisa de um solo rico em nutrientes para se ramificar, um cérebro requer um solo rico de interação social e sensorial.

Com este cenário em mente, agora vemos que o cérebro tira proveito do mundo para se moldar. Mas como exatamente absorve o mundo — em particular de dentro de sua caverna escura? O que acontece quando uma pessoa perde um braço ou fica surda? Será que uma pessoa cega realmente tem uma audição melhor? E que relação tem tudo isso com o motivo para sonharmos?

3

O INTERIOR ESPELHA O EXTERIOR

O CASO DOS MACACOS DE SILVER SPRING

Em 1951, o neurocirurgião Wilder Penfield inseriu a ponta de um eletrodo fino no cérebro de um homem que passava por uma cirurgia.[1] No tecido encefálico pouco abaixo de onde podemos usar fones de ouvido, Penfield descobriu algo surpreendente. Se desse um pequeno choque elétrico em um ponto específico, o paciente sentia a mão sendo tocada. Se Penfield estimulasse um ponto próximo, o paciente sentia o toque no tronco. Um ponto diferente, o joelho. Cada parte do corpo do paciente estava representada no cérebro.

Depois Penfield teve uma percepção mais profunda: partes vizinhas do corpo eram representadas por pontos vizinhos no cérebro. A mão era representada perto do braço, que era representado perto do cotovelo, que era representado perto do antebraço e assim por diante. Havia um mapa detalhado do corpo nesta faixa do cérebro. Ao se deslocar de um ponto a outro pelo córtex somatossensorial, ele encontraria toda a anatomia externa humana.[2]

E não foi só este mapa que ele encontrou. No córtex motor (a faixa bem anterior ao córtex somatossensorial), observou

O interior espelha o exterior 39

resultados semelhantes: um pequeno choque elétrico levava os músculos a se contraírem em áreas específicas e vizinhas do corpo. Mais uma vez, dispunham-se de forma organizada.

Input
Córtex Somatossensorial

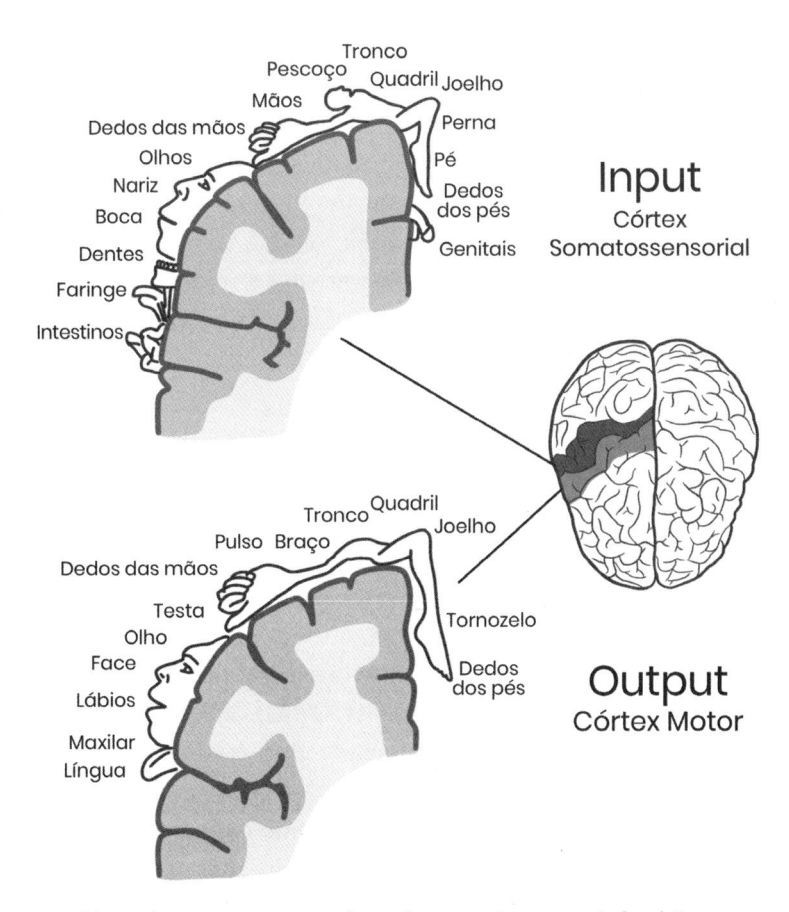

Output
Córtex Motor

Mapas do corpo são encontrados onde entram inputs no cérebro (córtex somatossensorial, no alto) e outputs saem do cérebro (córtex motor, embaixo). As áreas com sensibilidade mais detalhada e aquelas que são controladas de forma mais refinada comandam mais território.

Ele denominou estes mapas do corpo de homúnculos, ou "homenzinhos".

Mas a existência dos mapas é estranha e inesperada. Como eles *existem*? Afinal, o cérebro fica trancado na completa escuridão dentro do crânio. Esses 1.200 gramas de tecido não sabem como é sua anatomia; o cérebro não tem como *ver* diretamente seu corpo. Ele não tem acesso a nada além de um fluxo tagarela de pulsos elétricos que disparam pelos feixes grossos de cabos de dados que chamamos de nervos. Guardado em sua prisão óssea, o cérebro não deveria ter ideia de que membros estão conectados e onde, ou qual deles fica mais próximo de outros. Assim, como pode existir uma representação do formato do corpo nesta câmara sem luz?

Um instante de reflexão deve levar você à solução mais simples: o mapa do corpo deve ser geneticamente pré-programado. Bom palpite!

Só que está errado.

A verdade é que a resposta ao mistério é mais diabolicamente inteligente.

Uma pista ao mistério do mapa apareceu décadas depois em uma guinada inesperada nos acontecimentos. Edward Taub, cientista do Instituto de Pesquisa Comportamental em Silver Spring, em Maryland, queria entender como as vítimas de lesões cerebrais conseguiam recuperar os movimentos. Para este fim, obteve 17 macacos e estudou se nervos seccionados podiam se regenerar. Em cada um deles, cortou cuidadosamente um feixe de nervos que ligava o cérebro a um dos braços ou a uma das pernas. Como era esperado, os pobres macacos perderam toda a sensibilidade nos membros afetados, e Taub passou a estudar se havia um meio de conseguir que os animais recuperassem o uso dos membros.

Em 1981, um jovem voluntário chamado Alex Pacheco começou a trabalhar no laboratório. Embora se apresentasse como um estudante intrigado, na verdade estava ali para espionar para uma organização nascente, a People for the Ethical Treatment of

Animals (PETA). À noite, Pacheco tirava fotos. Parte das imagens aparentemente foram encenadas para exagerar o sofrimento dos macacos,³ mas de todo modo ele conseguiu o efeito que queria. Em setembro de 1981, a polícia do Condado de Montgomery deu uma batida no laboratório e o fechou. O Dr. Taub foi condenado por seis acusações de negligência em relação aos cuidados veterinários adequados. Todas as acusações foram anuladas no recurso; todavia, os acontecimentos levaram à criação da Lei de Bem-estar Animal de 1985, em que o Congresso americano definiu novas regras para os cuidados dos animais em ambientes de pesquisa.

Apesar de este momento ter se mostrado um divisor de águas para os direitos dos animais, a importância da história não está apenas no que aconteceu no Congresso dos EUA. Para nossos fins aqui, interessa o que aconteceu com os 17 macacos. Logo depois da acusação, a PETA invadiu e sumiu com os macacos, o que levou a acusações de roubo de provas periciais. Furiosa, a instituição de pesquisa de Taub exigiu a devolução dos animais. A batalha judicial ficou cada vez mais acalorada e a luta pela posse dos macacos chegou à Suprema Corte dos Estados Unidos. A Corte rejeitou o pedido da PETA de ficar com os macacos, entregando a custódia a terceiros, os National Institutes of Health. Enquanto humanos trocavam gritos em tribunais distantes, os macacos aleijados desfrutaram de uma aposentadoria precoce em que comeram, beberam e brincaram juntos por dez anos.

Perto do final deste período, um dos macacos caiu vítima de uma doença terminal. A Justiça concordou que o macaco poderia ser submetido a uma eutanásia. E é aqui que acontece uma virada na trama. Um grupo de pesquisadores de neurociência fez uma proposta ao juiz: o nervo do macaco não seria seccionado em vão se os pesquisadores tivessem permissão de realizar um estudo de mapeamento cerebral do macaco enquanto ele estava anestesiado, pouco antes do procedimento que levaria à sua morte. Depois de algum debate, a Corte autorizou.

Em 14 de janeiro de 1990, a equipe de pesquisa colocou eletrodos de captação no córtex somatossensorial do macaco. Exatamente como tinha feito Wilder Penfield com o paciente humano, os pesquisadores tocaram o macaco na mão, no braço, na face e assim por diante, enquanto captavam neurônios no cérebro. Deste modo, revelaram o mapa do corpo no cérebro.

As descobertas reverberaram na comunidade de neurociência. O mapa corporal tinha mudado com o passar dos anos. Sem nenhuma surpresa, um toque suave na mão com o nervo seccionado do macaco não ativava mais nenhuma reação no córtex. Mas a surpresa estava no fato de que a pequena parte do córtex que antes representava a mão agora era estimulada por um toque na face.[4] O mapa do corpo tinha se reorganizado. O homúnculo ainda parecia um macaco, mas um macaco sem o braço direito.

Esta descoberta descartava a possibilidade de o mapa cerebral do corpo ser geneticamente pré-programado. Em vez disso, acontecia algo muito mais interessante. O mapa cerebral era definido de forma flexível pelos inputs ativos do corpo. Quando o corpo muda, o homúnculo acompanha as mudanças.

Os mesmos estudos de mapeamento do cérebro foram feitos ainda naquele ano nos outros macacos de Silver Spring. Em cada um deles, o córtex somatossensorial tinha se reorganizado drasticamente: as áreas que antes representavam os membros com os nervos seccionados foram dominadas por áreas vizinhas do córtex. Os homúnculos se transformaram para fazer frente aos novos planos corporais dos macacos.[5]

O que se *sente* quando o cérebro se reorganiza desse jeito? Infelizmente os macacos não podem nos contar. Mas as pessoas podem.

O ALÉM-TÚMULO DO BRAÇO DIREITO DO LORDE HORATIO NELSON

O comandante naval britânico, almirante lorde Horatio Nelson (1758-1805) é o herói no alto de um pedestal que dá para a

O interior espelha o exterior 43

Trafalgar Square de Londres.⁶ A estátua representa um testemunho imponente de sua liderança carismática, sua força tática e seus estratagemas inventivos, que juntos levaram a vitórias decisivas em águas das Américas ao Nilo e a Copenhague. Ele morreu heroicamente no último combate — a Batalha de Trafalgar —, uma das maiores vitórias marítimas britânicas.

Além do impacto naval, o almirante Nelson também contribuiu para a neurociência — isto, porém, foi inteiramente acidental. Seu envolvimento começou durante o ataque em Santa Cruz de Tenerife, quando às onze da noite do dia 24 de julho de 1797 uma bala saiu do cano de um mosquete espanhol a 300 metros por segundo e terminou a trajetória no braço direito de lorde Nelson. Espatifou o osso. O enteado de Nelson amarrou firmemente um pedaço de seu cachecol no braço para estancar o sangramento e os marinheiros do almirante remaram vigorosamente de volta ao navio principal, onde o médico esperava, tenso. Depois de um rápido exame físico, a boa-nova era que Nelson provavelmente sobreviveria. A má notícia era que o risco de necrose exigia uma amputação. O braço direito de Nelson foi removido cirurgicamente acima do cotovelo e jogado no mar.

Nas semanas que se seguiram, Nelson aprendeu a agir sem o braço direito — comendo, lavando-se, até atirando. Passou a se referir jocosamente ao membro remanescente da amputação como sua "barbatana".

Alguns meses depois do evento, porém, algumas consequências estranhas começaram a surgir. Lorde Nelson passou a sentir — *sentir* literalmente — que o braço ainda estava presente. Tinha sensações dele. Estava certo de que as unhas perdidas dos dedos perdidos se enterravam, dolorosamente, na palma da mão direita perdida.

Nelson teve uma interpretação otimista desta sensação do membro fantasma: concluiu que ele agora era dono de uma prova incontestável de vida após a morte. Afinal, se um membro ausente podia provocar sensação consciente — um fantasma sempre presente dele mesmo —, então um corpo ausente devia fazer o mesmo.

Embora pinturas e esculturas de lorde Horatio Nelson adornem os museus britânicos, a maioria dos visitantes não nota que falta a Nelson o braço direito. Sua amputação em 1797 levou a um caso clínico inicial de sensação de membro fantasma e a uma interpretação metafísica interessante, apesar de incorreta, do próprio Nelson.

Nelson não foi o único a notar essas sensações estranhas. Do outro lado do Atlântico, alguns anos depois, um médico de nome Silas Weir Mitchell documentou vários amputados da Guerra Civil em um hospital da Filadélfia. Ficou hipnotizado com o fato de muitos deles insistirem que ainda tinham sensações dos membros que lhes faltavam.⁷ Seria isto prova da imortalidade corpórea de Nelson? Acontece que a conclusão de Nelson era prematura. Seu cérebro estava se remapeando, exatamente como aconteceu com os macacos de Silver Spring. Com o tempo, à medida que historiadores seguiam as fronteiras mutáveis do Império Britânico, cientistas descobriam como rastrear as fronteiras mutáveis do cérebro humano.⁸ Com técnicas de imageamento modernas, podemos ver que, quando um braço é amputado, sua representação no córtex é invadida por áreas vizinhas. Neste caso, as áreas corticais que cercam a mão e o braço são os territórios do antebraço e do rosto. (Por que o rosto? Por acaso é ali que as coisas estão quando o corpo tem de ser representado em um mapa linear.) Assim, estas representações passam a dominar o território em que antes ficava a mão. Como aconteceu com os macacos, os mapas passam a refletir a forma corrente do corpo.

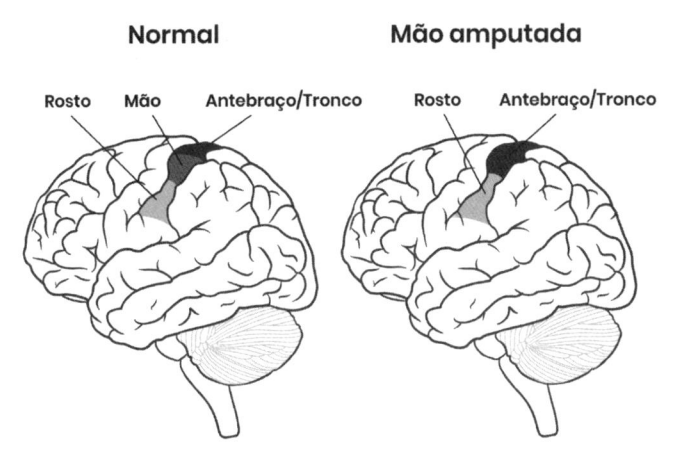

O cérebro se adapta ao plano do corpo. Quando a mão é amputada, territórios corticais vizinhos avançam e usurpam o território que antes pertencia à mão.

Mas existe outro mistério obscuro aqui. Por que Nelson ainda tinha a sensação da mão, e por que, se você tocasse o rosto dele, Nelson diria que a mão fantasma estava sendo tocada? As áreas vizinhas não assumiram a representação da mão? A resposta é que o toque na mão é representado não só por células no córtex somatossensorial, mas também pelas células com as quais elas falam corrente abaixo, e as células com que *estas* falam. Assim, apesar de ter se modificado rapidamente no córtex somatossensorial primário, o mapa mudou cada vez menos nas áreas corrente abaixo. Em uma criança nascida sem um braço, o mapa seria inteiramente diferente — mas, em um adulto como lorde Nelson, o sistema tem menos flexibilidade para que a reescrita se manifeste. No fundo do cérebro de lorde Nelson, os neurônios correntes abaixo do córtex somatossensorial não mudaram tanto suas conexões, assim acreditavam que qualquer atividade que recebessem se devia ao toque na mão. Por conseguinte, Nelson percebia a presença do membro fantasma.[9]

Macacos, almirantes e veteranos da Guerra Civil contam a mesma história: quando os inputs cessam subitamente, as áreas corticais sensoriais não ficam ociosas. Elas são funcionalmente ocupadas pelas áreas vizinhas.[10] Com milhares de amputados agora estudados em scanners do cérebro, vemos até que ponto a massa encefálica não é fixa, mas se realoca dinamicamente.

Embora as amputações levem a uma reorganização cortical drástica, a forma do cérebro mutável pode ser induzida pela modificação do corpo de maneiras mais modestas. Por exemplo, se eu apertasse muito um manguito de um aparelho de pressão em seu braço, seu cérebro se adaptaria aos sinais cada vez mais fracos, dedicando menos território àquela parte do corpo.[11] O mesmo acontece se os nervos do braço ficam muito tempo bloqueados por anestésicos. Na realidade, se você simplesmente amarrar dois dedos da mão — de modo que eles não operem mais de forma independente, mas como uma unidade — sua representação cortical acabará por fundir duas regiões distintas em uma só área.[12]

Então, como o cérebro, confinado a seu poleiro escuro, acompanha constantemente como está o corpo?

O TIMING É TUDO

Imagine ter uma vista aérea de seu bairro. Você nota que algumas pessoas levam os cães para passear toda manhã às seis horas. Outros não saem com seus bichinhos antes das nove. Outros passeiam depois do almoço. Outros ainda optam por caminhadas noturnas. Se você observasse a dinâmica do bairro por um tempo, perceberia que as pessoas que por acaso passeiam no mesmo horário tendem a fazer amizade: elas se encontram, conversam, acabam por se convidar para churrascos. A amizade decorre do *timing*.

O mesmo acontece com os neurônios. Eles passaram uma pequena fração do tempo mandando pulsos elétricos abruptos (também chamados picos). O *timing* desses pulsos é de importância fundamental. Vamos ampliar um neurônio típico. Ele se estende para tocar dez mil vizinhos. Mas não forma relações igualmente fortes com todos os dez mil. Em vez disso, a força se baseia no *timing*. Se nosso neurônio tem um pico e um neurônio conectado entra em pico logo em seguida, o laço entre eles é fortalecido. Esta regra pode ser resumida como *neurônios que disparam juntos, conectam-se juntos*.[13]

No bairro jovem de um cérebro novo, os nervos que saem do corpo para o cérebro se ramificam muito. Mas eles criam raízes permanentes em lugares onde disparam em um *timing* próximo de outros neurônios. Devido à sincronia, eles fortalecem seus laços. Não dão churrascos em grupo, mas liberam mais neurotransmissores, ou criam mais receptores para receber os neurotransmissores, causando assim uma ligação mais forte entre eles.

Como este truque simples leva a um mapa do corpo? Pense no que acontece quando você esbarra, toca, abraça, chuta, bate e acaricia coisas no mundo. Quando você pega uma caneca de café, partes da pele dos dedos tenderão a se ativar ao mesmo tempo. Quando calça um sapato, partes da pele do pé tenderão a se ativar ao mesmo tempo. Por sua vez, toques no dedo anular e no dedo mínimo tenderão a desfrutar de uma correlação menor, porque existem poucas situações na vida em que eles são ativados no mesmo momento. O mesmo pode ser dito de todo seu corpo: partes que são vizinhas tenderão a ser mais coativas que as partes que não são vizinhas. Depois de interagir com o mundo por um tempo, as áreas da pele que por acaso se ativam juntas com frequência vão se ligar lado a lado, e aquelas que não são correlacionadas tenderão a se separar. A consequência de anos destas coativações é um atlas de áreas vizinhas: um mapa do corpo. Em outras palavras, o cérebro contém um mapa do corpo graças a uma regra simples que rege como cada célula encefálica faz conexões com outras: neurônios que se ativam com outros em momentos próximos tendem a fazer e manter conexões. É assim que um mapa do corpo surge da escuridão.[14]

Mas por que o mapa muda quando mudam os inputs?

A COLONIZAÇÃO É UM TRABALHO DE TEMPO INTEGRAL

No início do século XVII, a França começou a colonizar a América do Norte. A técnica usada? Mandar navios cheios de franceses. Deu certo. Os colonos franceses consolidaram-se no novo território. Em 1609, os franceses construíram um empório de peles que acabaria por se tornar a cidade de Quebec, destinada a ser a capital da Nova França. Vinte e cinco anos depois, os franceses tinham se espalhado para o Wisconsin. À medida que novos colonos franceses viajavam pelo Atlântico, seu território aumentava.

Mas não era fácil manter a Nova França, que sofria uma competição constante das outras potências que mandavam navios para lá, principalmente a Grã-Bretanha e a Espanha. Assim, o rei da França, Luís XIV, começou a intuir uma lição importante: se quisesse que a Nova França se estabelecesse firmemente, precisava continuar mandando navios — porque os britânicos enviavam ainda *mais* navios. Ele entendeu que Quebec não se desenvolvia com rapidez suficiente devido à ausência de mulheres e, assim, mandou 850 jovens mulheres (chamadas de Filhas do Rei) para estimular a população francesa local. O esforço ajudou a aumentar a população da Nova França para sete mil habitantes em 1674, depois a 15 mil, em 1689.

América do Norte, 1750

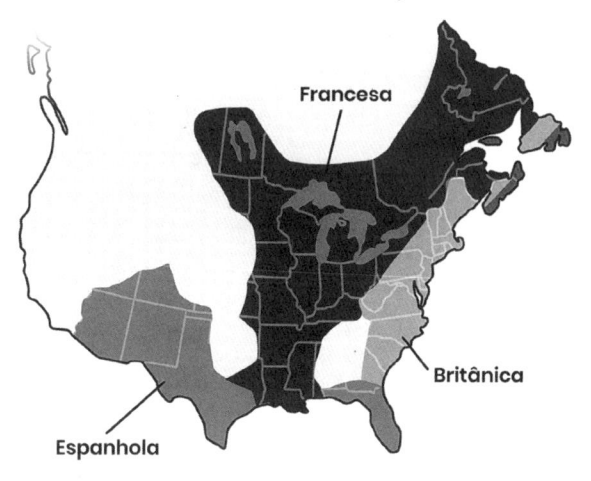

O problema era que os britânicos mandavam um número muito maior de homens e mulheres jovens. Em 1750, quando a Nova França tinha 60 mil habitantes, as colônias britânicas se gabavam de 1 milhão. Isso fez toda a diferença nas guerras subsequentes entre as duas potências: apesar das alianças com os nativos americanos, os franceses estavam muito superados. Por um curto período, o governo da França obrigou prisioneiros recém-libertados a se casarem com prostitutas locais, depois os recém-casados eram acorrentados juntos e embarcados para a Louisiana, para colonizar as terras. Mas até esses esforços franceses foram insuficientes.

No fim da sexta guerra, os franceses aceitaram a derrota. A Nova França foi dissolvida. Os espólios do Canadá passaram para o controle da Grã-Bretanha, e o Território da Louisiana passou à jovem nação, os Estados Unidos.[15]

O aumento e a diminuição do poder dos franceses no Novo Mundo tiveram tudo a ver com o número de embarcações enviadas. Diante da competição feroz, os franceses simplesmente não tinham embarcado gente em número suficiente para manter seu território. Por conseguinte, só o que restou da presença francesa no Novo Mundo foram fósseis linguísticos, vistos em nomes de lugares como Louisiana, Vermont e Illinois.

Sem competição, a colonização é fácil, mas a manutenção do território exige trabalho constante diante da rivalidade. A mesma história acontece constantemente no cérebro. Quando uma parte do corpo não envia mais informação, perde território. O braço do almirante Nelson era a França, e seu córtex, o Novo Mundo. Começou com uma colonização saudável, mandando picos úteis de informações pelos nervos para o cérebro, e na juventude de Nelson demarcou um saudável território. Mas veio a bala de mosquete, seguida horas depois por seu braço espatifado salpicando na água escura... e agora o cérebro de Nelson não recebia novo input daquela parte do corpo. Com o tempo, o braço perdeu território neural. No fim, só restavam fósseis da presença anterior do braço, como a sensação da dor fantasma.

Estas lições da colonização são válidas para mais do que exércitos: valem para qualquer sistema que mande informações ao cérebro. Quando os olhos de uma pessoa são lesionados, os sinais não seguem mais pelas vias até o córtex occipital (a porção no fundo do cérebro, em geral considerada córtex "visual" primário). E assim esta parte do córtex não é mais visual. Os navios que levam os dados visuais pararam de chegar e o território coberto é tomado pelos reinos que concorrem por informações sensoriais.[16] O resultado disto é que, quando uma pessoa cega passa a ponta dos dedos em pontos elevados de um poema em braile, seu córtex occipital se ativa pelo mero tato.[17] Se a pessoa sofrer um derrame que danifique o córtex occipital, perderá a capacidade de entender braile.[18] O córtex occipital foi colonizado pelo tato.

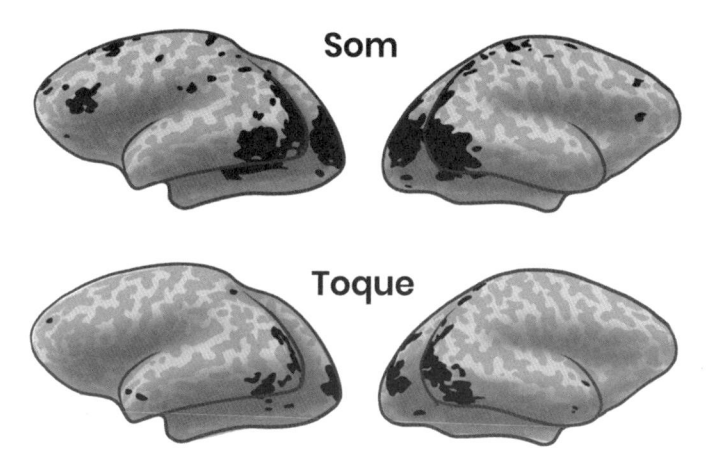

Reorganização cortical: o córtex sem uso é dominado por vizinhos concorrentes. Neste desenho do cérebro, o som e o toque ativam o córtex occipital sem uso da pessoa cega (a cor preta indica regiões mais ativas no cego do que em quem enxerga). Para uma visão melhor dos morros e vales do córtex, o cérebro foi "exagerado" por computação. Figura adaptada de Renier et al. (2010).

E não é apenas o tato, mas qualquer fonte de informação. Quando participantes cegos ouvem sons, seu córtex auditivo se ativa, e o mesmo acontece com o córtex occipital.[19]

Não apenas o toque e o som ativam o que antes era o córtex visual primário da pessoa cega, mas também o olfato, o paladar e reminiscências de acontecimentos, ou a solução de problemas matemáticos.[20] Como acontece com um mapa do Novo Mundo, o território vai para os concorrentes mais ferozes.

A história ficou ainda mais interessante nos últimos anos: quando novos ocupantes se movem para o córtex visual, retêm parte da arquitetura anterior — como as mesquitas na Turquia, que antigamente eram catedrais romanas. Como exemplo, a área que processa a linguagem escrita visual em quem enxerga é a mesma que se ativa quando uma pessoa cega lê braile.[21] Da mesma forma, a principal área de processamento de movimento visual em quem enxerga é ativada para o movimento tátil nos cegos (por exemplo, algo movendo-se pela ponta dos dedos ou pela língua).[22] A principal rede neural envolvida no reconhecimento do objeto visual em quem enxerga é ativada pelo tato nos cegos.[23] Estas observações levaram à hipótese de que o cérebro é uma "máquina de tarefas" — realiza tarefas como detectar movimento ou os objetos no mundo — e não um sistema organizado por determinados sentidos.[24] Em outras palavras, regiões do cérebro cuidam de realizar determinados tipos de tarefas, independentemente do canal sensorial pelo qual chegam as informações.

Há uma observação a ser feita aqui, à qual voltaremos em capítulos posteriores: a idade importa. Naqueles que nascem cegos, o córtex occipital é completamente dominado por outros sentidos. Se uma pessoa fica cega em tenra idade — digamos, aos cinco anos —, a ocupação é menos abrangente. Para os "cegos tardios" (aqueles que perderam a visão depois dos dez anos), as ocupações corticais são ainda menores. Quanto mais velho o cérebro, menos flexível ele é para a reorganização, como as fronteiras norte-americanas agora mudam muito pouco depois de cinco séculos de colonização.

O que testemunhamos com a perda da visão também acontece com a perda de qualquer sentido. Por exemplo, nos surdos, o córtex auditivo passa a ser empregado para a visão e outras tarefas.[25] Como a perda de um membro por lorde Nelson levou a ocupações corticais de territórios vizinhos, o mesmo acontece com a perda de audição, olfato, paladar ou qualquer outra coisa. As

O interior espelha o exterior **53**

fronteiras do cérebro mudam constantemente para representar melhor os dados que chegam.²⁶

Depois de você olhar essa questão, verá a competição por território em toda a sua volta. Pense em um aeroporto de uma cidade grande. Se existir um grande número de aviões chegando de determinada companhia aérea (United), e menos voos de outra (Delta), então não seria surpresa ver um aumento no número de balcões da United, enquanto aqueles da Delta diminuem. A United dominaria mais portões, mais pedidos de bagagem e mais espaço nos monitores. Se outra companhia aérea saísse inteiramente dos negócios (pense na Trans World Airlines), toda sua presença no aeroporto seria rapidamente tomada. E o mesmo acontece com o cérebro e seus inputs sensoriais.

Agora entendemos como a competição leva à ocupação. Mas tudo isso conduz a uma pergunta: as capacidades de um sentido ficam maiores quando ele captura mais área?

QUANTO MAIS, MELHOR

O jovem chamado Ronnie nasceu em Robbinsville, na Carolina do Norte. Logo depois que a criança nasceu, ficou claro que era cega. Com um ano e um dia de idade, a mãe abandonou o menino, alegando que a cegueira dele era um castigo de Deus a ela. Ele foi criado na pobreza pelos avós até os cinco anos, depois foi enviado a uma escola para deficientes visuais.

Quando ele tinha seis anos, sua mãe apareceu, só uma vez. Agora tinha outra filha. A mãe disse, "Ron, quero que você sinta os olhos dela. Sabe, ela tem olhos tão bonitos. Ela não me envergonha como você. Ela enxerga". Esta foi a última vez que ele teve contato com a mãe.

Mesmo com a dificuldade da infância, ficou evidente que Ronnie tinha dom para a música. Seus professores detectaram o talento, e Ronnie começou a estudar música clássica formalmente. Um ano depois de pegar o violino, os professores o declararam um virtuose. Ele passou a dominar piano, violão e vários outros instrumentos de corda e de sopro.

A partir daí, Ronnie tornou-se um dos artistas mais populares de sua época, fechando os mercados de música pop e country. Garantiu quarenta sucessos nacionais no topo das paradas. Ganhou seis prêmios Grammy.

Ronnie Milsap é só um entre muitos músicos cegos; outros incluem Andrea Bocelli, Ray Charles, Stevie Wonder, Diane Schuur, José Feliciano e Jeff Healey. O cérebro destas pessoas aprendeu a depender dos sinais dos sons e do tato no ambiente e eles ficaram melhores no processamento destes sinais do que as pessoas que enxergam.

Embora o estrelato musical não seja garantido para os cegos, a reorganização do cérebro é. Por conseguinte, o ouvido absoluto tem maior representação entre os cegos e estas pessoas são mais de dez vezes melhores na determinação se uma nota musical sobe ou desce sutilmente.[27] Elas simplesmente têm mais território cerebral dedicado à tarefa de ouvir. Em um experimento recente, os participantes que enxergavam ou eram cegos tiveram um ouvido obstruído e depois lhes pediram que localizassem sons na sala. Como a identificação de um som exige uma comparação dos sinais dos dois ouvidos, esperava-se que todos fracassassem miseravelmente nesta tarefa. Foi o que aconteceu com os participantes que enxergavam. Mas os participantes cegos conseguiram dizer, de modo geral, a localização da fonte do som.[28] Por quê? Porque a forma exata da cartilagem do ouvido externo (mesmo que apenas um ouvido) reverbera sons de formas sutis que dão pistas de sua localização — mas só se a pessoa é altamente sintonizada para captar esses sinais. Quem enxerga tem menos córtex dedicado ao som, assim a capacidade de extrair informações sonoras sutis é subdesenvolvida.

Esse tipo de talento extremo com o som é comum entre os cegos. Pense em Ben Underwood. Quando tinha dois anos, Ben parou de enxergar com o olho esquerdo. A mãe o levou ao médico e logo descobriram que ele tinha câncer na retina dos dois olhos. Com o fracasso da quimioterapia e da radioterapia, cirurgiões removeram seus olhos. Mas, aos sete anos, Ben concebera uma técnica útil e inesperada: soltava estalos com a boca e ouvia os ecos. Com este método, conseguia determinar a localização de portas abertas, pessoas, carros estacionados, lixeiras e assim por diante. Ele fazia ecolocalização: emitia ondas sonoras para objetos no ambiente e ouvia o que voltava.[29]

Um documentário sobre Ben começava com a declaração de que ele era "a única pessoa no mundo capaz de enxergar por ecolocalização".[30] A declaração é errônea de várias maneiras. Primeiro, Ben pode ou não ter *enxergado* do jeito que uma pessoa que enxerga pensa na visão; só o que sabemos é que seu cérebro era capaz de converter ondas sonoras em uma compreensão prática dos objetos grandes na frente dele. Falaremos mais sobre isso adiante.

Segundo, e mais importante, Ben não era o único a usar a ecolocalização: milhares de pessoas cegas fazem isso.[31] Na verdade, o fenômeno tem sido discutido desde pelo menos os anos 1940, quando a palavra "ecolocalização" foi cunhada em um artigo da *Science* intitulado "Echolocation by Blind Men, Bats, and Radar" ("Ecolocalização por Cegos, Morcegos e Radares").[32] O autor escreveu, "Com o passar do tempo, muitos cegos desenvolvem uma capacidade considerável de evitar obstáculos por meio de pistas auditivas recebidas de sons que elas próprias criam". Isto incluía os próprios passos, ou bater a bengala, ou estalar os dedos. Ele demonstrou que a capacidade deles de conseguir ecolocalizar era drasticamente reduzida por ruídos perturbadores ou protetores auriculares.

Como vimos anteriormente, o lobo occipital pode ser dominado por muitas tarefas, não só aquelas auditivas. A memorização, por exemplo, pode se beneficiar de um território cortical a mais. Em um estudo, cegos foram testados para saber o quanto conseguiam se lembrar de listas de palavras. Aqueles com *mais* córtex occipital dominado tiveram uma pontuação mais alta: tinham mais território para dedicar à tarefa da memória.[33] A história, de modo geral, é simples: quanto mais território, melhor. Isto às vezes leva a resultados contraditórios. A maioria das pessoas nasce com três tipos diferentes de fotorreceptores para a visão em cores, mas algumas pessoas nascem apenas com dois tipos, um tipo ou nenhum deles, o que lhes diminui (ou não) a capacidade de discriminar entre as cores. Porém, os acromatópticos (cegos para cores) não se saem assim tão mal: eles são *melhores* na distinção entre tons de cinza.[34] Por quê? Porque têm a mesma quantidade de córtex visual, mas menos dimensões de cor com que se preocupar. Usar a mesma quantidade de território cortical disponível para uma tarefa mais simples lhes dá um desempenho melhor. Embora os militares excluam soldados acromatópticos de determinadas missões, eles passaram a perceber que estes conseguem localizar a camuflagem do inimigo melhor do que as pessoas com uma visão considerada normal para as cores.

E embora estejamos usando o sistema visual para introduzir os pontos críticos, a redistribuição cortical acontece em toda parte. Quando as pessoas perdem a audição, o tecido cerebral antes "auditivo" passa a representar outros sentidos.[35] Assim, não surpreende que os surdos tenham uma atenção visual periférica melhor, ou que frequentemente consigam *ver* seu sotaque: eles sabem de que parte do país você é porque são muito bons na leitura labial. Da mesma forma, depois que um amputado perde um membro, a sensibilidade da parte preservada fica maior. Agora o toque pode ser sentido com uma pressão mais leve, e dois toques juntos podem ser sentidos como toques separados, e não como um só. Como o cérebro agora dedica mais território às áreas que ficaram sem danos, a sensibilidade passa a ter uma resolução mais alta.

A redistribuição neural substitui o antigo paradigma de áreas cerebrais predeterminadas por algo mais flexível. O território pode ser transferido para diferentes tarefas. Não há nada de especial nos neurônios do córtex *visual*, por exemplo. Eles são simplesmente neurônios que por acaso estão envolvidos no processamento de arestas ou de cores em pessoas que têm olhos funcionais. Estes mesmíssimos neurônios podem processar outros tipos de informação nos deficientes visuais.

O paradigma antigo afirmaria que o pedaço de terra norte-americano rotulado como Louisiana estava predeterminado para o povo francês. O paradigma novo não surpreende quando mostra que o território de Louisiana é vendido e cidadãos de todo o planeta abrem uma loja ali.

Como o cérebro precisa distribuir todas as tarefas pelo volume finito do córtex, pode ser que alguns distúrbios surjam de distribuições abaixo do ideal. Um exemplo é o savantismo autista, em que uma criança que tem déficits cognitivos e sociais graves pode ser um virtuose em, digamos, memorizar o catálogo telefônico, ou copiar cenas visuais, ou resolver um cubo mágico em uma velocidade impressionante. A combinação das deficiências cognitivas com talentos excepcionais tem atraído muitas teorias; uma de relevância aqui é uma distribuição incomum de território cortical.[36] A ideia é que podem ser realizadas proezas atípicas quando o cérebro dedica uma parte anormalmente grande de seu território a uma só tarefa (como a memorização, ou a análise visual, ou quebra-cabeças). Mas estes superpoderes humanos acontecem à custa de outras tarefas entre as quais os cérebros normalmente dividem seu território, como todas as subtarefas que contribuem para habilidades sociais confiáveis.

DE UMA VELOCIDADE CEGANTE

As décadas recentes produziram várias revelações sobre a plasticidade do cérebro, mas talvez a maior surpresa tenha sido sua rapidez. Alguns anos atrás, pesquisadores da Universidade McGill colocaram em um scanner cerebral vários adultos que tinham perdido a visão recentemente. Foi solicitado que os pacientes ouvissem sons. Não surpreende que esses sons tenham provocado atividade no córtex auditivo. Mas os sons também provocaram atividade no córtex occipital — atividade que não estaria ali algumas semanas antes, quando os participantes tinham a capacidade de enxergar. A atividade não era tão forte quanto aquela vista nas pessoas que eram cegas havia muito tempo, mas ainda assim pôde ser detectada.[37]

Isto demonstrou que o cérebro pode implantar mudanças rapidamente quando a visão desaparece. Mas com que rapidez?

O pesquisador Alvaro Pascual-Leone começou a se perguntar sobre a velocidade com que estas grandes mudanças podiam acontecer no cérebro. Notou que aspirantes a professores em uma escola para cegos precisavam usar uma venda nos olhos por sete dias inteiros para ter, em primeira mão, a compreensão da experiência de vida dos alunos. A maioria dos professores passou a ter consciência de habilidades aprimoradas com os sons — de orientação a eles, avaliação da distância e identificação:

> Vários descrevem terem se tornado capazes de identificar pessoas rapidamente e com precisão quando estas começavam a falar ou mesmo quando simplesmente andavam, devido à cadência dos passos. Vários aprenderam a diferenciar carros pelos sons dos motores e um deles descreveu a "alegria de distinguir motocicletas pelo som".[38]

Isto levou Pascual-Leone e colaboradores a considerar o que aconteceria se uma pessoa que enxerga fosse vendada em um ambiente laboratorial por sete dias. Eles partiram para o experimento e o que descobriram foi nada menos que extraordinário. Perceberam que a reorganização neural — do mesmo tipo visto em participantes cegos — também acontece com a cegueira temporária de participantes com capacidade visual. E acontece rapidamente.

Em um dos estudos, os participantes foram vendados por cinco dias, tempo durante o qual passaram por um treinamento intensivo em braile.[39] No final dos cinco dias, os participantes tinham se tornado muito competentes na detecção de diferenças sutis entre os caracteres do braile — muito melhores do que um grupo controle de participantes que enxergavam e passaram pelo mesmo treinamento, mas sem os olhos vendados.

Mas especialmente impressionante foi o que aconteceu com o cérebro deles, avaliado no scanner. Em cinco dias, os participantes vendados tinham recrutado seu córtex occipital quando tocavam objetos. Os participantes controle, o que não é de surpreender, usaram apenas o córtex somatossensorial. Os participantes vendados também mostraram reações occipitais a sons e palavras.

Quando esta nova atividade do lobo occipital foi propositalmente interrompida por pulsos magnéticos no laboratório, desapareceu a vantagem na leitura de braile dos participantes vendados — indicando que o recrutamento desta área cerebral não era um efeito colateral acidental, mas uma parte fundamental do desempenho comportamental aprimorado.

Quando a venda era retirada dos olhos, a reação do córtex occipital ao toque ou ao som desaparecia em um dia. A essa altura, o cérebro dos participantes voltava a parecer indistinguível do cérebro de todos os participantes que enxergavam.

Em outro estudo, as áreas visuais do cérebro foram cuidadosamente mapeadas usando técnicas mais poderosas de neuroimageamento. Os participantes foram vendados, colocados em um scanner e lhes solicitaram que realizassem uma tarefa de tato que exigia boa discriminação com os dedos. Nestas condições, os pesquisadores detectaram atividade emergente no córtex visual primário depois de uma sessão com os olhos vendados de meros quarenta a sessenta minutos.[40]

O que chocou nestas descobertas foi a velocidade. A mudança de forma no cérebro não é como a geleira que vaga por placas continentais, mas pode ser extraordinariamente rápida. Nos capítulos seguintes, veremos que a privação visual provoca o desmascaramento de input não visual *já existente* no córtex occipital, e passaremos a entender como o cérebro sempre salta como uma ratoeira para implantar a mudança rápida. Por ora, porém, a questão importante é que as mudanças no cérebro são mais aceleradas do que o mais otimista neurocientista teria se atrevido a pensar no início deste século.

Voltemos a ampliar para um quadro maior. Como dentes afiados e pernas velozes são úteis para a sobrevivência, assim também é a flexibilidade neural: ela permite que o cérebro otimize o desempenho em certa variedade de ambientes.

Mas a competição no cérebro tem também um possível inconveniente. Se houver um desequilíbrio de atividade nos sentidos, pode acontecer uma tomada de território e pode acontecer rapidamente. Uma redistribuição de recursos pode ser ideal quando um membro ou sentido foi amputado ou perdido para sempre, mas a conquista rápida de território talvez precise ser combatida ativamente em outros casos. E esta consideração levou meu ex-aluno Don Vaughn e eu a propormos uma nova teoria para o que acontece com o cérebro na escuridão da noite.

O QUE SONHAR TEM A VER COM A ROTAÇÃO DO PLANETA?

Um dos mistérios não resolvidos da neurociência é por que os cérebros sonham. O que são essas alucinações bizarras à noite?

O interior espelha o exterior   61

Terão algum significado? Ou são simplesmente atividade neural aleatória em busca de uma narrativa coerente? E por que os sonhos têm tanta riqueza visual, inflamando o córtex occipital toda noite em uma conflagração de atividade?

Pense no seguinte: na competição crônica e implacável por território cerebral, o sistema visual tem um problema singular a resolver. Devido à rotação do planeta, ele é lançado na escuridão por uma média de 12 horas por ciclo. (Isto se refere a 99,9999% da história evolutiva de nossa espécie, e não a nossos tempos atuais abençoados pela eletricidade.) Já vimos que a privação sensorial desencadeia a tomada de territórios vizinhos. Então, como o sistema visual lida com esta desvantagem injusta?

Mantendo o córtex occipital ativo durante a noite.

Sugerimos que os sonhos existem para evitar que o córtex visual seja dominado pelas áreas vizinhas. Afinal, a rotação do planeta não afeta em nada sua capacidade de tato, audição, paladar ou olfato; só a visão sofre no escuro. Por conseguinte, toda noite o córtex visual se vê em perigo de uma conquista por outros sentidos. E em vista da velocidade impressionante com que as mudanças de território podem acontecer (lembre-se dos quarenta a sessenta minutos que acabamos de ver), a ameaça é descomunal. Os sonhos são os meios pelos quais o córtex visual impede a conquista.

Para entender melhor isto, vejamos em detalhes. Embora quem durma pareça estar relaxado e desligado, o cérebro está em plena atividade elétrica. Durante a maior parte da noite, não há sonhos. Mas durante o sono REM (de *rapid eye movement*, movimento rápido dos olhos), acontece algo especial. O batimento cardíaco e a respiração se aceleram, pequenos músculos se contorcem e as ondas cerebrais ficam menores e mais rápidas. Esta é a fase do sono em que acontecem os sonhos.[41] O sono REM é provocado por um conjunto determinado de neurônios em uma estrutura do tronco encefálico chamada ponte. A atividade maior nestes neurônios tem duas consequências. A primeira é que os grupos musculares maiores ficam paralisados. Os circuitos neurais complexos mantêm o corpo congelado durante os sonhos e sua complexidade sustenta a importância biológica do sono com sonhos; presumivelmente, seria improvável que esses circuitos evoluíssem sem uma função importante por trás. O desligamento muscular permite que o cérebro simule a experiência do mundo sem verdadeiramente mexer o corpo.

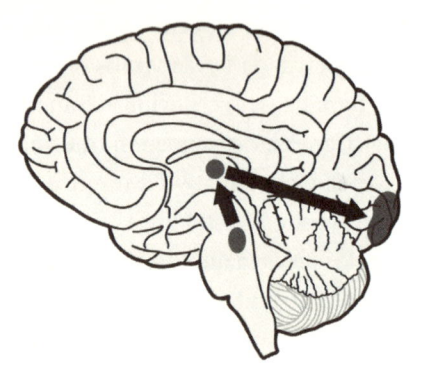

Durante o sono com sonhos, ondas de atividade começam no tronco encefálico e terminam no córtex occipital. Sugerimos que esta injeção de atividade é necessária devido à rotação do planeta para a escuridão: o sistema visual precisa de estratégias especiais para manter seu território intacto.

A segunda consequência é a que realmente importa: ondas de pulsos viajam do tronco encefálico para o córtex occipital.[42] Quando os pulsos elétricos chegam lá, a atividade vivida é visual. Nós *vemos*. Esta atividade explica por que os sonhos são pictóricos e cinematográficos, e não conceituais ou abstratos.

Esta combinação produz a experiência do sonhar: a invasão das ondas elétricas no córtex occipital ativa o sistema visual, enquanto a paralisia muscular impede que o sonhador aja nas experiências.

Teorizamos que os circuitos por trás dos sonhos visuais não são acidentais. Em vez disso, para evitar a conquista, o sistema visual é obrigado a lutar por seu território, gerando explosões de atividade quando o planeta gira para a escuridão.[43] Diante da competição constante por território sensorial, evoluiu uma autodefesa occipital. Afinal de contas, a visão carrega informações fundamentais para a missão, mas é roubada por metade de nossas horas. Os sonhos, portanto, podem ser o estranho fruto da relação entre a plasticidade neural e a rotação do planeta.

Uma questão essencial a ser compreendida é que essas saraivadas de atividade à noite são anatomicamente precisas. Começam no tronco encefálico e são dirigidas a um só lugar: o córtex occipital. Se os circuitos aumentassem suas ramificações de forma ampla e sem uma direção específica, esperaríamos que se conectasse com muitas áreas pelo cérebro. Mas não acontece assim. Ele mira com exatidão anatômica uma única área: uma estrutura mínima chamada núcleo geniculado lateral, que transmite especificamente para o córtex occipital. Pela lente do neuroanatomista, esta alta especificidade do circuito sugere um papel importante.

Desta perspectiva, não deve surpreender que mesmo uma pessoa nascida cega retenha os mesmos circuitos-tronco encefálico-lobo occipital de todas as outras. E os sonhos dos cegos? Será que não se espera que eles sonhem porque seus cérebros não ligam para a escuridão? A resposta é instrutiva. As pessoas com cegueira congênita (ou que ficaram cegas em tenra idade) não experimentam a imagética visual nos sonhos, mas têm *outras* experiências sensoriais, como tatear por uma sala com outra disposição da mobília ou ouvir o latido de animais estranhos.[44] Isto casa perfeitamente com as lições que aprendemos pouco tempo atrás: que o córtex occipital de uma pessoa cega se torna anexado pelos outros sentidos. Assim, nos que nascem cegos, a ativação occipital noturna ainda acontece, mas agora é vivida como algo *não visual*. Em outras palavras, em circunstâncias normais, sua genética espera que a desvantagem injusta da escuridão seja melhor combatida enviando ondas de atividade à noite para o lobo occipital; isto é válido para o cérebro dos cegos, embora o propósito original tenha se perdido. Observe também que as pessoas que ficaram cegas *depois* dos sete anos têm mais conteúdo visual nos sonhos do que aquelas que ficaram cegas mais cedo — o que é coerente com o fato de que o lobo occipital na cegueira tardia é menos conquistado por outros sentidos, e assim a atividade é vivida mais visualmente.[45]

Como uma observação interessante, duas outras áreas cerebrais, o hipocampo e o córtex pré-frontal, são menos ativas durante o sono com sonhos do que no estado de vigília, e se pressupõe que isto seja responsável pela dificuldade que temos para nos lembrar dos sonhos. Por que seu cérebro desliga estas áreas? Uma possibilidade é que não há necessidade de escrever a memória, se o propósito central do sono com sonhos é manter o córtex visual combatendo ativamente seus vizinhos.

Podemos aprender muito com uma perspectiva interespécies. Alguns mamíferos nascem *imaturos* — o que quer dizer que são incapazes de andar, obter alimentos, regular a própria temperatura ou se defenderem. Os exemplos são a espécie humana, os furões e os ornitorrincos. Outros mamíferos nascem *maduros* — como o porquinho-da-índia, a ovelha e a girafa — e todos saem do útero com dentes, pelos, olhos abertos e uma capacidade de regular a temperatura, andar uma hora depois de nascer e comer alimentos sólidos. A pista importante é esta: os animais que nascem com cérebros imaturos têm muito mais sono REM — até cerca de oito vezes mais — e esta diferença é especialmente clara no primeiro mês de vida.[46] Segundo nossa interpretação, quando um cérebro altamente plástico cai no mundo, precisa constantemente lutar para manter as coisas em equilíbrio. Quando um cérebro chega em sua maior parte solidificado, há uma necessidade menor de se envolver no combate noturno.

Além disso, veja o declínio no sono REM com a idade. Todas as espécies de mamíferos passam uma fração de seu tempo de sono em REM, e esta fração diminui de forma constante à medida que eles envelhecem.⁴⁷ Na espécie humana, os bebês passam metade do período de sono em REM, os adultos passam apenas de 10 a 20% do sono em REM e os idosos passam menos tempo ainda. Esta tendência interespécie é coerente com o fato de que os cérebros dos bebês são muito mais plásticos (como veremos no Capítulo 9), e assim a competição por território é ainda mais fundamental. À proporção que um animal envelhece, as conquistas corticais são menos possíveis. O declínio na plasticidade tem paralelo no declínio do tempo passado em sono REM.

Esta hipótese leva a uma previsão para o futuro distante, quando descobrirmos a vida em outros planetas. Alguns planetas (em particular aqueles que orbitam estrelas anãs vermelhas) ficam fixos, de tal modo que sempre têm a mesma superfície voltada para sua estrela: assim, eles têm dia permanente em um lado do planeta e noite permanente no outro.⁴⁸ Se formas de vida do planeta tiverem cérebros *livewired* mesmo que vagamente similares aos nossos, podemos presumir que aqueles do lado do dia do planeta talvez tenham visão, como nós, mas *não* tenham sonhos. A mesma presunção seria válida para os planetas que giram com muita velocidade: se a noite for mais curta do que o tempo de uma conquista cortical, então os sonhos também serão desnecessários. Daqui a milhares de anos, talvez finalmente possamos vir a saber se nós, os sonhadores, estamos em minoria no universo.

O QUE ESTÁ POR FORA É COMO O QUE ESTÁ POR DENTRO

A maioria das pessoas que visitam a estátua do almirante Nelson na Trafalgar Square talvez não tenha considerado a distorção do córtex somatossensorial no hemisfério esquerdo daquela cabeça elevada. Mas deveriam. Ela expõe uma das proezas mais extraordinárias do cérebro: a capacidade de codificar de forma ideal o corpo com que está lidando.

Até agora vimos que mudanças nos inputs sensoriais (como na amputação, na cegueira ou na surdez) levam a uma imensa reorganização cortical. Os mapas cerebrais não são geneticamente roteirizados de antemão, mas moldados pelo input. Eles dependem da experiência. São uma propriedade emergente de competições locais por fronteiras, e não o resultado de um plano global predeterminado. Como neurônios que disparam juntos se ligam juntos, a coativação estabelece as representações vizinhas no cérebro. Não importa o formato de seu corpo, ele naturalmente acabará mapeado na superfície do cérebro.

Do ponto de vista evolutivo, estes mecanismos dependentes de atividade permitem que a seleção natural exclua empírica e rapidamente variedades inumeráveis de tipos corporais — de garras a barbatanas, de asas a caudas preênseis. A natureza não precisa reescrever geneticamente o cérebro sempre que quer experimentar um novo plano corporal; simplesmente deixa que o cérebro se adapte. E isto ressalta uma questão que reverbera por todo este livro: o cérebro é muito diferente de um computador digital. Vamos querer abandonar nossas concepções de engenharia tradicional e manter os olhos bem abertos quando nos aprofundarmos no terreno neural.

A mudança de forma no plano corporal ilustra o que acontece em todos os sistemas sensoriais. Vimos que quando as pessoas nascem cegas, seu córtex "visual" passa a sintonizar na audição, no tato e em outros sentidos. E a consequência perceptiva da conquista cortical é uma sensibilidade maior: quanto mais território o cérebro dedica a uma tarefa, mais resolução ele tem.

Por fim, descobrimos que quando as pessoas com sistemas visuais normais são vendadas, mesmo que por uma hora, seu córtex visual primário ativa-se quando elas realizam tarefas com os dedos ou quando ouvem tons ou palavras. A retirada da venda rapidamente reverte o córtex visual de forma a fazê-lo voltar a reagir apenas a input visual. Como descobriremos nos próximos capítulos, a capacidade repentina do cérebro de "ver" com os dedos ou com os ouvidos depende de conexões de outros sentidos que já estão presentes, mas não são usadas, uma vez que os olhos estão enviando dados.

No todo, estas considerações nos levam a propor que os sonhos visuais são um subproduto de competição neural e a rotação do planeta. Um organismo que deseje evitar que o sistema visual seja tomado pelos outros sentidos deve pensar em um jeito de manter o sistema visual ativo quando a escuridão chega.

Agora, então, estamos prontos para uma pergunta. Pintamos o quadro de um córtex extremamente flexível. Quais são os limites de sua flexibilidade? Será que podemos entrar com qualquer tipo de dado no cérebro? Ele simplesmente deduz o que fazer com os dados que recebe?

4

O APROVEITAMENTO DE INPUTS

Todo homem pode ser, se assim desejar, o escultor de seu próprio cérebro.

— Santiago Ramón y Cajal (1852-1934),
Neurocientista e vencedor do prêmio Nobel

Michael Chorost nasceu com a audição fraca e se virou na vida de jovem adulto com a ajuda de um aparelho auditivo. Mas, certa tarde, enquanto esperava para pegar um carro alugado, a bateria do aparelho arriou. Ou assim ele pensou. Ele substituiu a bateria, mas descobriu que todo som tinha sumido do mundo. Ele foi de carro ao pronto-socorro mais próximo e descobriu que o que restava da audição — sua fina tábua de salvação auditiva com o resto do mundo — desaparecera para sempre.[1]

Agora os aparelhos auditivos não seriam de utilidade nenhuma para ele; afinal, eles funcionam capturando o som do mundo e amplificando o volume no sistema auditivo enfermo. Esta estratégia é eficaz para algumas formas de perda auditiva, mas só funciona se tudo que existe do tímpano para dentro for funcional.

Se o ouvido interno morreu, nenhuma amplificação resolverá o problema. E era esta a situação de Michael. Parecia que sua percepção das paisagens sonoras do mundo tinha chegado ao fim.

Mas então ele descobriu uma única possibilidade restante e em 2001 submeteu-se a uma cirurgia de implante coclear. Este dispositivo mínimo contorna o equipamento defeituoso do ouvido interno e fala diretamente com o nervo funcional (pense nisso como um cabo de dados) logo depois dele. O implante é um minicomputador alojado diretamente no ouvido interno; recebe sons do mundo e transfere a informação ao nervo auditivo por meio de eletrodos minúsculos.

Assim, a parte deteriorada do ouvido interno é contornada, mas isso não quer dizer que a experiência de audição saia de graça. Michael teve de aprender a interpretar a língua estrangeira dos sinais elétricos que alimentavam o sistema auditivo:

Quando o dispositivo foi ligado um mês depois da cirurgia, a primeira frase que ouvi parecia "Zzzzzz szz szvizzzz ur brfzzzzzzz?" Meu cérebro aos poucos aprendeu a interpretar o sinal estranho. Logo "Zzzzzz szz szvizzzz ur brfzzzzzzz?" transformou-se em "O que você comeu no café da manhã?". Depois de meses de prática, pude usar o telefone de novo, até conversar em bares e cafeterias barulhentos.

Embora receber o implante de um minicomputador pareça algo saído da ficção científica, os implantes cocleares estão no mercado desde 1982 e mais de meio milhão de pessoas andam por aí com essa biônica na cabeça, desfrutando de vozes, batidas na porta, risos e flautas. O software no implante coclear pode ser invadido e atualizado, assim Michael passou anos obtendo informações mais eficientes pelo implante sem precisar de outras cirurgias. Quase um ano depois da ativação do implante, ele atualizou para um programa que lhe dá o dobro da resolução. Como diz Michael, "Enquanto os ouvidos de meus amigos inevitavelmente declinarão com a idade, os meus só vão melhorar".

Terry Byland mora perto de Los Angeles. Recebeu o diagnóstico de retinite pigmentosa, uma doença degenerativa da retina, a camada de fotorreceptores no fundo do olho. Ele relata, "Aos trinta e sete anos, a última coisa que você quer ouvir é que vai ficar cego... que não há nada a ser feito".[2]

Mas depois ele descobriu que *havia* algo a ser feito, se tivesse a coragem de tentar. Em 2004, Byland tornou-se um dos primeiros pacientes a se submeter a um procedimento experimental: receber o implante de um chip de retina biônico. Um dispositivo diminuto com uma grade de eletrodos, ele é conectado à retina no fundo do olho. Uma câmera em óculos envia, sem fio, seus sinais ao chip. Os eletrodos soltam pequenas descargas de eletricidade nas células que ainda restam na retina de Terry, gerando sinais pela via expressa, antes muda, do nervo óptico. Afinal, o nervo óptico de Terry funcionava muito bem: mesmo quando os fotorreceptores morriam, o nervo continuou ávido por sinais que pudesse levar ao cérebro.

Uma equipe de pesquisa da Universidade do Sul da Califórnia implantou um chip em miniatura no olho de Terry. A cirurgia foi concluída sem sobressaltos, depois começou o teste para valer. Com certa expectativa, a equipe de pesquisa ligou os eletrodos um a um, para testá-los. Terry contou, "Foi incrível enxergar alguma coisa. Pareciam pontinhos de luz... não tinham nem o tamanho de uma moedinha (...) quando eles testaram cada um dos eletrodos".

No decorrer de dias, Terry experimentou uma pequena constelação de luzes: não era um sucesso estimulante. Mas seu córtex visual aos poucos deduziu como extrair informações melhores dos sinais. Depois de algum tempo, ele detectou a presença do filho de dezoito anos: "Eu estava com meu filho, caminhando... era a primeira vez que o via desde que ele tinha cinco anos. Não me envergonho de dizer que derramei algumas lágrimas naquele dia."

Terry não estava diante de uma imagem visual clara — mais parecia uma grade simples e pixelada —, mas uma fresta fora aberta na porta da escuridão. Com o tempo, seu cérebro foi capaz de entender melhor os sinais. Embora ele não consiga determinar os detalhes de cada rosto, pode distingui-los vagamente. E embora a resolução do chip de retina seja baixa, ele pode tocar objetos apresentados em locais aleatórios e consegue atravessar a rua de uma cidade discernindo as linhas brancas da faixa de pedestres.[3] Ele conta, com orgulho: "Quando estou em casa, ou na casa de outra pessoa, posso ir a qualquer cômodo e acender a luz, ou ver a luz entrando pela janela. Quando ando pela rua, posso evitar os galhos baixos das árvores... enxergo as bordas dos galhos, assim consigo evitá-los."

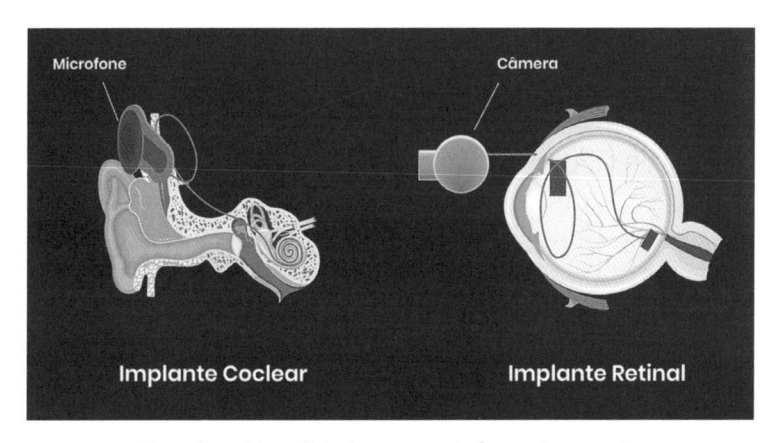

Estes dispositivos digitais carregam informações que não combinam bem com a língua da biologia natural. Ainda assim, o cérebro deduz como fazer uso dos dados que recebe.

A ideia de próteses para ouvido e olho foi seriamente considerada na comunidade científica por décadas. Mas ninguém tinha certeza se estas tecnologias funcionariam. Afinal, o ouvido interno e a retina realizam um processamento espantosamente sofisticado com o input sensorial que recebem. Assim, será que um pequeno chip eletrônico, falando o dialeto do Vale do Silício em vez da linguagem de nossos órgãos dos sentidos biológicos e naturais, seria entendido pelo resto do cérebro? Ou seus padrões de faíscas elétricas diminutas parecem um disparate para as redes neurais posteriores? Esses dispositivos seriam como um viajante pedante em uma terra estrangeira que acha que todos entenderão sua língua se ele simplesmente continuar gritando.

Por incrível que pareça, no caso do cérebro, essa estratégia descortês funciona: o restante do país aprende a entender o estrangeiro.

Mas como?

A chave para compreender isto exige um mergulho em um nível mais profundo: seus 1.200 gramas de tecido encefálico não ouvem nem enxergam diretamente nada do mundo. Em vez disso, seu cérebro está trancado em uma cripta de silêncio e escuridão dentro do crânio. Só o que ele chega a ver são sinais eletroquímicos que fluem por diferentes cabos de dados. É só com isso que ele trabalha.

De maneira que ainda nos esforçamos para entender, o cérebro é incrivelmente dotado na tarefa de receber esses sinais e extrair padrões. A estes padrões, ele atribui significados. Com o significado, tem-se a experiência subjetiva. O cérebro é um órgão que converte faíscas no escuro no filme eufônico de seu mundo. Todas os matizes, aromas, emoções e sensações em sua vida são codificados em trilhões de sinais que disparam no escuro, como um lindo protetor de tela em seu monitor de computador é fundamentalmente construído de zeros e uns.

A TECNOLOGIA VENCEDORA DO CABEÇA DE BATATA

Imagine que você foi a uma ilha de um povo que nasceu cego. Todos leem em braile, sentindo padrões mínimos de inputs com a ponta dos dedos. Você vê as pessoas darem gargalhadas ou caírem aos prantos enquanto roçam os pequenos relevos. Como pode caber toda essa emoção na ponta dos dedos? Você explica a elas que quando *você* gosta de um romance aponta as esferas de seu rosto para determinadas linhas e curvas. Cada esfera tem uma relva de células que registram colisões com fótons, e é assim que você consegue registrar o formato dos símbolos. Você decorou uma série de regras segundo a qual diferentes formatos representam diferentes sons. Deste modo, para cada garatuja, você recita um pequeno som mentalmente, imaginando o que ouviria se alguém estivesse falando em voz alta. O padrão resultante de sinalização neuroquímica faz você explodir de alegria ou chorar como um bebê. Você não pode culpar os ilhéus por considerarem que sua alegação é de difícil compreensão.

Você e eles enfim têm de concordar com uma verdade simples: a ponta dos dedos ou o globo ocular são apenas dispositivos periféricos que, com seus receptores e respectivas transduções, convertem informações do mundo em pulsos elétricos no cérebro. O cérebro faz então todo o árduo trabalho de interpretação. Você e os ilhéus compartilham do fato de que, no fim, tudo gira em torno dos trilhões de pulsos elétricos que disparam pelo cérebro — e que o método de entrada simplesmente não é a parte que importa.

Sempre que entra informação, o cérebro aprenderá a se adaptar a ela e extrair o que puder. Desde que os dados tenham uma estrutura que reflita algo importante sobre o mundo (junto com algumas outras exigências que veremos nos próximos capítulos), o cérebro deduzirá como decodificá-los.

Há uma consequência interessante para isto: seu cérebro não sabe, nem se importa em saber, de onde vêm os dados. Para qualquer informação que chegar, ele simplesmente deduz como tirar proveito dela.

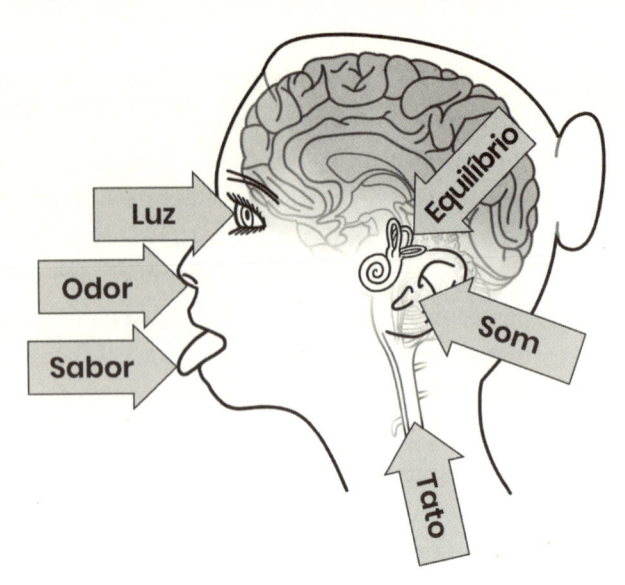

Os órgãos sensoriais transmitem diferentes fontes de informação para o cérebro.

Isto faz do cérebro uma máquina muito eficiente. É um dispositivo de computação de uso geral. Ele absorve os sinais disponíveis e determina — quase com perfeição — o que pode fazer com eles. E esta estratégia, proponho, faz com que a Mãe Natureza trabalhe com diferentes tipos de canais de input.

Chamo isto de modelo Cabeça de Batata da evolução. Uso este nome para enfatizar que todos os sensores que conhecemos e amamos — como os olhos e ouvidos, e a ponta dos dedos — são apenas dispositivos plug-and-play periféricos. Você os conecta e está tudo resolvido. O cérebro deduz o que fazer com os dados que entram.

Por conseguinte, a Mãe Natureza pode construir novos sentidos simplesmente construindo novos periféricos. Em outras palavras, depois que ela entendeu os princípios operacionais do cérebro, pode mexer com diferentes tipos de canais de input para captar diferentes fontes de energia do mundo. As informações transmitidas pelo reflexo de radiação eletromagnética são capturadas pelos detectores de fótons nos olhos. As ondas de ar comprimido são capturadas pelos detectores de sons dos ouvidos. O calor e as informações sobre a textura são reunidos pelos grandes mantos de material sensorial que chamamos de pele. Assinaturas químicas são farejadas ou lambidas pelo nariz ou pela língua. E tudo isso é traduzido em pulsos elétricos que correm pela câmara escura do crânio.

A hipótese do Cabeça de Batata: conecte-o em órgãos sensoriais, e o cérebro deduzirá como usá-los.

Esta capacidade extraordinária do cérebro de aceitar qualquer input sensorial transfere o fardo da pesquisa e do desenvolvimento de novos sentidos para os sensores externos. Da mesma forma que você pode conectar um nariz, os olhos ou uma boca arbitrários ao Cabeça de Batata, a natureza conecta uma ampla variedade de instrumentos no cérebro com o objetivo de detectar fontes de energia no mundo.

Pense nos dispositivos periféricos plug-and-play de seu computador. A importância da designação "plug-and-play" é que seu computador não precisa saber da existência da XJ-3000 SuperWebCam que será inventada daqui a vários anos; ele só precisa ser receptivo à interação com um dispositivo desconhecido e arbitrário e receber fluxos de dados quando o novo dispositivo é conectado. Por conseguinte, você não precisa comprar um computador novo sempre que um novo periférico chega ao mercado. Simplesmente tem um único dispositivo central que abre as portas para que periféricos sejam acrescentados de uma forma padronizada.[4]

Pode parecer loucura ver nossos detectores periféricos como dispositivos individuais independentes; afinal de contas, não existem milhares de genes envolvidos na construção desses dispositivos, e estes genes não se sobrepõem com outras partes do corpo? Será que realmente podemos olhar o nariz, o olho, o ouvido ou a língua como dispositivos independentes? Mergulhei fundo na pesquisa deste problema. Afinal, se o modelo do Cabeça de Batata estiver correto, ele não sugerirá que podemos encontrar chaves simples na genética que levem à presença ou à ausência destes periféricos?

Acontece que nem todos os genes são iguais. Os genes se descompactam em uma ordem extraordinariamente precisa, com a expressão de um gene acionando a expressão dos seguintes em um algoritmo sofisticado de alimentação de recepção e envio. Assim, existem entrelaçamentos críticos no programa genético para a construção, digamos, de um nariz. Este programa pode ser ativado ou desativado.

E como sabemos disto? Veja as mutações que acontecem com um contratempo genético. Pense no problema chamado arrinia, em que uma criança nasce sem nariz. Simplesmente ele sumiu do rosto. Eli, nascido no Alabama em 2015, é totalmente desprovido de nariz e também não tem uma cavidade nasal, nem um sistema para o olfato.[5] Uma mutação dessas parece alarmante e difícil de imaginar, mas, em nosso sistema plug-and-play, a arrinia é previsível: com uma leve alteração dos genes, o dispositivo periférico simplesmente não é construído.

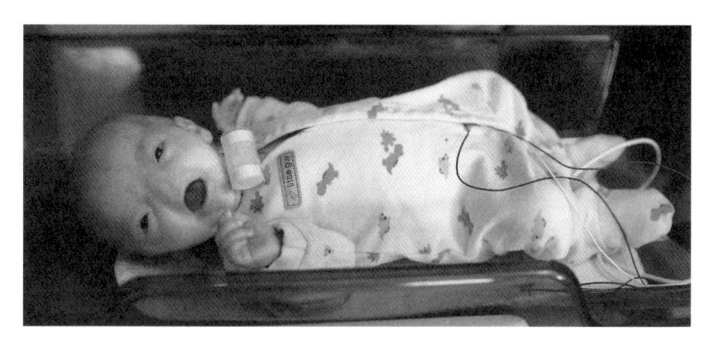

O bebê Eli nasceu sem nariz.

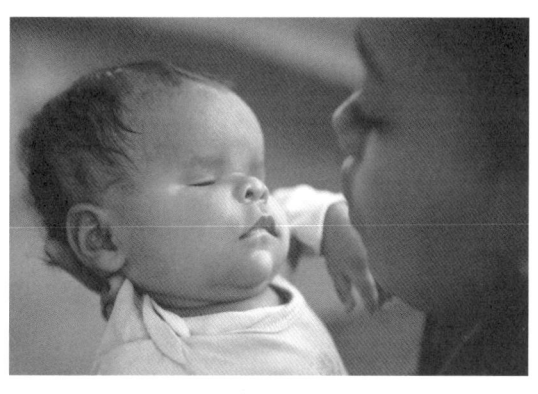

O bebê Jordy nasceu sem olhos; por baixo das pálpebras, só encontramos pele.

Se nossos órgãos dos sentidos podem ser vistos como dispositivos plug-and-play, podemos esperar encontrar casos clínicos em que uma criança nasce, digamos, sem olhos. E de fato é exatamente este o problema da anoftalmia. Pense no bebê Jordy, nascido em Chicago, em 2014.[6] Por baixo das pálpebras, encontramos simplesmente carne macia e lustrosa. Embora o comportamento e o imageamento do cérebro de Jordy indiquem que o resto do cérebro funciona muito bem, ele não tem dispositivos periféricos para capturar fótons. A avó de Jordy observa, "Ele nos reconhecerá apalpando". A mãe, Brania Jackson, fez uma tatuagem especial "Eu amo Jordy" — em braile — na omoplata direita, para que Jordy possa crescer apalpando-a.

Alguns bebês nascem sem orelhas. No raro problema da anotia, as crianças nascem com a parte externa do ouvido inteiramente ausente.

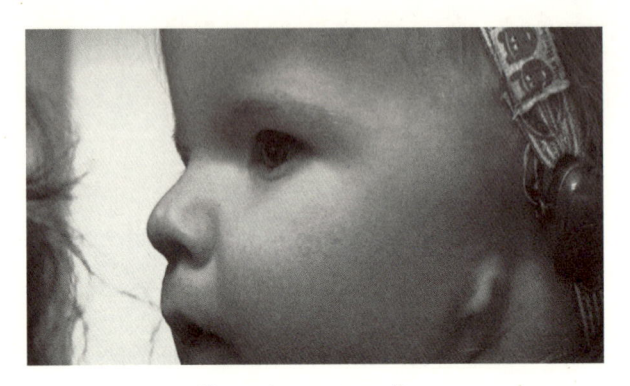

Uma criança sem orelhas.

De forma relacionada, uma mutação em uma única proteína, no embrião, faz com que as estruturas do ouvido *interno* estejam ausentes.[7] É desnecessário dizer que as crianças com estas mutações são completamente surdas, porque a elas faltam os dispositivos periféricos que convertem as ondas de ar comprimido em pulsos elétricos.

Uma pessoa pode nascer sem língua e ainda assim ser saudável? Claro. Foi o que aconteceu com um bebê brasileiro de nome Auristela. Ela passou anos lutando para comer, falar e respirar. Agora, adulta, submeteu-se a uma cirurgia para a construção de uma língua e atualmente dá entrevistas eloquentes sobre ter crescido sem língua.[8]

E continua a lista extraordinária de formas com que podemos ser desmontados. Algumas crianças nascem sem quaisquer receptores para a dor na pele e nos órgãos internos, assim são inteiramente insensíveis à picada e à agonia dos piores momentos da vida.[9] (À primeira vista, pode parecer uma vantagem ser livre da dor. Mas não é: as crianças incapazes de viver a dor são cobertas de cicatrizes e em geral morrem jovens porque não sabem o que evitar.) Além da dor, existem muitos outros tipos de receptores na pele, inclusive para estiramento, coceira e temperatura, e uma criança pode acabar sem um deles, mas com outros. Isto recai coletivamente sob a denominação de "anafia", a incapacidade de sensibilidade do tato.

Quando vemos esta constelação de distúrbios, fica claro que nossos detectores periféricos se descompactam por força de programas genéticos específicos. Uma disfunção menor nos genes pode travar o programa e assim o cérebro não recebe aquele fluxo de dados em particular.

A ideia do córtex de uso geral sugere como nossas habilidades sensoriais podem ser acrescentadas durante a evolução: com uma mutação em um dispositivo periférico, um novo fluxo de dados abre caminho a alguma parte do cérebro e a maquinaria de processamento neural passa a trabalhar. Assim, novas habilidades requerem apenas o desenvolvimento de novos dispositivos sensoriais.

E é por isso que podemos examinar o reino animal e encontrar toda sorte de dispositivo periférico estranho, cada um deles elaborado por milhões de anos de evolução. Se você fosse uma cobra, sua sequência de DNA fabricaria fossetas loreais que captam informações em infravermelho. Se fosse um peixe ituí-cavalo, suas letras genéticas descompactariam eletrossensores que captariam perturbações no campo elétrico. Se fosse um cão sabujo, seu código escreveria instruções para um focinho enorme, apinhado de receptores para o cheiro. Se você fosse um camarão mantis, suas instruções produziriam olhos com 16 tipos de fotorreceptores. A toupeira-nariz-de-estrela tem o que parecem 22 apêndices feito dedos no nariz, e com isto sente o ambiente e constrói um modelo tridimensional de seus sistemas de túneis. Muitas aves, bovinos e insetos têm magnetorrecepção, com a qual se orientam para o campo magnético do planeta.

Para acomodar tal variedade de periféricos, o cérebro não teria de ser reprojetado a cada vez? Sugiro que não. No tempo evolutivo, mutações ao acaso introduzem novos e estranhos sensores e os cérebros simplesmente deduzem como explorá-los. Depois que os princípios da operação cerebral foram estabelecidos, a natureza simplesmente se preocupa em projetar novos sensores.

Esta perspectiva permite que entre em foco uma lição: os dispositivos com que chegamos — olhos, narizes, orelhas, línguas, ponta dos dedos — não são a única coleção de instrumentos que podemos ter tido. São simplesmente o que herdamos de uma longa e complexa estrada da evolução.

Mas talvez não precisemos nos ater a esta coleção específica de sensores.

Afinal, a capacidade do cérebro de aproveitar diferentes tipos de informações que chegam implica a previsão bizarra de que você talvez consiga que um canal sensorial transporte informações de outro. Por exemplo, e se você pegar um fluxo de dados de uma câmera de vídeo e converter em toque em sua pele? Será que o cérebro acabaria por conseguir interpretar o mundo visual simplesmente pelo tato?

Bem-vindo ao mundo mais estranho que a ficção da substituição sensorial.

SUBSTITUIÇÃO SENSORIAL

A ideia de que podemos transmitir dados ao cérebro por meio dos canais errados pode parecer hipotética e bizarra. Mas o primeiro artigo demonstrando isto foi publicado no periódico *Nature* mais de meio século atrás.

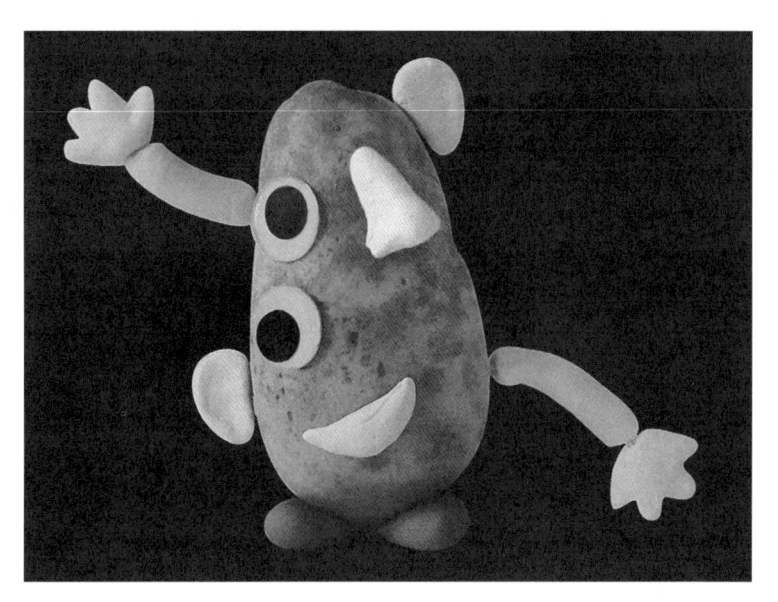

Substituição sensorial: transmite informações ao cérebro por vias incomuns.

A história começa em 1958, quando um médico de nome Paul Bach-y-Rita recebeu uma notícia horrível: seu pai, um professor de sessenta e cinco anos, tinha acabado de sofrer um grave derrame cerebral. Agora, ele estava usando uma cadeira de rodas e mal conseguia falar ou se mexer. Paul e o irmão George, estudante de medicina na Universidade do México, procuraram por meios de ajudar o pai. E, juntos, foram pioneiros em um programa de reabilitação idiossincrático e individualizado.

Como Paul descreveu, "Era uma relação de amor exigente. [George] jogava alguma coisa no chão e dizia, 'Pai, vá pegar'".[10] Ou eles fariam com que o pai tentasse varrer a varanda, enquanto os vizinhos olhavam, consternados. Mas, para o pai, a luta recompensava. Como Paul conta sobre a opinião do pai, "Este homem inútil estava fazendo alguma coisa".

As vítimas de derrame costumam se recuperar apenas parcialmente — e em geral não têm recuperação nenhuma —, e assim os irmãos tentaram não alimentar falsas esperanças. Sabiam que quando o tecido encefálico é morto em um derrame, nunca volta atrás.

Mas a recuperação do pai prosseguia inesperadamente bem. Tão bem que o pai voltou a dar aulas e morreu muito mais tarde (vítima de um ataque cardíaco enquanto fazia trilha na Colômbia a 2.700 metros de altitude).

Paul ficou profundamente impressionado com a extensão da recuperação do pai e a experiência marcou uma importante reviravolta em sua vida. Paul percebeu que o cérebro conseguia se retreinar e que mesmo quando partes do cérebro estavam mortas para sempre, outras partes podiam assumir suas funções. Paul partiu para uma cátedra no Smith-Kettlewell, em San Francisco, para começar uma residência em medicina de reabilitação no Santa Clara Valley Medical Center. Ele queria estudar pessoas como o pai. Queria entender o que o cérebro precisava para se retreinar.

No final dos anos 1960, Paul Bach-y-Rita seguia um esquema que a maioria dos colegas supunha tolo. Ele sentava um voluntário cego em uma cadeira de dentista reconfigurada em seu laboratório. Embutida no encosto da cadeira, havia uma grade de quatrocentas pontas de Teflon, com 50 por 50 centímetros. As pontas podiam ser estendidas e retraídas por solenoides mecânicos. Acima da cabeça da pessoa cega, havia uma câmera instalada em um tripé. O vídeo da câmera era convertido em um cutucão das pontas nas costas do voluntário.

Objetos passavam na frente da câmera enquanto o participante na cadeira prestava muita atenção na sensação nas costas. Com dias de treinamento, ele melhorou na identificação dos objetos pelo tato — da mesma forma que uma pessoa pode desenhar com o dedo nas costas de outra e pedir que identifique a forma ou letra. A experiência não era exatamente como a *visão*, mas já era um começo.

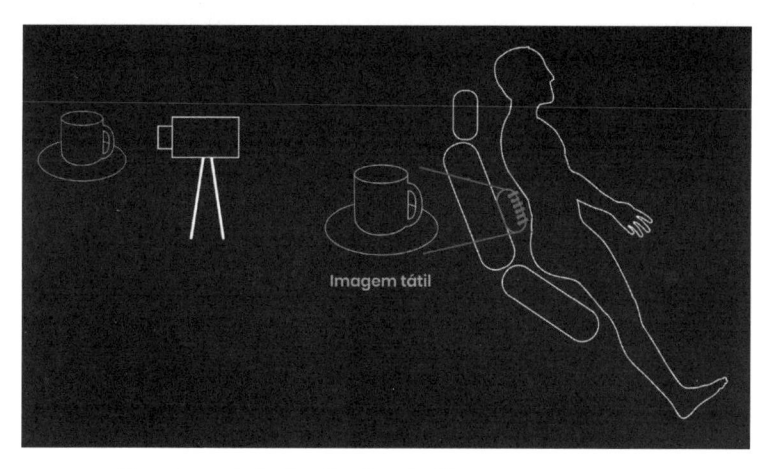

Uma transmissão de vídeo é traduzida em toque nas costas.

O que Bach-y-Rita descobriu impressionou a área de pesquisa: os participantes cegos podiam aprender a distinguir linhas horizontais de verticais e diagonais. Usuários mais avançados aprendiam a distinguir objetos simples e até rostos — simplesmente pelos cutucões nas costas. Ele publicou as descobertas no periódico *Nature*, com o título um tanto surpreendente de "Vision Substitution by Tactile Image Projection" ("Substituição da visão por projeção de imagem tátil"). Era o começo de uma nova era — a da substituição sensorial.[11] Bach-y-Rita resumiu as descobertas com simplicidade: "O cérebro é capaz de usar informações que vêm da pele como se viessem dos olhos."

A técnica melhorou drasticamente desde que Bach-y-Rita e colaboradores fizeram uma única mudança simples: em lugar de instalar a câmera na cadeira, permitiram que o usuário cego a apontasse ele mesmo, usando a própria vontade para controlar para onde olhava o "olho".[12] Por quê? Porque o input sensorial é melhor aprendido quando podemos interagir com o mundo. Deixar que os usuários controlem a câmera fecha o ciclo entre o output muscular e o input sensorial.[13] A percepção pode ser compreendida não como passiva, mas como um meio de explorar ativamente o ambiente, combinando uma ação específica com uma mudança específica no que retorna ao cérebro. Para o cérebro, não importa como esse ciclo é estabelecido — seja pelo movimento de músculos extraoculares que movem o olho ou usando músculos do braço para virar a câmera. Não importa o que aconteça, o cérebro deduz como o output mapeia o input.

A experiência subjetiva para os usuários era de que eles descobriam que os objetos visuais estavam "lá fora", e não na pele de suas costas.[14] Em outras palavras, era algo parecido com a visão. Embora a visão do rosto de seu amigo na cafeteria incida em seus fotorreceptores, você não percebe que o sinal está nos olhos. Percebe que seu amigo está "lá fora", acenando para você de longe. E assim aconteceu para os usuários da cadeira odontológica modificada.

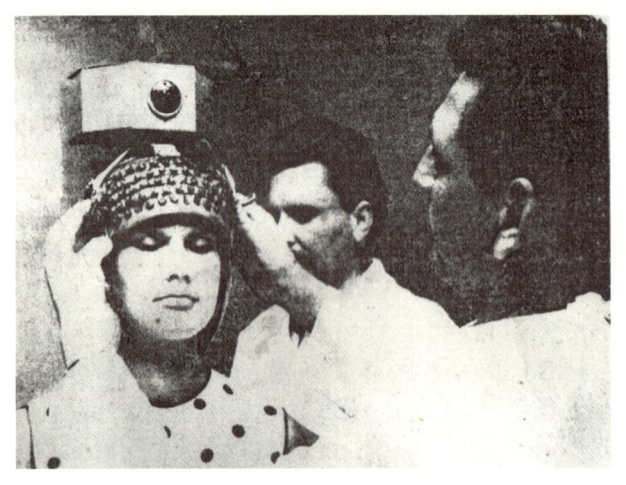

O Elektroftalm traduzia a imagem de uma câmera em vibrações na cabeça (1969).

Embora o dispositivo de Bach-y-Rita tenha sido o primeiro a chegar aos olhos do público, não foi a primeira tentativa de substituição sensorial. Do outro lado do mundo, no final dos anos 1890, um oftalmologista polonês chamado Kazimierz Noiszewski desenvolveu o Elektroftalm (do grego para "eletricidade" + "olho") para pessoas cegas. Uma célula fotoelétrica era colocada na testa de uma pessoa cega e, quanto mais luz a atingia, mais alto era um som no ouvido da pessoa. Com base na intensidade do som, o cego podia dizer onde estavam as áreas iluminadas e aquelas escuras.

Infelizmente ele era grande, pesado e tinha apenas um pixel de resolução, assim não ganhou impulso. Mas, em 1960, seus colegas poloneses pegaram a bola e correram com ela.[15] Reconhecendo que a audição é fundamental para os cegos, decidiram passar as informações pelo tato. Construíram um sistema de motores vibratórios, instalado em um capacete que "desenhava" as imagens na cabeça. Os participantes cegos podiam andar em salas especialmente preparadas, pintadas para aumentar o contraste dos batentes da porta e das bordas dos móveis. Deu certo. Infelizmente, como as invenções anteriores, o dispositivo era pesado e esquentava durante o uso, portanto o mundo precisaria esperar. Mas a prova do princípio estava ali.

Por que estas abordagens estranhas funcionam? Porque todos os inputs ao cérebro — fótons nos olhos, ondas de ar comprimido nos ouvidos, pressão na pele — são convertidos na moeda comum dos sinais elétricos. Se os pulsos que chegam transportam informações que representam algo importante sobre o mundo, o cérebro aprenderá a interpretá-las. As vastas florestas neurais no cérebro não ligam para a rota de entrada dos pulsos elétricos. Bach-y-Rita descreveu o fenômeno desta forma em uma entrevista à rede de TV PBS, em 2003:

> Se eu estiver olhando para você, não é a sua imagem que vai ultrapassar a barreira da minha retina... Dali para o córtex e ao resto do cérebro, são pulsos. Pulsos por nervos. Estes pulsos não são diferentes em nada daqueles pulsos oriundos do dedão do pé. São [as] informações [que eles carregam], e a

frequência e o padrão dos pulsos. Se você pudesse treinar o cérebro a extrair esse tipo de informação, não precisaria dos olhos para ver.

Em outras palavras, a pele é uma via para transmitir dados em um cérebro que já não possui olhos funcionais. Mas como é possível que isto aconteça?

O MÁGICO DE UM TRUQUE SÓ

Quando você olha o córtex e atravessa seus sulcos — que determinam as fronteiras dos giros —, ele parece aproximadamente o mesmo em toda parte. Mas quando examinamos o cérebro por imageamento ou mergulhamos pequenos eletrodos em sua massa, descobrimos que diferentes tipos de informação estão ocultos em regiões distintas. Estas diferenças têm permitido que os neurocientistas atribuam rótulos a áreas: esta região é para a visão, esta outra para a audição, aquela para o tato do dedão do pé esquerdo e assim por diante. Mas e se as áreas só passam a ser o que são devido aos inputs? E se o córtex "visual" for apenas o córtex visual devido aos dados que recebe? E se a especialização se desenvolve a partir de detalhes dos cabos de dados que chegam em vez de pré-especificação genética de módulos? Neste contexto, o córtex é um motor de processamento de dados de uso geral. Entre com dados e ele os mastigará e extrairá regularidades estatísticas.[16] Em outras palavras, ele está disposto a aceitar qualquer input que esteja conectado e realiza os mesmos algoritmos básicos. Nesta perspectiva, nenhuma parte do córtex é pré-especificada para ser visual, auditiva e assim por diante. Então, se um organismo quiser detectar ondas de ar comprimido ou fótons, só o que precisará fazer é conectar o feixe de fibras de sinais que chegam ao córtex e a maquinaria de seis camadas correrá um algoritmo muito genérico para extrair o tipo certo de informação. Os dados determinam a área.

E é por isso que o neocórtex parece igual em toda parte: porque ele *é mesmo* igual. Qualquer parte do córtex é pluripotente — o que significa que tem a possibilidade de se desenvolver em variados destinos, dependendo do que está conectado a ele.

Assim, se existe uma área do cérebro dedicada à audição, é só porque dispositivos periféricos (neste caso, os ouvidos) mandam informações por cabos que se conectam ao córtex neste local. Não é necessariamente córtex auditivo; só é o córtex auditivo porque sinais que passaram pelos ouvidos deram forma a seu destino. Em um universo alternativo, imagine fibras nervosas que carregam informação visual conectadas a esta área; então a rotularíamos em nossos livros didáticos de córtex visual. Em outras palavras, o nosso córtex desempenha operações-padrão em quaisquer inputs que por acaso obtenha, em princípio, desde que esses inputs estejam no espectro de identificação humano. Isto dá uma primeira impressão de que o cérebro tem áreas sensoriais predeterminadas, mas na realidade ele só parece assim graças aos inputs.[17]

Considere onde os mercados de peixe ficam nas áreas centrais dos Estados Unidos: as cidades em que o piscitarianismo prospera, em que restaurantes de sushi estão muito representados, em que novas receitas com frutos do mar são desenvolvidas — vamos chamar essas cidades de áreas piscosas primárias.

Por que o mapa tem determinada configuração, e não algo diferente? Parece assim porque é para lá que os rios fluem, portanto é lá que os peixes estão. Pense nos peixes como bits de dados, fluindo pelos cabos de dados dos rios, e a distribuição de restaurantes se faz de acordo com isso. Nenhum corpo legislativo prescreveu que os mercados de peixes devem se mudar para lá. Eles se agrupam ali naturalmente.

Tudo isso leva à hipótese de que não existe nada de especial em um pedaço de tecido, digamos, no córtex auditivo. Então, você pode cortar um pedaço do córtex auditivo de um embrião e transplantá-lo para o córtex visual, e ele funcionaria igualmente bem? Na verdade, exatamente isto foi demonstrado em experimentos com animais no início dos anos 1990: em um curto período, o pedaço de tecido transplantado parece e se comporta como o restante do córtex visual.[18]

E aí a demonstração foi levada um passo adiante. Em 2000, cientistas do MIT redirecionaram inputs dos olhos de um furão para o córtex auditivo, de modo que agora o córtex *auditivo* recebia dados *visuais*. O que aconteceu? O córtex auditivo adaptou seus circuitos para que se assemelhassem às conexões do córtex visual primário.[19] Os animais reprogramados interpretaram os inputs para o córtex auditivo como visão normal. Isto nos diz que o padrão de inputs determina o destino do córtex. O cérebro se programa dinamicamente para representar melhor qualquer dado que venha nadando para ele (e por fim age de acordo com isso).[20]

Fibras visuais no cérebro do furão foram reorientadas para o córtex auditivo — que então começou a processar informação visual.

Centenas de estudos de inputs de tecido transplantado ou reprogramado apoiam o modelo de que o cérebro é um dispositivo de computação de uso geral — uma máquina que realiza operações-padrão com o fluxo de dados que recebe — quer estes dados carreguem o vislumbre de um coelho saltando, o som de um telefone tocando, o gosto de creme de amendoim, o cheiro de salame ou o toque de seda no rosto. O cérebro analisa o input e o coloca em contexto (*o que posso fazer com isto?*), independentemente de sua origem. E é por isso que os dados podem ser úteis para uma pessoa cega, mesmo quando são transmitidos às costas, ao ouvido ou à testa.

Na década de 1990, Bach-y-Rita e colaboradores procuraram meios de obter algo menor que a cadeira odontológica. Desenvolveram um pequeno dispositivo chamado BrainPort.[21] Uma câmera é conectada à testa de uma pessoa cega e uma pequena grade de eletrodos é colocada em sua língua. A "Unidade de Visualização com a Língua" usa uma grade de estimuladores cobrindo 3 centímetros quadrados. Os eletrodos dão pequenos choques que se correlacionam com a posição de pixels, algo parecido com as balas Pop Rocks na boca das crianças. Pixels brilhantes são codificados por forte estímulo nos pontos correspondentes da língua, cinza para estímulo médio e o escuro para estímulo nenhum. O BrainPort confere a capacidade de distinguir objetos visuais com uma acuidade que se equipara à visão 20/800.[22] Embora os usuários tenham relatado primeiro perceber a estimulação da língua como arestas e formas não identificáveis, por fim aprenderam a reconhecer o estímulo em um nível mais profundo, o que lhes permitiu discernir características como distância, formato, direção de movimento e tamanho.[23]

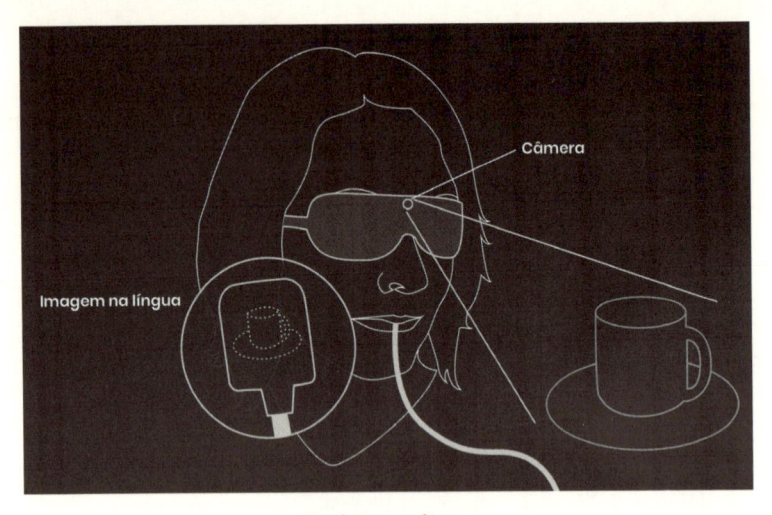

Vendo com a língua.

Normalmente pensamos na língua como um órgão do paladar, mas ela é carregada de receptores do tato (é assim que você sente a textura da comida), o que faz dela uma excelente interface cérebro-máquina.[24] Como acontece com outros dispositivos visuais-táteis, a grade de eletrodos na língua nos lembra de que a visão surge não nos olhos, mas no cérebro. Quando é realizado um imageamento do cérebro de participantes treinados (cegos ou deficientes visuais), o movimento de choques eletrotáteis pela língua ativa uma área do cérebro normalmente envolvida no movimento visual.[25]

Assim como na grade de solenoides nas costas, as pessoas cegas que usam o BrainPort começam a sentir que as cenas têm "abertura" e "profundidade" e que os objetos estão *lá fora*. Em outras palavras, é mais do que uma tradução cognitiva do que está acontecendo na língua: evolui para uma experiência perceptiva direta. A experiência deles não é "Eu sinto um padrão na língua que codifica meu cônjuge passando", mas uma sensação direta de que o cônjuge está em movimento pela sala. Se você tem visão normal, tenha em conta que é precisamente assim que seus olhos funcionam: sinais eletroquímicos nas retinas são percebidos como um amigo acenando para você, uma Ferrari zunindo pela rua, uma pipa vermelha contra um céu azul. Embora toda a atividade esteja na superfície de seus receptores sensoriais, você percebe tudo como *lá fora*. Simplesmente não importa se o detector está no olho ou na língua. Como o voluntário Roger Behm descreve sua experiência com o BrainPort:

> No ano passado, quando tive a experiência pela primeira vez, estávamos fazendo coisas na mesa, na cozinha. E fiquei meio emocionado, porque fazia trinta e três anos desde que enxerguei pela última vez. E pude estender a mão e ver algumas bolas de tamanhos diferentes. Quer dizer, eu as vi visualmente. Pude estender a mão e pegá-las — não tatear e procurar por elas às apalpadelas —, eu as peguei, e vi a caneca, e levantei a mão e baixei diretamente na caneca.[26]

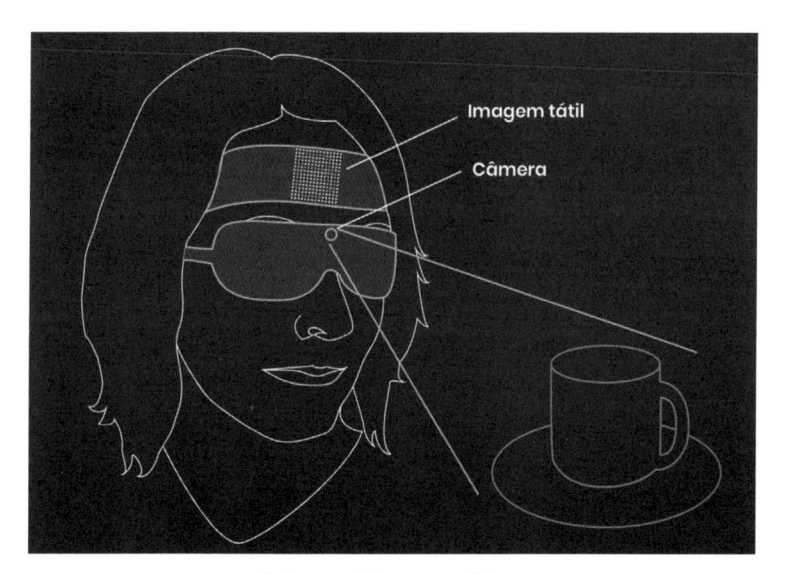

O Sistema de Retina na Testa.

Como, a essa altura, você deve estar adivinhando, o input tátil pode estar em praticamente qualquer parte do corpo. Pesquisadores do Japão desenvolveram uma variante da grade tátil — o Sistema de Retina na Testa — em que uma transmissão de vídeo é convertida em pequenos pontos de toque na testa.[27] Por que a testa? E por que não? Ela não era usada para muita coisa, de toda forma.

Outra versão abriga uma grade de atuadores vibrotáteis no abdome, que usa a intensidade para representar a distância em relação a superfícies mais próximas.[28]

O que tudo isso tem em comum é que o cérebro consegue deduzir o que fazer do input visual que chega por canais que normalmente são considerados do tato. Mas, na verdade, a estratégia do tato não é a única que funciona.

MELODIAS OCULARES

Em meu laboratório, alguns anos atrás, Don Vaughn entrou com seu iPhone estendido para mim. Ela estava de olhos fechados, ainda assim, não esbarrava nas coisas. O fluxo de sons pelos fones de ouvido estava ocupado convertendo o mundo visual em uma paisagem sonora. Ele aprendia a ver a sala com os ouvidos. Delicadamente, movia o telefone à frente do corpo como um terceiro olho, como uma bengala em miniatura, virando-o para cá e para lá, a fim de atrair a informação de que precisava. Estávamos testando se uma pessoa cega podia captar informação visual pelos ouvidos. Embora você talvez não tenha ouvido falar nesta abordagem à cegueira, a ideia não é nova: começou mais de meio século atrás.

Em 1966, um professor chamado Leslie Kay ficou obcecado pela beleza da ecolocalização dos morcegos. Sabia que algumas pessoas podiam aprender a ecolocalizar, mas não era fácil. Então Kay projetou óculos volumosos para ajudar a comunidade dos cegos a tirar proveito da ideia.[29]

Os óculos emitem um som ultrassônico no ambiente. Com comprimentos de onda curtos, o ultrassom pode revelar informações sobre pequenos objetos quando reverbera. A eletrônica nos óculos capturou os reflexos de retorno e os converteu em sons que a espécie humana consegue ouvir. A nota em seu ouvido indicava a distância do objeto: tons agudos codificavam para algo distante, tons graves para algo próximo. O volume de um sinal lhe dizia o tamanho do objeto: alto significava que o objeto era grande; suave lhe dizia que ele era pequeno. A clareza do sinal era usada para representar a textura: um objeto liso tornava-se um tom puro; uma textura áspera soava como uma nota corrompida por ruído. Os usuários aprendiam a evitar muito bem os objetos; porém, devido à baixa resolução, Kay e colaboradores concluíram que a invenção servia mais como um complemento a um cão-guia ou uma bengala do que um substituto.

Os óculos sônicos do professor Kay aparecem à direita. (Os outros óculos são apenas grossos, não sônicos.)

Embora isto fosse apenas moderadamente útil para adultos, ainda persistia a questão de o quanto o cérebro de um bebê podia aprender a interpretar os sinais, uma vez que seu cérebro jovem é especialmente plástico. Em 1974, na Califórnia, o psicólogo T. G. R. Bower usou uma versão modificada dos óculos de Kay para testar se a ideia daria certo. Seu participante era um bebê de 16 semanas, cego de nascença.[30] No primeiro dia, Bower pegou um objeto e o moveu para frente e para trás, lentamente, diante do nariz do bebê. Na quarta vez em que deslocou o objeto, segundo conta, os olhos do bebê convergiram (ambos apontaram para o nariz), como acontece quando algo se aproxima do rosto. Quando Bower afastou o objeto, os olhos do bebê divergiram. Depois de mais alguns ciclos, o bebê levantou as mãos com a aproximação do objeto. Quando objetos foram movidos para a esquerda e a direita na frente do bebê, Bower conta que o bebê os acompanhava com a cabeça e tentava bater neles. No registro que fez dos resultados, Bower relata vários outros comportamentos:

> O bebê está de frente [para a mãe, que fala] e usa o dispositivo. Lentamente ele virou a cabeça para retirá-la de seu campo sonoro, depois lentamente se voltou para trazê-la para perto. Este comportamento foi repetido várias vezes, acompanhado de sorrisos imensos do bebê. Todos os três observadores tiveram a impressão de que ele fazia um jogo de esconde-esconde com a mãe e obtinha imenso prazer dele.

Ele passa a relatar resultados extraordinários nos meses que se seguiram:

> O desenvolvimento do bebê depois destas aventuras iniciais continuou mais ou menos equivalente ao de um bebê com capacidade de enxergar. Usando o guia sônico, o bebê parecia capaz de identificar um brinquedo preferido sem tocar nele.

Começou a estender as duas mãos por volta dos seis meses de idade. Aos oito meses, o bebê procurava por um objeto que tivesse escondido atrás de outro objeto (...). Nenhum desses padrões de comportamento é visto normalmente em bebês com cegueira congênita.

Você pode se perguntar por que nunca ouviu falar no uso deste dispositivo. Como vimos anteriormente, a tecnologia era volumosa e pesada — não é do tipo que você possa crescer usando tranquilamente —, ao passo que a resolução era bem baixa. Além disso, os resultados de óculos ultrassônicos em adultos encontravam menos sucesso do que em crianças[31] — uma questão a que voltaremos no Capítulo 9. Assim, embora o conceito de substituição sensorial tenha criado raízes, precisou esperar pela combinação certa de fatores para crescer.

No início dos anos 1980, um médico holandês chamado Peter Meijer embarcou no bonde do pensamento sobre os ouvidos como meio de transmissão de informações visuais. Em lugar de usar a ecolocalização, ele se perguntou se podia usar uma transmissão de vídeo e convertê-la em som.

Meijer tinha visto a conversão de transmissão de vídeo em tato feita por Bach-y-Rita, mas desconfiava de que os ouvidos talvez tivessem uma capacidade maior de absorver as informações. A desvantagem de usar os ouvidos era que a conversão de vídeo para som seria menos intuitiva. Na cadeira de dentista de Bach-y-Rita, a forma de um círculo, um rosto ou uma pessoa pode ser pressionada diretamente na pele. Mas como converter centenas de pixels de vídeo em som?

Em 1991, Meijer desenvolveu uma versão de um computador desktop e, em 1999, ele era portátil, usado como câmera instalada em óculos, com um computador preso ao cinto por um grampo.

Ele chamou seu sistema de vOICe (em que "OIC" significa "*Oh, I See*", "Ah, estou vendo").[32] O algoritmo manipula o som por três dimensões: a altura de um objeto é representada pela *frequência* do som, a posição horizontal é representada pelo tempo via uma panorâmica de input estéreo (imagine o som se deslocando pelos ouvidos, do esquerdo para o direto, como você percorre uma cena com os olhos) e o brilho do objeto é representado pelo volume. As informações visuais podem ser capturadas por uma imagem em tons de cinza de cerca de 60 x 60 pixels.[33]

Tente imaginar a experiência do uso desses óculos. No início, tudo parece uma cacofonia. À medida que a pessoa se move pelo ambiente, tons zumbem e gemem de um jeito estranho e inútil. Depois de um tempo, a pessoa tem uma noção de como usar os sons para navegar. Esta fase é um exercício cognitivo: a pessoa está laboriosamente traduzindo os tons em algo que possa servir de base para a ação.

A parte importante chega um pouco mais tarde. Depois de algumas semanas ou meses, usuários cegos começam a ter um bom desempenho.[34] Mas não só porque memorizam a tradução. Em vez disso, eles, de certo modo, estão *vendo*. De uma forma estranha e com baixa resolução, eles experimentam a visão.[35] Uma usuária do vOICe, que ficou cega depois de vinte anos de visão, teve isto a dizer sobre a experiência de uso do dispositivo:

> É possível desenvolver um senso de paisagem sonora em um período de duas a três semanas. Em três meses, mais ou menos, pode-se começar a ver os clarões do ambiente, onde conseguimos identificar as coisas só olhando para elas. (...) É visão. Sei como é a visão. Eu me lembro dela.[36]

A chave é o treinamento rigoroso. Como acontece nos implantes cocleares, o cérebro pode precisar de meses de uso destas tecnologias para começar a entender os sinais. A essa altura, as mudanças são mensuráveis no imageamento do cérebro. Determinada região do cérebro (o córtex occipital lateral) geralmente reage às informações sobre a forma, quer seja determinada pela visão ou pelo tato. Depois que os participantes usam os óculos por vários dias, esta região cerebral torna-se ativada pela paisagem sonora.[37] A melhora no desempenho do usuário tem paralelo no nível de reorganização cerebral.[38]

Em outras palavras, o cérebro entende como extrair informações sobre a forma a partir dos sinais que chegam, qualquer que seja o caminho pelo qual estes sinais entram no santuário interno do crânio — seja por visão, tato ou som. Os pormenores dos detectores não importam no caso dos sentidos apresentados. Só o que importa são as informações que eles transportam.

Nos primeiros anos do século XXI, vários laboratórios começaram a tirar proveito de telefones celulares, desenvolvendo aplicativos para converter input de câmera em output de áudio. Os cegos ouvem pelos fones enquanto veem a cena diante deles com a câmera do celular. Por exemplo, o vOICe agora pode ser baixado gratuitamente em telefones do mundo todo.

O vOICe não é a única abordagem de substituição visual para auditiva; os últimos anos viram uma proliferação destas tecnologias. Por exemplo, o aplicativo EyeMusic usa notas musicais para representar a localização de pixels de cima para baixo: quanto mais alto um pixel, mais aguda a nota. O tempo é explorado para representar a localização do pixel esquerda-direita; as notas posteriores representam algo à direita. A cor é transmitida por diferentes instrumentos musicais: branco (vocais), azul (trompete), vermelho (órgão), verde (flauta), amarelo (violino).[39] Outros grupos estão experimentando versões alternativas: por exemplo, usando a amplificação no centro da cena, como faz o olho humano, ou usando ecolocalização simulada ou modulação de volume dependente da distância, ou muitas outras ideias.[40]

A ubiquidade de smartphones tem deslocado o mundo dos volumosos computadores para um poder colossal no bolso traseiro. E isto permite não só eficiência e velocidade, mas também a possibilidade de dispositivos de substituição sensorial ganharem alavancagem global, em particular porque 87% das pessoas com deficiência visual vivem nos países em desenvolvimento.[41] Aplicativos de substituição sensorial baratos podem ter um alcance mundial, porque não envolvem custos contínuos de produção, distribuição física, reposição de estoque ou efeitos colaterais. Deste modo, uma abordagem de inspiração neural pode ser barata e implementada rapidamente, e ser uma arma contra os desafios globais da saúde.

Se parece surpreendente que uma pessoa cega passe a "ver" com a língua ou pelo uso de fones de ouvido do celular, lembre-se de como os cegos leem em braile. No início a experiência envolve calombos misteriosos na ponta dos dedos. Mas logo passa a ser mais do que isso: o cérebro vai além dos detalhes do meio (os calombos) para uma experiência direta de significado. A experiência do leitor de braile tem paralelo com a sua enquanto seus olhos fluem por este texto: embora estas letras tenham formas e combinações em princípio arbitrárias, você supera os detalhes do meio (as letras) para uma experiência direta do significado.

Para o usuário iniciante de grade lingual ou fones de ouvido sônicos, o fluxo de dados exige tradução: os sinais gerados por uma cena visual (digamos, um cachorro entrando na sala com um osso na boca) dão pouca indicação do que está ali. É como se os nervos passassem mensagens em uma língua estrangeira. Com prática suficiente, porém, o cérebro pode aprender a traduzir. E depois que consegue, a compreensão do mundo visual torna-se diretamente aparente.

BOAS VIBRAÇÕES

Uma vez que 5% das pessoas no mundo têm perda auditiva incapacitante, alguns anos atrás os pesquisadores se interessaram por esmiuçar a genética envolvida.[42] Infelizmente, a comunidade científica dos dias de hoje descobriu mais de 220 genes associados com a surdez. Para aqueles que torcem por uma solução simples, isto é uma decepção, mas não uma surpresa. Afinal, o sistema auditivo funciona como uma sinfonia de muitas peças delicadas que operam em concerto. Como acontece com qualquer sistema complexo, existem centenas de maneiras pelas quais ele pode ser interrompido. Quando qualquer parte do sistema dá erro, todo o sistema sofre e o resultado é agrupado na expressão "perda auditiva".

Muitos pesquisadores trabalham para entender como reparar estes componentes individualmente. Mas vamos fazer a pergunta do ponto de vista do *livewiring*: será que os princípios da substituição sensorial podem nos ajudar a resolver o problema?

Com esta pergunta em mente, meu antigo estudante de pós-graduação Scott Novich e eu quisemos construir substituição sensorial para surdos. Pensamos na montagem de algo que fosse totalmente discreto — tão discreto que ninguém nem mesmo saberia que a pessoa o usava. Com este fim, assimilamos vários avanços na computação de alto desempenho em um dispositivo de substituição sensorial de som para tato, usado por baixo da camisa. Nosso Colete Neosensory captura o som à sua volta e o mapeia em motores vibratórios na pele. As pessoas podem *sentir* o mundo sônico ao redor.

Se parece estranho que possa funcionar, observe que é isso que seu ouvido interno faz: ele fragmenta o som em diferentes frequências (da baixa à alta), depois esses dados são despachados para interpretação do cérebro. Essencialmente, estamos apenas transferindo o ouvido interno para a pele.

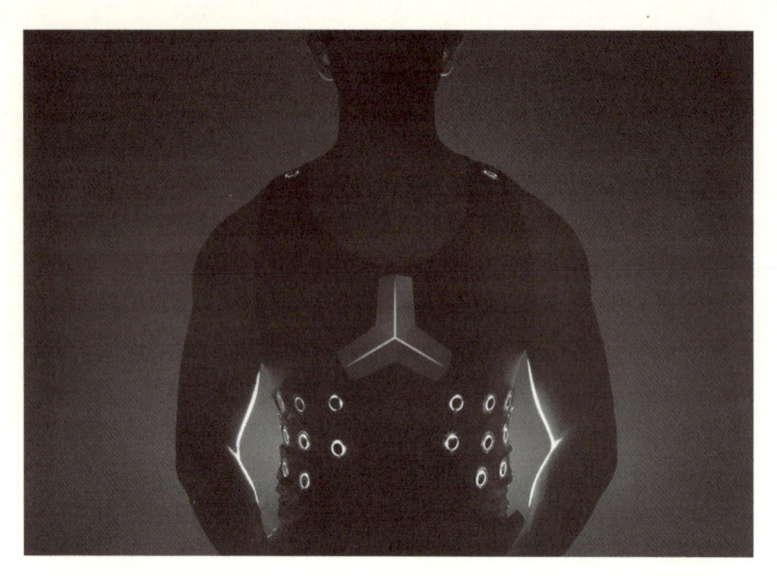

O Colete Neosensory. O som é traduzido em padrões de vibração na pele.

A pele é um material computacional sofisticado e impressionante, mas não a usamos para muita coisa na vida moderna. É o tipo de material pelo qual pagaríamos grandes quantias se fosse sintetizado em uma fábrica no Vale do Silício, mas atualmente este material se esconde por baixo de suas roupas, quase inteiramente sem uso. Porém, você pode se perguntar se a pele tem largura de banda suficiente para transmitir todas as informações do som. Afinal, a cóclea é uma estrutura extraordinariamente especializada, uma obra-prima de captura e codificação de som. A pele, por sua vez, concentra-se em outras medições e tem pouca resolução espacial. Transportar o valor das informações do ouvido interno para a pele exigiria várias centenas de motores vibrotáteis — um número muito alto para se encaixar em uma pessoa. Porém, comprimindo as informações da fala, podemos usar menos de trinta motores. Como? A compressão é a extração de informações importantes para uma descrição menor. Pense em uma conversa ao celular: você fala e o outro ouve sua voz.

Mas o sinal diretamente transmitido não é aquele que representa sua voz. Em vez disso, o telefone *comprime* digitalmente sua fala (faz uma gravação momentânea dela) 8 mil vezes por segundo. Os algoritmos então resumem os elementos importantes destes milhares de medições, e é o sinal comprimido que é enviado à torre do celular. Tirando proveito dessas técnicas de compressão, o Colete captura sons e "toca" uma representação comprimida com múltiplos motores na pele.[43]

Nosso primeiro participante era um homem de trinta e sete anos chamado Jonathan que nasceu profundamente surdo. Pedimos a Jonathan para treinar com o Colete Neosensory por quatro dias, duas horas por dia, aprendendo um conjunto de trinta palavras. No quinto dia, Scott cobre a boca (para que não possa haver leitura labial) e diz a palavra "toque". Jonathan sente o padrão complicado de vibrações no tronco. Depois escreve a palavra "toque" no quadro branco. Scott agora diz uma palavra diferente ("onde") e Jonathan a escreve no quadro. Jonathan é capaz de traduzir o padrão complicado de vibrações em uma compreensão da palavra que foi falada. Ele não faz essa decodificação conscientemente, porque os padrões são complexos demais; em vez disso, seu cérebro está desbloqueando os padrões. Quando passamos a um novo conjunto de palavras, seu desempenho continuou elevado, indicando que ele não apenas memorizava, mas aprendia a ouvir. Dito de outra forma, se você tem a audição normal, podemos lhe falar uma palavra nova ("bobajada") e você a ouve perfeitamente — não porque a memorizou, mas porque aprendeu a ouvir.

Desenvolvemos nossa tecnologia em muitos formatos diferentes, como uma alça peitoral para crianças. Estivemos testando com um grupo de crianças surdas com idades que variam de dois a oito anos. Os pais me mandaram atualizações em vídeo na maioria dos dias. No início não ficou claro se estava acontecendo alguma coisa. Mas então notamos que as crianças paravam e ficavam atentas quando alguém tocava uma tecla no piano.

As crianças também começaram a vocalizar mais, porque pela primeira vez fechavam um circuito: faziam um ruído e imediatamente o registravam como input sensorial. Embora você não se lembre, você foi treinado, assim, a usar os ouvidos quando era bebê. Você balbuciava, arrulhava, batia palmas, batia nas grades do berço... e tinha *feedback* naqueles estranhos sensores nas laterais de sua cabeça. Foi assim que você aprendeu a decifrar os sinais que chegavam: correlacionando seus próprios atos às consequências. Então, imagine usar a alça peitoral você mesmo. Você fala em voz alta "a rápida raposa castanha" e *sente* a frase ao mesmo tempo. Seu cérebro aprende a unir as duas coisas, compreendendo a estranha linguagem vibratória.[44] Como veremos um pouco mais para frente, a melhor maneira de prever o futuro é criando-o.

Duas crianças usando a alça peitoral vibratória.

Também fizemos uma pulseira (chamada Buzz) que só tem quatro motores. Tem resolução inferior, mas é mais prática para a vida de muitas pessoas. Um de nossos usuários, Philip, nos contou sobre a experiência de uso da Buzz no trabalho, onde ele por acaso deixou um compressor de ar ligado:

> Costumo deixar o aparelho ligado e andar pela sala, depois meus colegas dizem, "Ei, você se esqueceu: deixou o ar ligado". Mas agora... usando a Buzz, eu *sinto* que tem alguma coisa ligada e vejo que é o compressor de ar. E agora posso lembrar quando *eles* o deixam ligado. Eles sempre dizem: "Espera, como sabe disso?"

Philip conta que sabe quando seus cães estão latindo, ou quando a torneira está aberta, ou quando a campainha toca, ou a esposa lhe chama pelo nome (algo que ela não costumava fazer, mas agora faz habitualmente). Ao entrevistar Philip depois de ele usar a pulseira por quase seis meses, perguntei cautelosamente sobre sua experiência íntima: parece um zumbido no pulso, que ele precisa traduzir, ou ele sente como uma percepção direta? Em outras palavras, quando uma sirene passa na rua, ele sente um zumbido no pulso, que significa a sirene... ou sente que tem uma ambulância *lá fora*? Ele deixou muito claro que acontece a última opção: "Percebo o som *em minha cabeça*." Da mesma forma que você tem uma experiência imediata quando vê um acrobata (em lugar de calcular os fótons que atingem seus olhos) ou sente o cheiro de canela (em lugar de traduzir conscientemente combinações moleculares em suas membranas mucosas), Philip está ouvindo o mundo.

A ideia de converter tato em som não é nova. Em 1923, Robert Gault, psicólogo da Universidade do Noroeste, soube de uma menina de dez anos, surda e cega, que alegava conseguir sentir o som pela ponta dos dedos, como a escritora Helen Keller, também surda e cega, costumava fazer. Cético, ele fez alguns testes. Tapou os ouvidos da garota e enrolou a cabeça em uma manta de lã (e fez o mesmo com seu orientando para se certificar de que isto impedia a capacidade de uma pessoa ouvir). A menina pôs o dedo no diafragma de um "portophone" (um dispositivo para transmitir a voz) e Gault sentou-se em um armário e falou por ele. O único meio de a menina entender o que ele dizia era pelas vibrações na ponta dos dedos. Ele conta:

> Depois que cada frase ou pergunta era concluída, a manta era retirada e ela repetia ao assistente o que tinha sido dito, mas com algumas variações sem importância. (...) Acredito que temos aqui uma demonstração satisfatória de que ela interpreta a voz humana pelas vibrações nos dedos.

Gault menciona que o colega conseguira comunicar palavras por um tubo de vidro de 4 metros. Um participante treinado, com as orelhas tapadas, podia colocar a palma da mão na extremidade do tubo e identificar palavras que eram faladas do outro lado. Com observações como esta, os pesquisadores tentaram produzir dispositivos de som para tato, mas, nas primeiras décadas, a maquinaria era grande demais e de fraca capacidade computacional para que o dispositivo fosse prático.

No início da década de 1930, um educador em uma escola em Massachusetts desenvolveu uma técnica para dois alunos surdos e cegos. Sendo surdos, eles precisavam de um jeito de ler os lábios de quem falava, mas ambos também eram cegos, impossibilitando isto. Assim, a técnica consistia em colocar a mão no rosto e no pescoço de quem falava. O polegar ficava pousado de leve nos lábios e os dedos abertos para cobrir o pescoço e a face, e deste modo eles podiam sentir os lábios se mexendo, as cordas vocais vibrando e até o ar saindo das narinas. Como os alunos originais chamavam-se Tad e Oma, a técnica ficou conhecida como Tadoma. Milhares de crianças surdas e cegas aprenderam este método e obtiveram uma proficiência na compreensão da linguagem quase igual à daqueles que tinham audição.[45] O fundamental a observar, para nossos fins, é que todas as informações chegavam pelo sentido do tato.

Nos anos 1970, o inventor surdo Dimitri Kanevsky apareceu com um dispositivo vibrotátil de dois canais, um dos quais capturava o envoltório de frequências baixas, e o outro, as frequências altas. Dois motores vibratórios ficavam nos pulsos. Nos anos 1980, proliferaram invenções na Suécia e nos Estados Unidos, demonstrando o poder do ponto de vista do *livewiring*. O problema era que todos esses dispositivos eram grandes demais, com muito poucos motores (em geral apenas um) para causar impacto.[46] Só agora podemos tirar proveito dos progressos no poder computacional integrado e em seu preço, em processamento de sinais, compressão de áudio, armazenamento de energia e o advento de potência computacional barata e vestível para operar processamento sofisticado de sinais em tempo real.

Além disso, esta abordagem tem algumas vantagens. Compare com os implantes cocleares (como o de Michael Chorost, que conhecemos no início do capítulo), cujo implante custa cerca de 100 mil dólares.[47] Já a tecnologia moderna pode se voltar para a perda auditiva por algumas centenas de dólares, o que abre soluções para todo o planeta. E os implantes exigem uma cirurgia invasiva, enquanto a pulseira vibratória é apenas fechada no pulso pela manhã, como um relógio.[48]

Existem muitos motivos para tirar proveito do sistema do tato. Por exemplo, um fato pouco conhecido é que as pessoas com próteses nas pernas têm de fazer um esforço imenso para aprender a andar com elas. Em vista da alta qualidade das próteses, por que é tão difícil andar? A resposta é que simplesmente você não sabe *onde* está a prótese. Sua perna íntegra envia uma enorme quantidade de dados ao cérebro, indicando a posição da perna, o quanto o joelho flexiona, quanta pressão existe no tornozelo, a inclinação e a torção do pé e assim por diante. Mas, com a prótese, não há nada senão o silêncio: o cérebro não faz ideia da posição do membro. Assim, prendemos sensores de pressão e ângulo na prótese e entramos com os dados no Colete Neosensory. O resultado é que uma pessoa pode sentir a posição da perna, de forma muito parecida com a perna normal, e pode reaprender rapidamente a andar.

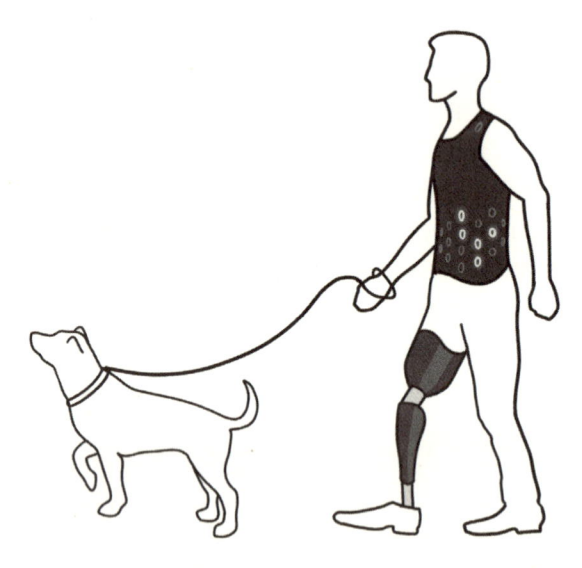

Entrada de dados na pele do tronco, a partir de uma prótese na perna.

A mesma técnica pode ser usada para uma pessoa com uma perna de verdade que perdeu a sensibilidade — como pode ocorrer na doença de Parkinson e em muitos outros problemas de saúde. Usamos sensores em uma meia para medir o movimento e a pressão, e entramos com os dados na pulseira Buzz. Por esta técnica, a pessoa entende onde está o pé, se tem o peso nele e se a superfície em que se coloca é plana.

O tato também pode ser usado para abordar problemas de equilíbrio. Lembra a unidade de visualização da língua de Paul Bach-y-Rita? Ela pode fazer mais do que a visão. Pense em Cheryl Schiltz, uma conselheira de reabilitação que perdeu o senso de equilíbrio depois que o sistema vestibular do ouvido interno foi comprometido por tratamento com antibióticos. Ela ficou incapaz de levar uma vida normal, perpetuamente desequilibrada e caindo. Soube de uma inovação e que uma pessoa podia usar um capacete equipado com sensores que indicariam a inclinação da cabeça.[49] A orientação da cabeça era informada à grade da língua: quando a cabeça estava reta, o estímulo elétrico era sentido no meio da grade; quando a cabeça estava inclinada para frente, o sinal elétrico passava à ponta da língua; quando se inclinava para trás, o estímulo passava para o fundo. Inclinações laterais eram codificadas por movimento esquerda-direita do sinal elétrico. Deste modo, uma pessoa que perdera todo senso de para qual lado a cabeça se orientava podia *sentir* a resposta na língua.

Cheryl resolveu experimentar o dispositivo com uma boa dose de ceticismo. Mas houve um efeito imediato: enquanto usava o capacete, seu cérebro conseguia entender as informações direcionadas de forma incomum e ela conseguia manter a cabeça e o corpo equilibrados. Depois de algumas sessões, ela e a equipe de pesquisa perceberam que havia um efeito residual: se ela usasse o dispositivo por dez minutos, tinha cerca de dez minutos de equilíbrio *normal* depois de retirar o capacete. Cheryl ficou tão emocionada que abraçou os pesquisadores depois destes primeiros experimentos.

Mas a notícia melhora. Como seu cérebro estava se reconectando a partir da prática com a grade na língua, os benefícios residuais se estendiam por um tempo cada vez maior depois da retirada do capacete. O cérebro entendia como pegar os sussurros de sinais — aqueles que não foram danificados — e os fortalecia com a orientação do capacete. Depois de vários meses usando-o, Cheryl conseguiu reduzir seu uso drasticamente. A grade na língua tinha agido como rodinhas neurais de treinamento, ajudando-a a interpretar com mais clareza os sussurros de sinais residuais e assim montar as habilidades necessárias para superar a necessidade do dispositivo.

A substituição sensorial abre novas oportunidades para compensar a perda sensorial.[50] Mas este é apenas o primeiro passo do que pode ser feito e isso nos leva ao mundo para além da substituição sensorial: o melhoramento sensorial. E se você puder pegar os sentidos que tem e torná-los melhores, mais amplos, mais rápidos? E se você puder não só consertar sentidos com alguma disfunção, mas melhorar os que existem?

O MELHORAMENTO DOS PERIFÉRICOS

O objetivo de um dispositivo terapêutico é fazer sair de um déficit e voltar ao normal. Mas por que parar por aí? Depois de concluída a cirurgia, ou que um dispositivo é amarrado, por que não intensificar as coisas de modo que a pessoa tenha talentos superiores aos de sua espécie? Isto não é um argumento teórico: existem muitos exemplos de cérebros sensoriais superpoderosos à nossa volta.

Em 2004, inspirado pela promessa de tradução do visual para o auditivo, um artista acromatóptico chamado Neil Harbisson prendeu um "eyeborg" à cabeça. O eyeborg é um dispositivo simples que analisa uma transmissão de vídeo e converte as cores em sons. Os sons são transmitidos pela condução óssea atrás da orelha.

Então Neil ouve cores. Ele pode plantar o rosto na frente de qualquer amostra colorida e identificá-la.[51] "Isto é verde", dirá ele, ou, "isto é magenta".

Melhor ainda, a câmera do eyeborg detecta comprimentos de onda de luz *além* do espectro normal; quando traduz de cores para som, ele pode codificar (e passar a perceber no ambiente) infravermelho e ultravioleta, como fazem as cobras e as abelhas.

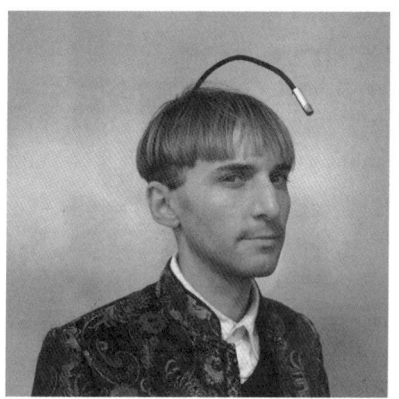

Cor	Frequência sonora
Ultravioleta	Mais de 717,6 Hz
Violeta	607,5 Hz
Azul	573,9 Hz
Ciano	551,2 Hz
Verde	478,4 Hz
Amarelo	462,0 Hz
Laranja	440,2 Hz
Vermelho	363,8 Hz
Infravermelho	Abaixo de 363,8 Hz

À esquerda, *o artista acromatóptico Neil Harbisson usa o eyeborg. À direita, sua "escala sonocromática" traduz em frequências sonoras as cores detectadas pela câmera. A inclusão de frequências mais altas e mais baixas permite que o sistema auditivo supere as limitações normais do sistema visual.*

Quando chegou a hora de atualizar a foto do passaporte, Neil insistiu em não tirar o eyeborg. Era uma parte fundamental dele, como uma parte do corpo, argumentou. A autoridade de emissão de passaportes ignorou o pedido: a política deles proibia eletrônicos em uma foto oficial. Mas depois a autoridade recebeu cartas de apoio do médico de Neil, de seus amigos e colegas. Um mês mais tarde, sua foto de passaporte incluía o eyeborg, um sucesso por meio do qual Neil alega ser o primeiro ciborgue oficialmente sancionado.[52]

E os pesquisadores levaram esta ideia um passo adiante com animais: os camundongos não enxergam cores... a não ser que você manipule geneticamente fotorreceptores para lhes dar visão de cores.[53] Com um gene a mais, os camundongos agora podem detectar e distinguir cores diferentes. E o mesmo pode ser feito com macacos-esquilos, que normalmente têm apenas dois tipos de receptor de cores e, portanto, são daltônicos. Mas manipule um fotorreceptor a mais, como encontramos na espécie humana, e os macacos desfrutam de uma experiência de cores de nível humano.[54]

Ou, mais precisamente, uma experiência de cores *típica* de nível humano. Por acaso uma pequena fração das mulheres não tem apenas três tipos de fotorreceptores para cores, mas quatro, e isto significa que seu cérebro descobre como usar todas as informações para criar um novo tipo de experiência sensorial. Elas vivem cores mais singulares e novas misturas entre elas.[55] Quando os novos periféricos são conectados, as informações úteis ganham voz no funcionamento do cérebro.

Às vezes os melhoramentos acontecem por acaso. Muitas pessoas procuram cirurgia de catarata e têm as córneas trocadas por um substituto sintético. Acontece que a córnea bloqueia naturalmente a luz ultravioleta, mas a córnea substituta não faz isso. Assim, os pacientes se veem aproveitando amplitudes do espectro eletromagnético que antes não conseguiam enxergar. Um destes pacientes, Alek Komarnitsky, é um engenheiro que fez substituição de córnea para catarata. E agora descreve que muitos objetos têm um brilho azul-violeta que os outros não enxergam.[56] Ele notou isto no dia seguinte à cirurgia de catarata, quando olhava o short dos Colorado Rockies do filho. Todos os outros enxergavam o short preto, mas ele o via com um leve brilho azul-violeta. Quando ele colocava um filtro UV sobre o olho, via como todos os outros. Se você olhar uma luz negra que foi acesa, não verá nada; Alek verá um forte brilho roxo. Seus novos superpoderes, que lhe permitem ver além do espectro normal de cores, garantem-lhe novas experiências quando ele olha o pôr do sol, fornos a gás e flores.

Em nossa sede do Neosensory, o engenheiro Mike Perrotta conectou uma de nossas pulseiras a um sensor infravermelho. Na primeira noite em que a usei, eu andava entre prédios no escuro quando de súbito senti a pulseira zumbir. Mas por que haveria um sinal infravermelho ali fora? Imaginei que fosse um erro no código ou no hardware, mas ainda assim segui meu pulso na direção do sinal, e o zumbido ficou cada vez mais intenso. Por fim, caminhei até uma câmera infravermelha cercada de lâmpadas de LED infravermelho. Normalmente, uma câmera noturna como esta permanece invisível ao nos espionar; com uma janela vestível para essa parte do espectro, ela foi imediatamente exposta.

Um melhoramento visual semelhante foi feito com animais. Em 2015, os cientistas Eric Thomson e Miguel Nicolelis conectaram um detector de luz infravermelho diretamente no cérebro de um rato. E o rato passou a usá-lo. Podia realizar testes que exigiam enxergar luz infravermelha em suas opções e utilizá-la. Quando um único detector foi conectado ao córtex somatossensorial, o rato precisou de quarenta dias para aprender a tarefa. Em um experimento diferente com outro rato, implantaram três eletrodos a mais. O rato levou apenas quatro dias para dominar a tarefa. Por fim, eles implantaram o detector infravermelho diretamente no córtex visual e então o rato levou apenas um dia para dominar a tarefa.

O input infravermelho é apenas outro sinal que pode ser usado pelo cérebro do rato. Não importa como você consegue que as informações cheguem ali, desde que consiga que elas cheguem. O que é importante, o acréscimo do sensor infravermelho não domina nem interfere na função normal do córtex somatossensorial; o rato ainda pode usar seus bigodes ou as patas para sentir o ambiente. Em vez disso, o sentido novo integra-se tranquilamente. Eric Thomson, o pós-doutorando que dirigiu os estudos, expressou seu entusiasmo por tudo que isso significava:

Ainda estou muito admirado. Sim, o cérebro está sempre ávido por novas fontes de informação, mas o fato de que ele realmente absorveu este tipo novo e inteiramente estranho com tanta rapidez é auspicioso para o campo da neuroprotética.

Graças a uma longa estrada de particularidades evolutivas, temos dois olhos colocados na frente da cabeça, dando-nos um ângulo visual do mundo de cerca de 180 graus. Já os olhos compostos da mosca comum lhes dão uma visão de quase 360 graus. Então, e se pudermos aproveitar a tecnologia moderna para ganhar a alegria da visão da mosca?

Um grupo na França fez exatamente isto com o FlyVIZ, um capacete que permite aos usuários enxergar em 360 graus. O sistema consiste em uma câmera instalada no capacete que percorre a cena toda e a comprime em uma tela na frente dos olhos do usuário.[57] Os projetistas do FlyVIZ observam que os usuários têm um período de adaptação (nauseante) quando usam o capacete pela primeira vez. Mas é surpreendentemente curto: depois de 15 minutos com o dispositivo, um usuário pode pegar um objeto mantido em qualquer lugar à sua volta, esquivar-se de alguém que chega furtivamente por trás e, às vezes, pegar uma bola lançada a ele de trás.

Uma visão em 360 graus.

E se você pudesse não só ver em 360 graus, mas também sentir coisas que normalmente são invisíveis para você, como a localização de várias pessoas à sua volta no escuro? Imagine uma equipe de militares que foi jogada em um território para perseguir androides hostis. Parece um episódio de *Westworld*, da HBO? Na verdade, como consultor científico do programa, propus nossa tecnologia para este fim. No final da primeira temporada, os "hospedeiros" (os androides) fomentam uma rebelião, e, assim, na segunda temporada, uma equipe militar de elite tenta sufocar a insurreição. Usando nossos Coletes, os combatentes podem *sentir* a localização dos hospedeiros — no escuro, atrás de barreiras, escondidos onde menos se espera. À esquerda, duzentos metros à frente deles, ou simplesmente atrás, ou do outro lado de uma parede. Embora *Westworld* seja ambientado daqui a mais ou menos trinta anos, tudo isso é de fácil realização com a tecnologia atual e expande a percepção humana para além dos globos oculares, belos, mas limitados, com os quais nascemos.

Eu pensei na trama de *Westworld* alguns meses depois de colaborarmos com a Google para fazer um experimento muito bacana com a cegueira. Vários escritórios da Google são equipados com Lidar (radar leve), que é o dispositivo giratório que vemos no alto de alguns carros de direção autônoma. No espaço de escritório, o Lidar permite que localizem a posição de cada objeto em movimento — neste caso, pessoas andando pelo escritório.

Aproveitamos a transmissão do Lidar e a conectamos ao Colete. Depois convocamos Alex, um jovem cego. Colocamos o Colete nele e agora — como os soldados de *Westworld* — ele podia sentir a localização daqueles que se moviam à sua volta. Podia enxergar em 360 graus, foi de cego a Jedi. E a curva de aprendizado foi zero: ele pegou o jeito imediatamente.

Além de demonstrar a facilidade de ampliar nossos sentidos, a experiência de Alex corrobora o modelo do Cabeça de Batata. Conecte um novo fluxo de dados, e o cérebro deduzirá como fazer uso dele. O Colete de Alex, a câmera FlyVIZ e o rato com o detector para infravermelho exemplificam a irrelevância da tradição quando se trata da biologia. Podemos nos ampliar para além dos costumes de nossa genética herdada.

As ampliações não se limitam à visão. Pense na audição. Hoje, dispositivos de auxílio auditivo em nossa pulseira Buzz podem ir além da escala normal da audição. Por que não ampliar para o alcance ultrassônico, de forma que a pessoa possa ouvir sons que só estão disponíveis a gatos e morcegos? Ou o infrassônico, ouvindo sons com que os elefantes se comunicam?[58] Com o progresso nas tecnologias de audição, não existe motivo válido para limitar inputs aos sentidos que por acaso são típicos de nossa espécie, desde que não nos causem danos.

E pense no olfato. Lembra o cão sabujo, que pode sentir odores bem além de nossa compreensão? Pense em construir um leque de detectores moleculares e sentir diferentes substâncias. Em lugar de precisar de um farejador de drogas com seu focinho imenso, você mesmo pode ter a experiência direta desta profundidade de detecção de odores.

Todos esses projetos abrem nossas janelas para o mundo, tornando visível parte do invisível. Mas além de ampliar os sentidos para receber mais do que fazem normalmente, e se pudermos criar sentidos inteiramente novos? E se você pudesse perceber diretamente campos magnéticos, ou dados em tempo real do Twitter? Graças à extraordinária flexibilidade do cérebro, existe a possibilidade de utilizar esses fluxos de dados diretamente para a percepção. Os princípios que aprendemos até agora nos permitem pensar além da substituição sensorial e além do melhoramento sensorial, e entrar no reino do acréscimo sensorial.[59]

A CONJURAÇÃO DE UM NOVO *SENSORIUM*

Todd Huffman é um biohacker. O cabelo em geral é tingido de uma ou outra cor primária; tirando isso, sua aparência é indistinguível da de um lenhador. Alguns anos atrás, Todd encomendou pelo correio um pequeno ímã de neodímio. Ele esterilizou o ímã, um bisturi e a própria mão e implantou o ímã nos dedos.

Agora Todd sente campos magnéticos. O ímã puxa quando exposto a campos eletromagnéticos e seus nervos registram isto. As informações normalmente invisíveis a humanos agora são enviadas ao cérebro pelas vias sensoriais dos dedos.

Seu mundo perceptivo se ampliou na primeira vez em que ele estendeu a mão para uma assadeira no forno elétrico. O forno lança um grande campo magnético (devido à eletricidade que corre em uma bobina). Antes, ele não estava consciente desse pequeno conhecimento, mas agora podia *senti-lo*.

Estendendo a mão, Todd consegue detectar a bolha eletromagnética que sai de uma fonte de alimentação (como aquela de seu laptop). É como tocar uma bolha invisível, com uma forma que ele pode avaliar ao mexer a mão em volta dela. A força do campo eletromagnético é medida pela potência com que o ímã se mexe dentro de seu dedo. Como distintas frequências de campos magnéticos afetam a vibração do ímã, ele atribui diferentes propriedades a diferentes fontes — em palavras como "textura" e "cor".

Outro biohacker, Shannon Larratt, explicou em uma entrevista que consegue sentir a energia correndo pelos cabos e, assim, pode usar os dedos para diagnosticar problemas em equipamentos sem precisar de um voltímetro. Se seus implantes fossem removidos, diz Shannon, ele se sentiria cego.[60] Um mundo é detectável, quando antes não era: formas palpáveis vivem em torno de fornos de micro-ondas, coolers de computadores, alto-falantes e transformadores de energia do metrô.

E se você pudesse detectar não só o campo eletromagnético em volta dos objetos, mas também aquele em torno do planeta? Afinal, há animais que fazem isso. As tartarugas retornam às mesmas praias em que eclodiram para botar os próprios ovos. Aves migratórias voam todo ano da Groenlândia para a Antártida, depois voltam ao mesmo local. Pombos que levam mensagens entre reis ou exércitos navegam com uma precisão melhor do que os mensageiros humanos.

O cientista russo Alexander von Middendorff perguntou-se como esses animais faziam sua mágica e, em 1885, conjecturou corretamente que talvez usassem uma bússola interna, "como um ponteiro magnético para navios, aqueles marinheiros do ar possuem um senso magnético interno que pode ser relacionado com os fluxos magnéticos galvânicos".[61] Em outras palavras, usavam o campo magnético do planeta para pilotar seu curso.

A partir de 2005, cientistas da Universidade Osnabrück perguntaram-se se um dispositivo vestível permitiria que a espécie humana aproveitasse este sinal. Construíram um cinto chamado feelSpace. O cinto é cercado de motores vibratórios, e o motor que aponta para o norte zumbe. Quando você vira o corpo, sempre sente um zumbido na direção do norte magnético.

No início, parece um zumbido irritante — mas com o tempo torna-se informação espacial: uma sensação de que o norte fica *para lá*.[62] Depois de várias semanas, o cinto muda a navegação das pessoas: sua orientação melhora, elas desenvolvem novas estratégias, ganham uma consciência maior da relação entre diferentes lugares. O ambiente parece mais ordenado. A configuração de locais pode ser lembrada com mais facilidade.

Como um participante descreveu a experiência, "A orientação nas cidades era interessante. Depois de voltar, eu podia recuperar a orientação relativa de todos os lugares, salas e prédios, mesmo que não tivesse prestado atenção quando realmente estive ali".[63] Em lugar de pensar em se mover pelo espaço como uma sequência de pistas, eles pensavam em suas rotas de uma perspectiva global. Como colocou outro usuário: "Foi diferente do mero estímulo tátil, porque o cinto mediou uma sensação espacial. (...) Intuitivamente, fiquei consciente da direção de minha casa ou de meu escritório." Em outras palavras, sua experiência não é de *substituição* sensorial (alimentar a visão ou a audição por um canal diferente) nem é de *melhoramento* sensorial (melhorar sua visão ou audição). Em lugar disto, é um *acréscimo* sensorial. É uma nova experiência humana. O usuário continua:

> Nas duas primeiras semanas, tive de me concentrar nele; depois disso, ficou intuitivo. Eu podia até imaginar o arranjo dos lugares e das salas onde às vezes fico. O interessante é que, quando tiro o cinto à noite, ainda sinto a vibração: quando me viro para o outro lado, a vibração também se move... é uma sensação fascinante![64]

É interessante observar que depois que tiram o cinto, os usuários costumam relatar que têm um senso de orientação melhor por algum tempo. O efeito dura mais que a tecnologia. Assim como vimos com o capacete de equilíbrio, sussurros internos de sinais podem ser fortalecidos quando confirmados por um dispositivo externo.[65]

O que estas pessoas experimentaram foi explorado em detalhes mais profundos com ratos. Em 2015, cientistas cobriram os olhos de ratos e conectaram bússolas digitais em seu córtex visual. Os ratos rapidamente deduziram como chegar à comida por labirintos, dependendo apenas dos sinais de direção na cabeça.[66]

O cérebro é capaz de usar diversos tipos de dados que recebe.

Em 1938, um aviador de nome Douglas Corrigan reformou um avião que foi apelidado de *Spirit of $69,90*. Depois foi com o avião dos Estados Unidos a Dublin, na Irlanda. Naqueles primeiros dias da aviação, havia pouca ajuda na navegação — em geral, só uma bússola combinada com um barbante para indicar a direção do fluxo de ar em relação ao avião. Contando o acontecimento, o jornal *The Edwardsville Intelligencer* citou um mecânico que descreveu Corrigan como um aviador "que voa pelo fundilho das calças" e, segundo a maioria dos relatos, este foi o começo desta expressão. "Voar pelo fundilho das calças" significava pilotar o avião pela sensação. Afinal, a parte do corpo que tem mais contato com o avião é o traseiro do piloto, então esta era a via pela qual as informações eram transmitidas ao cérebro. O piloto sentia os movimentos do avião e reagia de acordo com isso. Se a aeronave deslizava para a asa inferior durante uma manobra, o traseiro do piloto escorregaria para baixo. Se o avião derrapava para a parte externa da manobra, uma leve força-g empurrava o piloto para cima. Foi só no fim da Primeira Guerra Mundial que inventaram um indicador slip-skid — e assim os primeiros pilotos tinham uma boa prática na estimativa de muitos fatores (inclinação, velocidade do vento, temperatura externa, operação geral do avião) prestando muita atenção no sentido do tato, em particular quando voavam por nuvens ou neblina.

Neste contexto, a sensação dos dados tem uma longa história e no Neosensory estamos trabalhando para levá-la ao próximo nível. Especificamente, estamos ampliando a percepção de pilotos de drones. O Colete transmite cinco medições diferentes a partir de um quadricóptero — altura, guinada, rolagem, orientação e rumo — e isso melhora a capacidade do piloto de fazê-lo voar. O piloto essencialmente estendeu sua pele *lá para cima*, longe, onde está o drone.

Caso a concepção romântica ainda o afete: os pilotos de avião *não* eram melhores quando voavam no improviso, fazendo uso de seus sentidos, sem instrumentos. Os voos ficaram mais seguros com um cockpit cheio de instrumentos, permitindo ao piloto medir elementos que não estariam acessíveis sem eles. Por exemplo, um piloto não sabe dizer, a partir de seu *derrière*, se está voando nivelado ou em uma curva inclinada.[67] Ter muitos instrumentos é melhor do que não os ter; o problema está mais ligado a conseguir que seus muitos dados cheguem ao cérebro. Se você olhar uma aeronave moderna, verá que o cockpit é apinhado de instrumentos. O sistema visual precisa se arrastar pela cena e perceber um mostrador de cada vez, o que é um processo lento. Por isso é interessante repensar um cockpit de última geração: em lugar de uma pilota tentando ler toda a coisa visualmente, ela pode *senti-la*. Um fluxo de alta dimensão de dados para o corpo diz à pilota o que o avião está aprontando, tudo a um só tempo. Por que isso tem uma boa chance de dar certo? Porque o cérebro tem um grande talento na leitura de dados de alta dimensão do corpo. É por isso, por exemplo, que você consegue se equilibrar em um pé só: grupos musculares diferentes de suas pernas, do tronco e dos braços estão transmitindo seus dados, e o cérebro resume a situação e rapidamente envia as correções.

Assim, a diferença entre voar pelo fundilho das calças e voar com a pele do tronco tem a ver com a quantidade de dados que chegam. E, como vivemos em um mundo repleto de informações, é provável que estejamos prestes a ver a transição do acesso a *big data* para sua *vivência* de forma mais direta.

Com esse espírito, imagine sentir o estado de uma fábrica — com dezenas de máquinas funcionando ao mesmo tempo — e você conectado para senti-la. Você se transforma na fábrica. Tem acesso a dezenas de máquinas ao mesmo tempo, sentindo suas taxas de produção, uma em relação com as outras. Você sente quando as coisas saem do alinhamento e precisam de atenção ou ajustes. Não estou falando de uma avaria: é simples conectar esse tipo de problema a um alerta ou alarme. Em vez disso, como você pode entender como as máquinas estão funcionando entre si? Esta abordagem à *big data* proporciona padrões profundos de discernimento.

Pense nas aplicações de amplo alcance da expansão sensorial. Imagine entrar com dados do paciente em tempo real nas costas de cirurgiões, de forma que eles não precisem olhar monitores durante uma cirurgia. Ou conseguir sentir os estados invisíveis do próprio corpo — como a pressão sanguínea, o batimento cardíaco e o estado do microbioma — e assim elevar sinais inconscientes para o reino da consciência. Ou imagine um astronauta sentindo a saúde da Estação Espacial Internacional. Em lugar de flutuar por ali e olhar monitores o tempo todo, imagine padrões de toque que resumam os dados de diferentes partes da estação espacial.

E vamos dar um passo adiante. No Neosensory, estivemos explorando o conceito de percepção *partilhada*. Imagine um casal que sente os dados um do outro: a frequência respiratória, a temperatura, a resposta galvânica cutânea do parceiro e assim por diante. Podemos medir esses dados em um parceiro e alimentar a internet com uma Buzz usada pelo outro parceiro. Isto tem o potencial de abrir uma nova profundidade de compreensão mútua. Imagine seu cônjuge telefonando do outro lado do país para perguntar: "Você está bem? Parece estressado." Isto pode se provar uma bênção ou uma maldição para os relacionamentos, mas abre novas possibilidades de experiência combinada.

Tudo isso tem a possibilidade de funcionar porque nossos fluxos de dados que chegam somem ao fundo; só ficamos conscientes dos sentidos quando nossas expectativas são violadas. Pense na sensação do calçado no pé direito. Você pode prestar atenção e sentir sua presença. Mas normalmente os dados que chegam da pele do pé vivem abaixo de sua consciência. Só quando você tem uma pedrinha no sapato é que presta atenção ao fluxo de informações. E o mesmo é válido para fluxos de dados de estações espaciais ou cônjuges: você só terá consciência das sensações se estiver concentrado nelas, ou quando uma surpresa chamar sua atenção.

Imagine usar padrões de vibração para alimentar seu cérebro com fluxos de informação diretamente da internet. E se você andasse por aí com o Colete Neosensory e sentisse dados de células climáticas vizinhas, de 300 quilômetros à sua volta? A certa altura, você deve ser capaz de desenvolver uma experiência perceptiva direta dos padrões climáticos da região, em uma escala muito maior do que um ser humano normalmente pode viver. Você pode informar aos amigos que vai chover, talvez com uma precisão muito maior do que os meteorologistas. Isto seria uma nova experiência humana, uma experiência que não é possível obter no corpo humano padrão, mínimo e limitado que você tem agora.

Ou imagine que o colete lhe fornece dados em tempo real das ações, e assim seu cérebro consegue extrair um senso dos movimentos complexos e multifacetados dos mercados mundiais. O cérebro pode fazer um trabalho tremendo extraindo padrões estatísticos, mesmo quando você acha que não está prestando atenção. Assim, usando o Colete o dia todo e com uma consciência geral do que acontece à sua volta (novas histórias, modas que estão surgindo nas ruas, a sensação da economia e assim por diante), você talvez consiga desenvolver fortes intuições — melhor do que os modelos — sobre para onde o mercado vai. Esta seria uma experiência humana muito nova.

Talvez você pergunte, por que não usar os olhos e os ouvidos para isso? Você não pode equipar um corretor de ações com óculos de realidade virtual (RV) para ver gráficos em tempo real de dezenas de ações? O problema é que a visão é necessária para muitas tarefas da vida cotidiana. O corretor de ações precisa dos olhos para localizar a cafeteria, ver o chefe chegando ou ler os e-mails. A pele, por sua vez, é um canal de informações sem uso, com alta largura de banda.

Como resultado da sensação dos dados de alta dimensão, o corretor de ações talvez possa perceber o quadro geral (*o petróleo está a ponto de despencar*) muito antes de distinguir as variáveis

(*A Apple está subindo, a Exxon está desvalorizando e a Walmart se mantém estável*). Como isto seria possível? Pense nos sinais visuais que você consegue quando olha seu cachorro no jardim. Você não diz, "Bom, notei que tem um fóton aqui, outro ligeiramente mais escuro ali e uma linha deles brilhando lá". Em lugar disto, você percebe a situação de forma mais holística.

Existe um número inimaginável de transmissões que podem ser extraídas da internet. Todos nós já ouvimos falar do sentido Aranha: o formigamento pelo qual Peter Parker detectava problemas por perto. Por que não temos um sentido Twitter? Vamos começar pela proposição de que o Twitter passou a ser a consciência do planeta. Ele viaja por um sistema nervoso que cercou a Terra, e ideias importantes (e algumas desimportantes) evoluem acima do ruído de fundo e sobem ao topo. Não porque as corporações querem lhe passar suas mensagens, mas porque um terremoto em Bangladesh, ou a morte de uma celebridade, ou uma nova descoberta no espaço prendeu a atenção de um número expressivo de pessoas no planeta. Os interesses do mundo se elevam, assim como as questões mais importantes no sistema nervoso de um animal (*Estou com fome; alguém se aproxima; preciso encontrar água*). No Twitter, as ideias que rompem a superfície podem ou não ser importantes, mas representam a cada momento o que está na mente da população planetária.

Na conferência TED em 2015, Scott Novich e eu monitoramos algoritmicamente todos os tuítes com a hashtag "TED". Em tempo real, agregamos as centenas de tuítes e as passamos por um programa de análise de sentimentos. Deste modo, pudemos usar um grande dicionário de palavras para classificar que tuítes eram positivos ("incrível", "inspirador" e assim por diante) e quais eram negativos ("tedioso", "idiota" e assim por diante). A estatística resumida era transmitida ao Colete em tempo real. Eu pude *experimentar* o sentimento da sala e como mudou com o passar do tempo. Permitiu-me ter uma experiência de algo maior do que um ser humano normalmente pode alcançar: explorar o estado emocional geral de centenas de pessoas, todas de uma vez só. Você pode imaginar uma política querendo usar um dispositivo desses enquanto discursa para dezenas de milhares de pessoas? Ela teria discernimento, em tempo real, sobre que partes do discurso eram bem recebidas e quais delas acabavam não causando o efeito esperado.

Se quiser pensar grande, esqueça as hashtags e parta para o processamento natural da linguagem de todos os tuítes em destaque no planeta: imagine comprimir um milhão de tuítes por segundo e receber os resumos por meio do Colete. Você estaria conectado à consciência do planeta. Poderia andar por aí e de repente detectar um escândalo político em Washington, ou incêndios florestais no Brasil, ou um novo conflito no Oriente Médio. Isto tornaria você mais consciente do mundo — no sentido sensorial.

Agora, não estou sugerindo que muitas pessoas vão *querer* se conectar à consciência do planeta, mas certamente podemos aprender muito com essa experiência. Ela sublinha que, quando pensamos em acréscimo sensorial, temos a liberdade de pensar bem além de qualquer normalidade que já tenha aparecido.

Às vezes me perguntam por que pensei em conectar um ser humano a esses fluxos de dados, em lugar de usar um computador. Afinal, uma boa rede neural artificial reconhece melhor os padrões do que um ser humano, não?

Não necessariamente. Os computadores podem realizar proezas emocionantes de reconhecimento de padrões, mas não têm nenhuma habilidade específica para saber o que é importante para os *humanos*. Na verdade, mesmo os humanos em geral não sabem antecipadamente o que é importante para os humanos. É por isso que um ser humano agindo como um reconhecedor de padrões tem lentes maiores e é mais flexível do que pode ser uma rede neural artificial. Pense no Colete do mercado de ações como exemplo: quando você anda pelas ruas de Nova York, Xangai ou Moscou, recebe medições sutis do que as pessoas estão usando, que produtos chamam sua atenção, o quanto elas se sentem otimistas ou pessimistas. Você pode não saber antecipadamente o que procura, mas tudo que vê e ouve alimenta seu modelo interno da economia. Quando além de tudo você sente o Colete lhe contando das flutuações de preços de determinadas ações, a combinação lhe dá uma visão valiosa. Usando uma rede neural artificial tudo isso não passa de uma procura por padrões nos números que lhe são dados, ela é inerentemente limitada pelas escolhas dos programadores.

René Descartes passou muito tempo perguntando-se como poderia conhecer a realidade *verdadeira* que o cercava. Afinal, ele sabia que nossos sentidos costumam nos enganar e sabia que frequentemente confundimos os sonhos com as experiências em estado de vigília. Como ele saberia se um demônio maligno estava sistematicamente ludibriando-o, contando-lhe mentiras sobre o mundo que o cercava? Nos anos 1980, o filósofo Hilary Putnam atualizou esta pergunta para "sou um cérebro em uma cuba?".[68] Como você saberia se os cientistas não retiraram o cérebro de seu corpo e estavam meramente estimulando seu córtex do modo certo para fazer você acreditar que viveu o toque de um livro, a temperatura em sua pele, a visão de suas mãos? Na década de 1990, a pergunta transformou-se em "estou na Matrix?". Atualmente é "sou uma simulação de computador?".

Perguntas assim eram comuns na sala de aula de filosofia, mas hoje em dia vazam para o laboratório de neurociências. Lembre-se de que nossas experiências normais não passam de input sensorial. Assim, os sinais conectados diretamente no cérebro podem alcançar exatamente os mesmos fins. Afinal, todos os sinais que incidem em nossos sensores são convertidos em uma moeda eletroquímica comum, assim podemos burlar os sensores e criar diretamente os sinais eletroquímicos. Podemos pular o intermediário. Por que empurraríamos dados visuais pelos ouvidos ou pela língua se podemos plugar diretamente no processador?

Já temos a tecnologia. Em geral o implante de eletrodos é realizado com um número pequeno (de um a algumas dezenas de eletrodos) e é feito no fundo de áreas subcorticais para tratar de problemas como tremores, depressão e vícios. Para estimular o córtex com uma mensagem sensorial significativa, precisaríamos de muito mais eletrodos (provavelmente centenas de milhares) para estimular padrões variados de atividade.

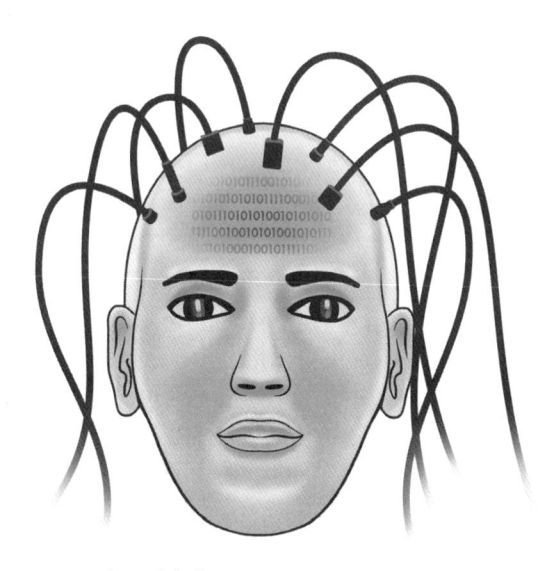

Um novo tipo de realidade aumentada pode ser alcançado conectando novos fluxos de dados diretamente no córtex. A figura mostra os fios apenas para ilustrar, mas naturalmente o futuro será sem fio: é claro que você não quer arrastar por aí fios, em que alguém pode tropeçar como no véu de uma noiva desafortunada.

Vários grupos trabalham para tornar isto realidade. Neurocientistas de Stanford trabalham em um método para inserir 100 mil eletrodos em um macaco, o que (se os danos tissulares forem minimizados) pode nos contar coisas extraordinárias sobre as características detalhadas das redes. Várias empresas emergentes, ainda muito recentes, têm esperanças de aumentar a velocidade da comunicação cerebral com o mundo escrevendo e lendo dados neurais rapidamente por meio de ligações diretas.

O problema não é teórico, é prático. Quando um eletrodo é colocado no cérebro, o tecido aos poucos tenta expulsá-lo, da mesma forma que a pele de seu dedo empurra uma farpa para fora. Este é o problema pequeno. O maior é que os neurocirurgiões não querem fazer as operações, porque sempre existe o risco de infecção ou morte na mesa de cirurgia. E tirando situações de patologia (como Parkinson ou depressão grave), não está claro que consumidores se submeterão a uma cirurgia de crânio aberto só pela alegria de mandar mais rapidamente mensagens de texto aos amigos. Uma alternativa pode ser infiltrar eletrodos na rede de vasos sanguíneos que se ramifica pelo cérebro; porém, o problema aqui é a possibilidade de lesionar ou bloquear os vasos.

Entretanto, existem possibilidades no horizonte para conseguir que informações cheguem e saiam do cérebro no nível celular, e isto não requer implante de eletrodos. Em uma ou duas décadas, a aplicação de sinais diretamente no cérebro será radicalmente alterada pela miniaturização maciça. As perspectivas incluem métodos como pó neural: dispositivos elétricos muito diminutos que se dispersam pela superfície do cérebro, registrando dados, enviando sinais a um receptor e soltando pequenas descargas no cérebro.[69]

Existe também a nanorrobótica. Pense em uma impressora 3D com precisão atômica. Deste modo, podemos projetar e construir moléculas complexas que são, essencialmente, robôs microscópicos. Em tese, podemos imprimir cem bilhões desses robôs, encaixá-los em um pequeno comprimido, depois engolir. Os nanorrobôs, de acordo com seu projeto imaginado, atravessariam a barreira hematoencefálica, impregnariam neurônios, emitiriam sinais sempre que os neurônios disparassem e receberiam sinais para forçar o neurônio a se tornar ativo. Deste modo, poderíamos ler e escrever aos bilhões de neurônios no cérebro. Poderíamos também aproveitar abordagens genéticas, construindo bionanorrobôs de proteínas pela codificação no DNA. Existem muitas abordagens à colocação de informações no cérebro e é provável que em algumas décadas cheguemos a um estágio em que cada neurônio poderá ser lido e controlado individualmente. A essa altura, o cérebro se tornará nosso dispositivo direto de melhoramento sensorial, sem a necessidade de coletes ou pulseiras.

Estivemos falando de meios de colocar dados no cérebro — quer seja por vibrações na pele, choques na língua ou ativação direta de neurônios —, mas ainda temos uma pergunta importante: como esse novo input *seria sentido*?

A IMAGINAÇÃO DE UMA NOVA COR

Dentro da câmara do crânio, o cérebro tem acesso apenas a sinais elétricos que disparam por suas células especializadas. Ele não vê, não ouve, nem toca nada diretamente. Quer os inputs representem ondas de ar comprimido de uma sinfonia, padrões de luz de uma estátua coberta de neve, moléculas flutuando de uma torta de maçã que acabou de sair do forno ou a dor de uma ferroada de abelha — tudo isso é representado por picos de voltagem nos neurônios.

Se pudéssemos ver um pedaço do tecido encefálico com pulsos elétricos disparando de um lado a outro e eu perguntasse se estávamos vendo o córtex visual, o córtex auditivo ou o córtex somatossensorial, você não poderia me dizer. *Eu* não poderia lhe dizer. Todos parecem iguais.

Isto leva a uma pergunta que não foi respondida na neurociência: por que a visão *é sentida* de forma tão diferente do olfato? Ou do paladar? Por que você nunca confunde a beleza de um pinheiro balançando com o gosto de queijo feta? Ou a sensação de uma lixa nos dedos com o cheiro do café expresso?[70]

Podemos imaginar que isto tenha algo a ver com o modo como essas áreas são geneticamente formadas: as partes envolvidas na audição são diferentes das partes envolvidas no tato. Em um exame mais atento, porém, esta hipótese não pode funcionar. Com vimos neste capítulo, se você ficar cego, a parte do cérebro que costumávamos chamar de córtex visual é dominada pelo tato e pela audição. Quando consideramos um cérebro reprogramado, é difícil insistir que existe algo de fundamentalmente visual no córtex "visual".

Então, isto leva a uma hipótese alternativa: de que a experiência subjetiva de um sentido — também conhecida como qualia — é determinada pela estrutura dos dados.[71] Em outras palavras, as informações que chegam do manto bidimensional da retina têm uma estrutura diferente daquela dos dados que chegam de um sinal unidimensional no tímpano, e ele é diferente ainda dos dados multidimensionais da ponta dos dedos. Por conseguinte, todos esses fluxos de dados são sentidos de formas diferentes. Uma hipótese estreitamente relacionada é a de que os qualia são plasmados pelo modo como os outputs motores mudam os inputs sensoriais.[72] Os dados visuais mudam à medida que você envia comandos para os músculos em torno dos olhos. O input visual muda de forma suscetível ao aprendizado: olhe para a esquerda e o foco dos objetos amorfos na periferia é aguçado. Enquanto você desloca os olhos, o mundo visual muda, mas isto não acontece com o som. Para tanto, você precisa virar fisicamente a cabeça. Assim, esses fluxos de dados têm contingências diversas. E o tato é diferente. Levamos a ponta dos dedos a objetos, trazendo-os para o contato e explorando-os. O olfato é um processo passivo, amplificado pelo ato de cheirar. O paladar desabrocha quando colocamos alguma coisa na boca.

Isto sugere que podemos alimentar um novo fluxo de dados diretamente no cérebro — como dados de um robô móvel, ou sua resposta galvânica cutânea, ou dados de temperatura em infravermelho de ondas longas — e, desde que exista uma estrutura desimpedida e um ciclo de *feedback* em relação a seus próprios atos, os dados por fim darão lugar a novos qualia. Não serão sentidos como a visão, a audição, o tato, o olfato ou o paladar — mas como algo inteiramente novo.

Sem dúvida, é muito difícil imaginar como seria este novo sentido. Na realidade, é impossível imaginar. Para entender por que, tente imaginar uma nova cor. Vá, tente. Estreite os olhos e pense bem. Parece que esta tarefa deveria ser simples, mas é impossível. Da mesma forma que você não consegue imaginar um novo tom, não consegue imaginar um novo sentido.

Todavia, se seu cérebro estivesse consumindo dados em tempo real transmitidos por um drone (altura, guinada, rolagem, orientação e rumo), será que os dados que chegassem pareceriam *alguma coisa* — como os fótons e as ondas de ar comprimido? E, por conseguinte, será que o drone passaria a parecer uma extensão direta de seu corpo? Que tal um input mais abstrato, como a atividade de uma fábrica? Ou transmissões do Twitter? Ou o mercado de ações? Com o fluxo de dados correto, a previsão é de que o cérebro passará a ter uma experiência perceptiva direta da fabricação, ou de diferentes hashtags, ou de movimentos em tempo real da economia do planeta. Os qualia se desenvolverão com o tempo; eles são o jeito natural de o cérebro resumir uma grande quantidade de dados.

Será esta uma previsão válida, ou pura fantasia? Finalmente estamos nos aproximando do ponto, cientificamente, em que poderemos colocar isto à prova.

Se é estranha a ideia de aprender um novo sentido, basta se lembrar de que você mesmo fez isso. Pense em como os bebês aprendem a usar os ouvidos quando batem palmas ou balbuciam alguma coisa, e pegam o *feedback* nos ouvidos. No início as compressões de ar são apenas atividade elétrica no cérebro; por fim elas passam a ser percebidas como som. Este aprendizado pode ser visto em pessoas que nasceram surdas e um dia, na idade adulta, receberam implantes cocleares. No início, a experiência do implante coclear não é nada parecida com o som. Uma amiga que tem esse tipo de implante descreveu seu efeito inicialmente como choques elétricos indolores dentro da cabeça; ela não tinha sensação de que havia alguma relação com som. Mas depois de um mês passou a ser "som", apesar de péssimo, como um rádio metálico e distorcido. Por fim ela passou a ouvir muito bem com eles. Este é o mesmo processo que aconteceu com cada um de nós quando aprendemos a usar os ouvidos; a questão é que nós simplesmente não nos lembramos disto.

Como outro exemplo, pense na alegria de olhar nos olhos de um recém-nascido. O momento não dura muito tempo, mas nos enche de prazer por estarmos entre as primeiras coisas vistas por este novo habitante do mundo. Mas e se por acaso você não estiver sendo *visto*? Sugiro que a visão é uma habilidade que precisa ser desenvolvida. O cérebro recebe quatrilhões de pulsos entrando pelos olhos e um dia aprende a extrair padrões, e padrões por cima destes padrões, e padrões por cima destes... e um dia o resumo de todos esses padrões é o que chamamos de experiência da visão. O cérebro precisa *aprender* a ver, como precisa aprender a controlar os braços e as pernas. Os bebês não aparecem sabendo dançar nem têm a propriedade subjetiva da visão. Precisamos desenvolver nossos órgãos dos sentidos. E os mesmos princípios pelos quais fizemos isto podem nos permitir aprender novos órgãos para novos sentidos.

O fato de que você não consegue imaginar uma nova cor é extraordinariamente revelador. Ilustra para nós o gradeamento de nossos qualia, que simplesmente não conseguimos ultrapassar.

Assim, se a capacidade de criar novos sentidos se provar possível, uma consequência de impacto será que não poderemos *explicar* o sentido novo a outra pessoa. Por exemplo, você precisa experimentar o roxo para saber o que é o roxo. Nenhuma descrição acadêmica permitirá que uma pessoa acromatóptica entenda o caráter do roxo. Do mesmo modo, fazemos uma tentativa de explicar a visão a um amigo que nasceu cego: você pode tentar tudo que quiser e seu amigo cego poderá até fingir entender do que você está falando. Mas no fim é uma tentativa infrutífera. Entender a visão requer experimentar a visão.

Da mesma forma, se você se conectar a um sentido inteiramente novo — e desenvolver um qualia novo em folha —, não poderá comunicar este sentido aos outros. Só para começar, não temos uma palavra em comum para ele. Ninguém vai entender. A linguagem não é totalizante; é só um meio de rotular coisas que já compartilhamos. É um sistema de consenso a respeito de experiências em comum. Não é que você não possa tentar articular seu novo sentido — simplesmente ninguém mais tem os fundamentos para entender.

Em um relato de participantes que usaram o cinto feelSpace (o dispositivo que indica o norte magnético), os pesquisadores escreveram que os dois usuários contaram de uma mudança na percepção, mas ainda assim:

> Foi difícil articular o caráter perceptivo que eles acessaram e a experiência qualitativa que surgiu do tipo diferente de percepção espacial. O observador tem a impressão de que lhe faltam conceitos para o que acontece, de tal modo que só conseguem usar metáforas e comparações para chegar mais perto de uma explicação.[73]

Mas o problema era a capacidade dos participantes de articular ou a capacidade dos pesquisadores de entender? Como os autores observaram mais adiante, "Foi muito mais fácil falar das mudanças na percepção entre participantes experimentais do que comunicar aos participantes-controle inocentes".

É assim que as coisas acontecerão com o desenvolvimento de novos sentidos. Para entendê-los, teremos de transmitir os dados e aprender a experiência. Assim, daqui a algumas décadas, se um dia você se sentir solitário e incompreendido, sentado aí com seu novo sentido, a melhor solução será formar uma comunidade de pessoas que recebem os mesmos inputs. Assim você pode compor um novo mundo para a experiência íntima — chame-o, digamos, de "zetzenflabish". A palavra fará sentido para sua comunidade e ninguém de fora vai entender.

Com o tipo certo de compressão de dados, quais são os limites para os tipos de dados que podemos receber? Será possível adicionar um sexto sentido com uma pulseira vibratória e depois um sétimo, com uma conexão direta? E um oitavo, com uma grade na língua e um nono com um Colete? No momento, é impossível saber quais seriam os limites. Só sabemos que o cérebro é dotado do compartilhamento de território entre diferentes inputs; vimos antes como isto acontece tranquilamente. E observe que, quando tiveram sensores infravermelhos conectados ao córtex somatossensorial, os ratos ganharam a capacidade de enxergar naquela faixa de frequência visual *sem* perder as funções normais dos sentidos do corpo. Assim, é possível que o córtex não tenha de se envolver em uma política de terra arrasada, mas em vez disso consiga formar uma comunidade de sentidos muito maior do que o esperado. Por outro lado, em vista do território finito do cérebro, será possível que cada sentido acrescentado vá reduzir a resolução dos outros, de tal modo que seus novos poderes sensoriais venham a ter o custo de uma visão ligeiramente borrada, ou uma audição ligeiramente pior e uma sensação ligeiramente reduzida na pele? Quem sabe? As respostas sobre nossos limites ainda são pura especulação, até que possam ser colocadas à prova nos anos futuros.

Independentemente de quantos sentidos possamos acrescentar, existe outra pergunta interessante: será que esses novos sentidos trarão peso emocional? Por exemplo, você tem reações diferentes quando sente o cheiro de torta de limão recém-saída do forno e quando percebe uma diarreia em uma calçada: não são zeros e uns em uma tela; é toda uma reação emocional.

Para entender isto, pergunte *por que* a torta tem um cheiro bom e a matéria fecal tem um cheiro ruim. Afinal, os sinais não são terrivelmente diferentes: nos dois casos, moléculas se difundem pelo ar e se ligam a receptores em seu nariz. Não existe nada de inerente em uma molécula de torta de limão ou em uma molécula de matéria fecal que faça seu cheiro ser bom ou ruim: são simplesmente formas químicas flutuantes, parecidas com as moléculas que flutuam do café, das petúnias, de porquinhos-da-índia molhados, de canela, tinta fresca, musgo na margem de um rio ou castanhas assadas. Todas essas formas se ligam a uma variedade de receptores de olfato no nariz.

Mas nós *gostamos* do cheiro de torta de limão porque as moléculas preveem a presença de uma rica fonte de energia. Temos uma emoção ruim com a diarreia porque ela é cheia de patógenos e a evolução não quer que você, em circunstância nenhuma, coloque-a na boca. Isto é semelhante ao modo como seu sistema visual é confrontado por uma matriz de fótons e pode experimentar uma onda de alegria se os fótons representam uma campina verdejante, e estremecer de nojo se representarem um corpo mutilado. Ou como um padrão de pulsos elétricos no ouvido interno será considerado delicioso se codificar uma melodia melíflua coerente com sua cultura, e aversivo se for um bebê chorando de dor. As emoções simplesmente refletem o *significado* dos dados para você, no contexto de seus objetivos e suas pressões evolutivas. Muitos exemplos emocionais são oriundos de escalas de tempo evolutivas, mas outros vêm de experiências em sua própria vida: pense na música no rádio que você adora porque lembra uma noite maravilhosa no ensino médio, ou a peça de roupa no armário que lhe dá uma sensação ruim porque desperta a lembrança do abandono.

Se o modelo do Cabeça de Batata estiver correto e o cérebro agir como um computador de uso geral, isto sugere que um dia os dados que chegarem estarão associados a uma experiência emocional. Qualquer que seja o fluxo de dados e aonde quer que cheguem, eles podem transmitir paixões.

Portanto, quando recebemos um novo fluxo de dados da internet, podemos de súbito rir de prazer, chorar de mágoa, ter arrepios — dependendo da ligação que os novos dados têm com nossos objetivos e ambições. Imagine que você recebe um novo fluxo de dados do mercado de ações. De repente tem informações de que a tecnologia está em queda e você investiu muito neste setor. Não se sente mal? Não só cognitivamente mal, mas não é emocionalmente repulsivo, como o cheiro de carne podre ou o aguilhão de uma mordida? Por outro lado, digamos que a informação conte uma história mais luminosa: seus investimentos saltaram 6%. Não se sente bem? Não apenas cognitivamente bem, mas não é emocionalmente agradável, como o riso de um bebê ou o gosto de cookies quentes com gotas de chocolate?

Se parece estranho que possamos ter essas reações emocionais a novos fluxos de dados, vale a pena lembrar que *todo* o significado em nossa vida é simplesmente construir fluxos de dados que transmitem importância no contexto de nossos objetivos.

Por fim, existe mais uma pergunta digna de ser feita antes de encerrarmos: ter um novo sentido seria esmagador ou estressante?

Creio que nem uma coisa nem outra. Pense em um amigo cego insistindo que você deve ficar estressado por enxergar: *Imagine só ter outro fluxo de dados! Você está pegando uma enxurrada constante de bilhões de fótons desde o horizonte? Sabe o que as pessoas estão fazendo mesmo quando elas estão a meio quilômetro? Deve ser angustiante ter essa densidade de informações fluindo para você o tempo todo.*

Se você é uma pessoa dotada de visão, sabe que a visão não é particularmente estressante. Em geral ela fica em algum lugar entre o adorável e o tedioso. Você funde a visão à sua realidade tranquilamente. Por quê? Porque é apenas outro fluxo de dados e o que o cérebro faz é incorporar dados.

ESTÁ PRONTO PARA UMA NOVA SENSAÇÃO?

Neste capítulo falamos sobre a criação de novos sentidos. Em uma escala de tempo evolutiva, se mutações genéticas ao acaso conseguirem traduzir alguma fonte de informação em sinais elétricos, o cérebro poderá tratá-los como plug-and-play, decifrando as informações que fluem para dentro. Conecte o córtex a olhos e ele se tornará um córtex visual, conecte a ouvidos e ele se tornará um córtex auditivo, conecte à pele e ele se tornará somatossensorial. Isto revela um dos grandes truques da natureza: para explorar novas fontes de energia do mundo não é necessário projetar o cérebro do zero a cada vez. Em lugar disto, só é preciso projetar novos dispositivos periféricos: sensores de luz, acelerômetros, sensores de pressão, fossetas loreais, eletrorrecepção, magnetita, narizes digitiformes ou o que mais ela sonhar fazer.

E suas criações, quaisquer que sejam, podem sonhar por si mesmas.

Como vimos com o implante coclear de Michael Chorost ou o implante de retina de Terry Bland, podemos tirar proveito da flexibilidade do cérebro, substituindo o dispositivo periférico original por outro artificial. O dispositivo substituto não é necessário para falar a língua nativa do cérebro, mas pode se virar com um dialeto que chega bem perto. O cérebro deduz como usar os dados.

Levando a ideia um passo além, vimos o poder da substituição sensorial. A capacidade do cérebro de reprogramação lhe dá uma enorme flexibilidade: ele se reconfigura dinamicamente para absorver e interagir com os dados. Assim, podemos usar grades elétricas para fornecer informações visuais por meio da língua, motores vibratórios para fornecer audição por meio da pele e celulares para fornecer vídeos pelos ouvidos. Esses dispositivos podem ser usados para dotar o cérebro de novas capacidades, como vimos com o melhoramento sensorial (ampliar os limites de um sentido que você já tem) ou o acréscimo (explorar fluxos de dados inteiramente novos). Esses dispositivos passaram rapidamente de dispositivos cabeados a um computador para vestíveis elegantes, e este progresso, mais do que qualquer mudança na ciência fundamental, aumentará a utilização e o estudo.

Como expandiremos nos capítulos que se seguem, o cérebro reorganiza seus circuitos para otimizar a representação do mundo. Assim, quando entramos com novas e úteis oportunidades de dados, o cérebro se aproveita delas. Isto vem com duas condições às quais voltaremos: os dados novos são mais bem aprendidos se estiverem ligados aos objetivos do usuário e atrelados a seus próprios atos.

Dado o conhecimento atual, não existe fim para a imaginação das expansões sensoriais que construiremos: a visão para cores fora do espectro eletromagnético, a audição ultrassônica ou a conexão a um dos estados invisíveis da fisiologia de seu corpo. Pode-se perguntar se esse tipo de tecnologia levará a uma sociedade segregada: os que têm e os que não têm. Creio que o risco da estratificação econômica é baixo, porque esses dispositivos são baratos. Como a revolução tecnológica que trouxe os smartphones ao mundo (ultrapassando a revolução no computador pessoal na maioria dos países), a tecnologia sensorial poderá ser distribuída mundialmente a custos ainda menores que os dos telefones. Esta não é uma tecnologia limitada aos ricos.

Em vez disso, suspeito de que o futuro é muito mais estranho do que dividir as pessoas entre os que têm e os que não têm: ele envolverá diferentes nuances do ter. Ao contrário da cobertura de todo o planeta por smartphones, talvez seja possível entrar em um futuro em que pessoas diferentes terão diferentes supersentidos. Imagine que você tem um sentido em relação ao futuro do petróleo, enquanto seu vizinho foi treinado na saúde das estações espaciais e sua mãe pratica jardinagem pelo uso da percepção da luz ultravioleta. Será que estamos à beira de um evento metafórico de especiação, em que uma espécie se divide em múltiplas espécies? Quem sabe? Na melhor das hipóteses, podemos imaginar um cenário de Hollywood em que uma equipe de super-heróis, cada um deles possuindo um poder especial, se une como peças de um quebra-cabeças para derrotar um arquivilão.

O fato é que é difícil prever o futuro. Qualquer que seja o caso, à medida que avançamos para o horizonte, a única certeza é de que cada vez mais escolheremos nossos próprios dispositivos periféricos plug-and-play. Não somos mais uma espécie natural que precisa esperar milhões de anos pelo próximo presente sensorial da Mãe Natureza. Em vez disso, como qualquer boa genitora, a Mãe Natureza nos deu a capacidade cognitiva de moldar nossa própria experiência.

Todos os exemplos que abordamos até agora envolvem input dos sentidos do corpo. E o outro trabalho do cérebro, o output aos membros do corpo? Isto também é flexível: será que você pode adornar o corpo com mais braços, pernas mecânicas, ou um robô no outro lado do mundo controlado por seus pensamentos?

Que bom que você perguntou.

5

COMO TER UM CORPO MELHOR

POR FAVOR, O VERDADEIRO DOUTOR OCTOPUS PODE LEVANTAR AS MÃOS?

Na edição de *O Espetacular Homem-Aranha* nº 3 (julho de 1963), um cientista chamado Otto Gunther Octavius conecta um dispositivo diretamente no cérebro para controlar quatro braços robóticos a mais. Os membros de metal, que operam com a suavidade de apêndices naturais, permitem-lhe trabalhar com segurança com materiais radioativos. Cada um dos membros do Dr. Octavius consegue operar de forma independente — da mesma forma que você pode mexer uma das mãos enquanto muda a estação de rádio com a outra e pressiona o pedal do acelerador com o pé.

Infelizmente para o Dr. Octavius, uma explosão causa danos a seu cérebro e o condena a uma vida de vilania. Norteado por um novo senso de imoralidade, ele tira proveito dos braços a mais para arrombar cofres, escalar prédios e desbravar novos métodos de combate com várias mãos. Sob o feitiço de sua personalidade revisada, ele passa a ser conhecido como Doutor Octopus.

Quando a revista em quadrinhos foi lançada em 1963, era pura ficção científica imaginar que o cérebro pudesse ser conectado a membros robóticos — e que pudesse controlá-los sem nenhum problema. Mas a ideia deu uma guinada surpreendente da fantasia para a realidade.

Anteriormente, testemunhamos o cérebro se reorganizar quando uma pessoa perdeu um membro — como no caso do braço de Horatio Nelson que ficou no caminho de uma bala de mosquete. Mas esta é só a metade da história, contada pelo input. No lado do output, o córtex que dirige o corpo (o mapa motor) também se adapta. Quando o sistema nervoso deduz que um membro antes existente não está mais sob seu controle, o território cortical dedicado a ele encolhe.[1] O cérebro se reorganiza para se adaptar a este novo plano corporal.

Pense no caso da mulher que chamaremos de Laura, que perdeu a mão em um acidente traumático.[2] Seu córtex motor primário começou a mudar no curso de semanas. As áreas cerebrais que controlavam os músculos vizinhos do braço (como o bíceps e o tríceps) aos poucos anexaram o território cortical que antes operava a mão. Podemos expressar isto de outra maneira: neurônios que antes dirigiam a mão passaram por uma transferência de serviço, agora unindo-se à equipe dos músculos do braço. O mapa motor de Laura foi medido pelo disparo de pequenos pulsos magnéticos pelo crânio (uma técnica de nome estimulação magnética transcraniana) e observou-se que músculos se contraíam. Com esta técnica, os pesquisadores conseguiram observar o território dedicado aos músculos do braço expandir-se em algumas semanas.

Em capítulos posteriores, aprenderemos como o cérebro faz este truque, mas por ora vamos nos concentrar em *por que* o sistema motor se adapta desta forma. A resposta: as áreas motoras se otimizam para dirigir a maquinaria disponível. Este princípio abre as portas a muitos planos corporais possíveis.

SEM PROJETOS-PADRÃO

Um scan do reino animal revela uma panóplia de corpos estranhos, de tamanduá a toupeira-de-nariz-estrelado, peixe-dragão, polvo e ornitorrinco.

Mas aqui está algo misterioso: todos do reino animal (inclusive nós) possuem genomas surpreendentemente semelhantes.

Então, como as criaturas passam a operar um equipamento tão admiravelmente variado — como caudas preênseis, garras, laringes, tentáculos, bigodes, trombas e asas? Como os cabritos-monteses conseguem ser tão competentes ao saltar rochas? Como as corujas conseguem ser tão competentes quando mergulham para abocanhar um camundongo? Como os sapos conseguem ser tão competentes quando pegam moscas com a língua?

Para entender isto, voltemos a nosso modelo do Cabeça de Batata do cérebro, em que dispositivos variados de input podem ser conectados. Exatamente os mesmos princípios são válidos ao output. Nesta perspectiva, a Mãe Natureza tem a liberdade de experimentar dispositivos motores plug-and-play extravagantes. Sejam dedos, membranas ou barbatanas; sejam duas pernas, quatro ou oito; sejam mãos, garras ou asas — os princípios fundamentais de operação cerebral não precisam ser reprojetados a cada vez. O sistema motor simplesmente deduz como dirigir a maquinaria disponível.

Mas espere aí um minutinho. Se é tão fácil modificar os corpos com ajustes no genoma, como não encontramos seres humanos nascidos com variedades estranhas de planos corporais?

Por acaso encontramos, sim. Por exemplo, às vezes ocorrem nascimentos de crianças com cauda,[3] demonstrando com que facilidade os esquemas da genética podem se encadear para a produção de estruturas maiores.

Além de caudas, de vez em quando um ser humano chegará com membros a mais. Em Xangai, por exemplo, um menino chamado Jie-Jie recentemente nasceu com um terceiro braço plenamente formado.[4] Ele tem dois braços esquerdos de tamanho natural, um por cima do outro.

Às vezes acontece esse tipo de coisa devido a um gêmeo parasitário no útero: um gêmeo não consegue ir adiante e é absorvido pelo corpo do gêmeo mais saudável. Mas não é este o caso de Jie-Jie. Sua genética simplesmente ditou o crescimento de um terceiro braço. Uma equipe de cirurgiões na China levou várias horas para remover o braço esquerdo interno, porque os dois braços esquerdos eram bem desenvolvidos. Em geral, um membro extra é atrofiado e é fácil decidir qual deles remover. Para Jie-Jie, os dois braços esquerdos tinham suas próprias omoplatas, o que fez da cirurgia um desafio.

Caudas e braços a mais exemplificam como os planos corporais podem mudar inconfundivelmente com pequenas alterações na genética. E nem estamos falando que esse tipo de oscilação genética acontece também de formas irrelevantes a nossa volta: algumas pessoas têm braços maiores, dedos mais grossos, um dedão do pé que é mais curto que o segundo dedo, quadris mais amplos, ombros mais largos.

E embora nossos primos mais próximos, os chimpanzés, sejam geneticamente quase idênticos a nós, eles possuem muitas diferenças no plano corporal; para começar, o músculo bíceps tem um ponto de inserção mais elevado, os quadris são mais voltados para fora e os dedos dos pés são mais compridos. Empoleirado em seu templo escuro, o cérebro do chimpanzé não tem dificuldade nenhuma para deduzir como dirigir o corpo do chimpanzé a se balançar em árvores e a andar apoiado nos nós dos dedos nem o cérebro humano tem dificuldades para deduzir como competir no pingue-pongue e dançar salsa. Em ambos os casos, o cérebro elegantemente determina como dirigir melhor a maquinaria em que se vê embutido.

Para entender o poder deste princípio, pense em Matt Stutzman, que nasceu sem braços. Ele se viu interessado em tiro com arco, assim aprendeu a manipular um arco e flecha com os pés.

Matt Stutzman, o "Arqueiro Sem Braço".

Com movimentos fluidos, ele encaixa a flecha na corda usando os dedos dos pés, depois levanta o arco com o pé direito. Uma alça prende o aparato em seu ombro, permitindo que ele posicione o arco no nível dos olhos. Ele imprime tensão no arco empurrando-o para frente com o pé e deixa a flecha voar quando a mira está estável no alvo. Matt não é simplesmente talentoso no tiro com arco, é o melhor do mundo: até a data da escrita deste livro, ele tem o recorde mundial para o mais longo tiro de precisão com arco e flecha. Provavelmente não foi o que os médicos previram para um bebê que saiu do útero sem braços. Mas talvez eles não tivessem percebido o quanto o cérebro dele prontamente adaptaria seus recursos para resolver problemas no mundo.

Este tipo de flexibilidade é visto em todo o reino animal. Pense em Faith, a cadela. Faith nasceu sem os membros anteriores e se desenvolveu capaz de andar com as pernas traseiras, como bípede, como a espécie humana. Embora possamos ter adivinhado que o cérebro dos cachorros vem programado para dirigir corpos padrão de cachorros, Faith demonstra com que habilidade o cérebro navegará pelo mundo com a maquinaria em que se vir preso.

O cérebro se adapta às possibilidades do corpo. Faith, a cadela, foi levada ao bipedismo pela ausência de membros anteriores. Seu sistema motor adaptou-se ao plano corporal, permitindo que ela tenha uma vida normal (embora atraia paparazzi).

Arqueiros sem braços e cães sem pernas lançam luz ao fato de que os cérebros não são predefinidos para determinados corpos, mas se adaptam para se locomover, interagir e vencer. E isto não se trata simplesmente do corpo com que você nasceu, mas de quaisquer oportunidades que possam aparecer. Pense em Sir Blake, o buldogue, um canino californiano que é um mestre no skate. Sir Blake salta no skate e raspa o chão com a pata dianteira para ganhar ímpeto. No momento certo, coloca a pata dianteira na prancha e sai passeando. Ele altera o peso do corpo para conduzir a prancha e contornar obstáculos, como faz a espécie humana. Quando termina, deixa a prancha reduzir até quase parar, depois sai dela. Em vista da notória ausência de rodas na história evolutiva dos cães, isto ressalta a capacidade de adaptação do cérebro para conduzir novas possibilidades.

Ou pense em outra cachorra, Sugar, que tomou uma prancha de surfe para si e agora faz parte da Calçada da Fama Internacional dos Cães Surfistas. Pensando bem, mais impressionante que Sugar, basta a simples *existência* de uma Calçada da Fama Internacional de Cães Surfistas. O cérebro canino não costuma ser estudado no contexto científico em relação a como manobrar em um pranchão. Mas ele pode ser. Só exige oportunidade, e seu sistema motor deduzirá o resto.

Sir Blake, Sugar e seus concorrentes são extraordinariamente bons em passeios pelas ruas e pelas ondas, e, em alguns casos, são melhores do que a espécie criativa que inventou esses esportes. Como esses cães conseguiram ficar tão bons nisso?

BALBUCIO MOTOR

Uma bebê aprende a moldar a boca e a respiração para produzir linguagem — não pela genética nem navegando na Wikipédia, mas balbuciando. Os sons saem de sua boca, e os ouvidos captam estes sons. Seu cérebro pode comparar o quanto o som que ela produz se aproxima das expressões que ela está ouvindo da mãe ou do pai. Para ajudar, ela ouve reações positivas para algumas expressões e negativas ou neutras para outras. Deste modo, o *feedback* constante lhe permite refinar a fala até que ela converse lindamente em inglês, chinês, bengali, javanês, amárico, pemom, chukchi ou qualquer das outras sete mil línguas faladas no planeta.

Da mesma forma, o cérebro aprende a conduzir o corpo pelo balbucio motor.

Observe esta mesma bebê no berço. Ela morde os dedos dos pés, bate na testa, puxa o próprio cabelo, dobra os dedos e assim por diante, aprendendo como seu output motor corresponde ao *feedback* sensorial que recebe. Deste modo, ela aprende a entender a língua de seu corpo: como os outputs mapeiam os inputs seguintes. Por esta técnica, um dia aprendemos a andar, colocar alguns morangos na boca, boiar em uma piscina, pendurarmo-nos em trepa-trepas e dominar polichinelos.

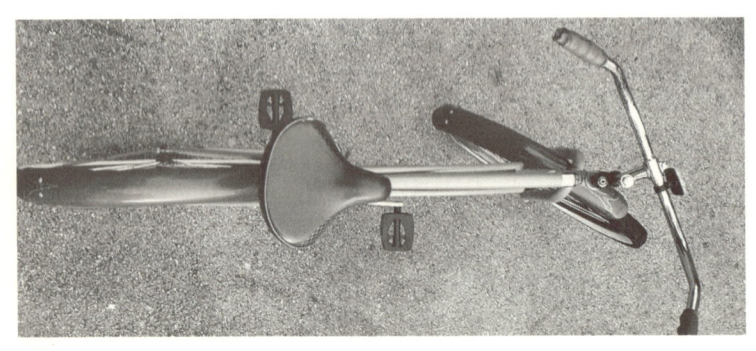

A bicicleta com operação reversa do guidom.

E, melhor ainda, usamos o mesmo método de aprendizado para anexar extensões a nosso corpo. Pense em pedalar uma bicicleta, uma máquina que nosso genoma presumivelmente não viu surgir. Nosso cérebro originalmente se modelou em condições de subir em árvores, carregar comida, criar ferramentas e andar por longas distâncias. Mas conseguir andar de bicicleta introduz um novo conjunto de desafios, como equilibrar cuidadosamente o tronco, alterar a direção mexendo os braços e parar de repente com um aperto da mão. Apesar das complexidades, qualquer criança de sete anos pode demonstrar que o plano corporal ampliado é facilmente acrescentado ao currículo do córtex motor.

E isto não se limita só a bicicletas típicas. Considere Destin Sandlin, um engenheiro que ganhou uma bicicleta muito estranha de um amigo: por meio de um sistema complexo de engrenagens, se Destin virar o guidom para a esquerda, a roda da frente gira para a direita. E vice-versa. Destin tinha certeza absoluta de que não seria difícil dominá-la, porque o conceito era simples: conduza para a direção contrária a que você pretende ir. Mas acontece que a bicicleta foi insuportavelmente difícil de ser pedalada, porque exigia *des*aprender a operação normal de um guidom de bicicleta. Treinar o córtex motor para dominar esta nova tarefa não foi tão simples como ter uma compreensão cognitiva: afinal, ele *sabia* como a bicicleta funcionava. Isto não significou que ele conseguisse operá-la corretamente.

Mas Destin começou a pegar o jeito. Sempre que tentava um movimento, recebia *feedback* do mundo (*você está caindo para a esquerda; você vai bater na caixa de correio; você está virando para a frente de uma picape*), e ele usou o *feedback* para ajustar os novos movimentos. Depois de várias semanas de prática diária, ele ficou bom nisso. Dominou aquela bicicleta estranha como dominara uma bicicleta normal quando criança: por balbucio motor.

Se você já dirigiu em um país que tem o volante do lado direito do carro, conhece esse desafio à aprendizagem. Se você é um motorista americano na Inglaterra, ou vice-versa, muitas vezes dá uma guinada para o lado errado enquanto aprende a pegar o jeito. Mas um dia você melhora, porque seu sistema visual olha as consequências de cada ato e ajusta as coisas de acordo com isso. Se tudo correr bem, seu sistema nervoso completa suas revisões antes que você se acidente e abra um buraco em algum fardo de feno por aí.

Parece estranho que possamos aprender a operar nosso corpo de formas diferentes, uma vez que só temos um córtex motor. Felizmente, o cérebro é extremamente inteligente no uso do contexto para saber que programas rodar. Ele emprega um esquema (padrões para organizar diferentes categorias de informações) de tal modo que, quando você está na bicicleta, transporta-se movendo as coxas em círculos, mas enquanto corre, balança os braços e levanta os pés para passar por cima de coisas na rua.

Eis aqui um exemplo pelo qual recentemente passei a experimentar conscientemente meu esquema. Certo dia, o retrovisor de minha picape quebrou. Eu pretendia consertar imediatamente, mas estava ocupado escrevendo este livro e assim, por algumas semanas, dirigi sem ele. O motivo para finalmente consertá-lo foi uma coisa que me deixava maluco: sempre que eu estava no banco do meu carro, meus olhos faziam um movimento rápido para cima e para a direita, e eu me via me perguntando por que de repente estava olhando a copa das árvores na lateral da rua. Evidentemente meus olhos insistiam em disparar ao local onde ficava o retrovisor e a intenção deles era ver *atrás* de mim. Mas é claro que quando estou na cozinha, no escritório ou na academia, nunca disparo os olhos para cima e para a direita para ver atrás de mim; faço isso *só* quando estou ao volante do carro. A parte interessante é como o esquema sempre foi totalmente inconsciente — avaliar as possibilidades de meu ambiente imediato e mudar minhas funções motoras de acordo com isso. Da mesma forma, quando estou correndo, nunca aperto a mão a fim de parar e, quando estou de bicicleta, não levanto o pé para saltar um graveto no chão.

Do mesmo modo, o cérebro de Destin aprendeu um novo esquema. Quando finalmente ele dominou a bicicleta espinhosa, descobriu que não conseguia saltar de volta a uma bicicleta comum. Mas isso não durou muito tempo, e com alguma prática ele conseguiu dominar as duas. Ele agora pode alternar nos dois tipos de bicicleta, reversa ou normal, e seu cérebro simplesmente segue as vias para operar os músculos no contexto corrente.

Trazido ao mundo com certo número de membros, articulações e atuadores, o robô Starfish deduz seu próprio corpo e como dirigi-lo.

Voltemos ao balbucio motor. Não é só o jeito como os bebês e os ciclistas apendem a se mexer; também passou a ser uma abordagem nova e poderosa na robótica. Pense em um robô chamado Starfish. Ele faz um modelo em tempo real do próprio corpo, portanto aprende o que pode fazer. Não é necessária nenhuma programação típica; ele aprende com o próprio corpo.[5]

O Starfish experimenta um movimento, como um bebê que engatinha debatendo um membro, e avalia as consequências — no caso do robô, usando giroscópios para ver como o movimento inclina o corpo central. O membro esticado não pode dizer como é seu corpo e como ele interage com o mundo, mas o *feedback* estreita o espaço de possibilidades. Agora ele tem um espaço menor de hipóteses sobre como pode parecer. Agora é hora do movimento seguinte. Em vez de fazer um movimento aleatório, ele escolhe seu movimento seguinte para distinguir melhor entre as hipóteses restantes disponíveis. Ao escolher cada movimento sucessivo de uma forma que divide o espaço de possibilidades nos lugares certos, ele desenvolve um quadro cada vez mais focalizado de seu corpo.[6]

O robô usa o balbucio motor para aprender a operar seus atuadores e é por isso que você pode partir uma das pernas deste robô e ele se deduzirá de novo. É como o Exterminador do Futuro depois que Sarah Connor o queimou e esmagou suas pernas: ele continua avançando, operando com um plano corporal diferente, mas ainda assim perseguindo seu objetivo.

Construir um robô que balbucia e é autoexplorador é mais eficaz e mais flexível do que programar o robô para se mover de formas predeterminadas. E, no reino animal, a natureza tem apenas algumas dezenas de milhares de genes com os quais construir uma criatura, assim não pode pré-programar todos os atos que ela fará no mundo. Sua única alternativa? Construir um sistema que tenha compreensão de si mesmo.

E é este truque que permite aos cães que andam de skate e praticam surfe dominarem sua habilidade. Balbuciando com os corpos, eles experimentam vários movimentos, posturas, posições e equilíbrios, e avaliam os resultados. Será que me inclinar para a esquerda vai me levar pela onda, ou me fazer mergulhar na água fria? Empurrar com a perna traseira enquanto aprendo a manter o skate em movimento e meu dono grita de prazer, ou provocar um choque doloroso com um hidrante? O *feedback* permite ao sistema motor refinar milhões de parâmetros e se sair melhor na rodada seguinte. Deste modo, o organismo constrói um modelo da interação de seu corpo com o mundo. Ele passa a saber o que o ambiente lhe permite. Com este ciclo constante de *feedback*, o bebê, os cães atletas e o robô Starfish aprendem a navegar por seus planos corporais. Eles alimentam um ciclo de *feedback* entre os mundos interior e exterior.

O ciclo de lançar atos e avaliar o *feedback* é a chave para entender não só o balbucio motor, mas também o balbucio social. Pense em como você aprendeu (e continua a aprender) a se comunicar com os outros. Você constantemente tem atos sociais no mundo, avalia o *feedback* e faz ajustes. Investigamos o espaço de possibilidades, experimentando múltiplas personas quando somos jovens: será melhor ser bem-humorado nesta situação, ou cruzar os braços em uma demonstração de desafio, ou chorar e procurar solidariedade? Encontramos impulso em determinadas identidades em situações específicas, e tendemos a nos ater a elas até que exijam atualizações. E como o ser humano que, em diferentes momentos, opera uma bicicleta, patina no gelo e voa de asa-delta, adotamos esquemas diferentes para diferentes situações sociais. Assim como acontece com o *feedback* motor, dependemos de *feedback* social. Será que a liderança forte funciona nesta situação? Uma palavra gentil me dará o que preciso aqui? Será que contar uma piada de mau gosto fará sucesso no jantar, enquanto me ridiculariza na reunião de negócios?

E também pode ser por este teste constante do mundo que aprendemos a *pensar*. Do ponto de vista de seu cérebro, pensar é extraordinariamente semelhante aos movimentos motores. A tempestade neural de atividade que leva seu braço a se levantar é muito parecida com a tempestade que o leva a pensar no que deve dizer a um amigo deprimido, ou onde pode estar sua outra meia, ou o que você vai pedir para o almoço. Ter um pensamento é como mover um membro; da mesma forma que nosso cérebro dirige um chute, uma investida ou um agarrão, pode ser que pensar mova conceitos pelo espaço do pensamento. Em outras palavras, pensar é o ato de empurrar conceitos em vez de xícaras de café, noções em lugar de guardanapos. E isto começa com o mesmo tipo de balbucio: gerar um pensamento e avaliar as consequências. Alguns pensamentos vão bem no mundo (*se eu puxar esse cordão, o aparador de grama vai ligar*), enquanto outros não levam a nada (*o que aconteceria se eu jogasse minha panqueca pela mesa?*). Como os movimentos e a fala, os pensamentos precisam aprender como operar melhor no mundo.

Assim, volte a Sir Blake, Sugar e seus companheiros caninos. Além do prazer que nos dão quando os olhamos, eles ressaltam um princípio fundamental: se a genética canina produzisse duas pernas em vez de quatro, ou rodas no lugar de patas, ou um esqueleto de prancha de surfe, o cérebro do cachorro, por dentro, não precisaria ser reprojetado. Ele simplesmente se recalibraria.

Pense na eficácia com que esta estratégia cria biodiversidade. Um cérebro *livewired* não precisa ser trocado para cada mudança genética no plano corporal. Ele se adapta. E é assim que a evolução pode moldar animais com tanta eficácia para se ajustar a qualquer habitat. Quer cascos ou dedões do pé sejam adequados para o ambiente, barbatanas ou braços, ou trombas, rabos ou garras, a Mãe Natureza não precisa fazer nada a mais para que o novo animal opere corretamente. A evolução não podia funcionar de outra forma: simplesmente ela não operaria com rapidez suficiente, a menos que fosse fácil implementar mudanças nos planos corporais e as mudanças no cérebro se seguissem sem dificuldades.

É graças a essa imensa flexibilidade que podemos nos instalar tão facilmente em novos corpos. Considere Ellen Ripley, a protagonista do filme original *Alien 3*. No clímax de sua morte com o alienígena gosmento, Ripley se arrasta em um enorme traje robótico que lhe permite a amplificação dos movimentos em poderosos braços e pernas de metal. No início ela vacila, desajeitada, mas depois de alguma prática consegue desferir murros ressoantes nas mandíbulas cheias de muco do alien. Ripley aprende a controlar o corpo novo e gigantesco, e faz isso graças à capacidade do cérebro de adaptar a relação dela entre os outputs (*balançar o braço*) e os inputs (*onde está aquele braço gigantesco? E estou me inclinando demais para a esquerda?*). Não é difícil aprender essas novas associações, como foi demonstrado por operadores de empilhadeiras e de guinchos, e cirurgiões laparoscópicos, todos que saem da cama pela manhã para pilotar corpos novos e estranhos. Se o cérebro de Ellen Ripley fosse um dispositivo de uso geral que pudesse controlar apenas seu corpo humano padrão de dois metros de altura, ela teria sido o lanchinho do alien.

Embora estes exemplos sejam fictícios, o princípio por trás deles se aplica a patins, monociclos, cadeiras de rodas, pranchas de surf, Segways, skates e centenas de outros dispositivos que nós atamos, afivelamos ou batemos em nossos corpos naturais.

As especificidades de peso, articulações, movimentos e controladores do dispositivo — tudo o que você pode *fazer* com eles — abrem caminho para os circuitos de seu cérebro.

Nos primeiros dias da aviação, os pilotos usavam cordas e alavancas para fazer com que as máquinas de voar fossem extensões de seus corpos,[7] e a tarefa de um piloto moderno naturalmente não é diferente: o cérebro do piloto constrói uma representação do avião como parte dele mesmo. E isto acontece com virtuoses no piano, lenhadores com serras elétricas e pilotos de drones: os cérebros incorporam suas ferramentas como extensões naturais a serem controladas. Deste modo, a bengala de um cego se estende não apenas do corpo, mas dos circuitos do cérebro.

Então considere o que isto significa para nosso futuro de curto prazo como humanos. Imagine que você possa controlar um robô a distância, só com sua atividade cerebral. Ao contrário de Ellen Ripley, você nem precisaria se mexer: apenas *pensaria* em um movimento. Quando você quiser que o robô levante o braço, ele o fará imediatamente. Quando quiser que ele se agache, dê uma pirueta ou salte, ele atende a seu comando mental sem atrasos ou erros. Embora isto pareça ficção científica, já está em curso.

O CÓRTEX MOTOR, OS MARSHMALLOWS E A LUA

No início de dezembro de 1995, Jean-Dominique Bauby estava no topo do mundo: era editor-chefe da revista *Elle*, em Paris, e girava pelos altos círculos sociais franceses.

Certa tarde, de súbito, Bauby sofreu um derrame grave. Entrou instantaneamente em coma profundo.

Vinte dias depois, despertou. Estava mentalmente consciente, conseguia enxergar o ambiente e entender o que todos diziam.

Mas não conseguia se mexer. Não conseguia mexer os braços, os dedos das mãos, o rosto, os dedos dos pés; não conseguia falar; não conseguia gritar. Descobriu que seu único ato disponível era piscar a pálpebra esquerda. Tirando isso, ele estava preso no calabouço congelado de seu corpo.

Por fim, com a ajuda de dois terapeutas perseverantes, ele conseguiu se comunicar, muito lentamente. Não falava, mas piscava a única pálpebra funcional. A terapeuta recitava lentamente as letras do alfabeto em sua ordem de frequência e ele piscava quando ela chegava à letra certa. Ela escrevia a letra e recomeçava a recitar o alfabeto. Deste modo, no ritmo torturante de dois minutos por palavra, ele conseguia se comunicar. Com uma paciência enlouquecedora, escreveu um livro inteiro sobre a experiência de viver com uma síndrome de encarceramento. Sua elegância e eloquência contradiziam o estado do corpo. Ele transmitia a agonia de ser incapaz de interagir com o mundo. Descreveu, por exemplo, a dor de ver a bolsa de sua secretária meio aberta na mesa: uma chave de hotel, um bilhete do metrô, uma nota de cem francos. Os objetos lembravam-lhe de uma vida que, para ele, estava perdida para sempre.

Em março de 1997, seu livro foi publicado. *O escafandro e a borboleta* vendeu 150 mil exemplares em sua semana de lançamento e tornou-se o maior sucesso de vendas em toda a Europa. Dois dias depois do lançamento do livro, Bauby morreu. Com o tempo, milhões de leitores derramaram lágrimas pelas páginas de seu livro. Eles valorizavam, talvez pela primeira vez, o prazer simples de ter um centro de controle funcional que dirige com sucesso seu enorme robô de carne e osso, e faz isso com tal perícia que somos afortunadamente inconscientes das imensas operações que ocorrem debaixo do capô.

Por que Bauby não conseguia se mexer? Em circunstâncias normais, quando o cérebro decide mudar um membro do corpo, um padrão de atividade neural envia o comando motor pelos cabos de dados para a medula espinhal, saindo para os nervos periféricos e, dali, os sinais elétricos são convertidos na liberação de substâncias (neurotransmissores), que levam o músculo a se contrair. Mas, para Bauby, os sinais nunca saíam do cérebro para fazer sua longa jornada pelo corpo. Seus músculos nunca recebiam a mensagem.

Talvez, no futuro, sejamos capazes de consertar medulas espinhais, mas no momento isto não é possível. Assim, só resta uma solução: e se pudéssemos ter medido os pulsos elétricos do cérebro de Bauby em vez do piscar do olho? E se pudéssemos ter entreouvido seus circuitos neurais para entender o que eles tentavam dizer aos músculos — e depois contornássemos a lesão para que os atos acontecessem no mundo?

Um ano depois da morte de Bauby, pesquisadores da Universidade Emory implantaram uma interface cérebro-computador em um paciente entravado chamado Johnny Ray, que viveu tempo suficiente para controlar um cursor de computador simplesmente imaginando o movimento.[8] Seu córtex motor era incapaz de mandar os sinais pela medula espinhal lesionada, mas o implante podia ouvir e transmitir a mensagem ao computador.

Em 2006, um ex-jogador de futebol americano paralítico de nome Matt Nagle conseguiu abrir e fechar grosseiramente uma mão artificial, controlar luzes, abrir um e-mail, jogar o videogame *Pong* e desenhar um círculo na tela.[9] Os poderes de Matt saíam de uma grade de 4 x 4 milímetros de quase cem eletrodos implantada diretamente em seu córtex motor. Ele imaginava mexer os músculos, o que provocava atividade no córtex motor, permitindo que os pesquisadores detectassem a atividade e determinassem a intenção, de forma rudimentar.

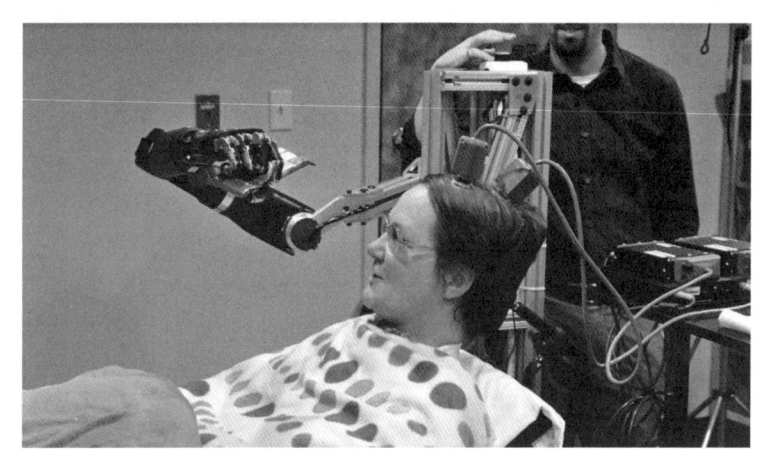

O controle de um braço robótico pela imaginação de movimentos.

A tecnologia usada com Johnny e Matt era improvisada e abrutalhada, mas se mostrou uma possibilidade. Em 2011, o neurocientista Andrew Schwartz e seus colegas da Universidade de Pitsburgo construíram um braço protético quase tão sofisticado e leve como um braço verdadeiro. Uma mulher chamada Jan Scheuermann tinha ficado paralítica devido a um distúrbio conhecido como degeneração espinocerebelar e se apresentou voluntariamente para a neurocirurgia para conseguir controlar este braço.[10] Agora, com sinais registrados do córtex motor, Jan pode imaginar fazer um movimento com seu braço, e o braço robótico se mexe. O braço robótico fica do outro lado da sala, mas isto não faz diferença: pelo feixe de fios que ligam o cérebro à máquina, ela pode fazê-lo se virar e agarrar, essencialmente tão bem como teria feito com o próprio braço anos antes. Normalmente, quando pensamos em mexer o braço, os sinais viajam de nosso córtex motor pela medula espinhal, depois pelos nervos periféricos e para as fibras musculares. Com Jan, os sinais registrados do cérebro simplesmente tomavam uma rota diferente, disparando pelos fios conectados a motores, em vez de neurônios conectados a músculos. Com o tempo, Jan melhora o uso do braço, em parte graças ao aprimoramento da tecnologia, em parte porque seu cérebro está se reprogramando para entender como controlar melhor o membro novo — como faria com uma bicicleta invertida, uma prancha de surfe ou o traje mecânico de Ellen Ripley.

Como disse Jan, "Prefiro ter meu cérebro do que minhas pernas".[11] Se você tem o cérebro, pode construir um corpo novo, mas o contrário não pode ser feito.

Hoje em dia, as interfaces cérebro-máquina estão em desenvolvimento ativo para restaurar o movimento de todo o corpo aos paralíticos.[12] O projeto Walk Again é uma colaboração internacional que pretende ajudar paralíticos a recapturarem a mobilidade com um traje da cabeça aos pés que se move de acordo com os comandos do cérebro. Basta pensar no movimento, como Jan faz, e um paralítico pode caminhar. A ideia é implantar cirurgicamente matrizes de alta densidade de microeletrodos em dez áreas diferentes do cérebro do voluntário, permitindo que ele canalize a própria atividade cerebral para assumir o comando de robótica sofisticada.[13]

Em 2016, pesquisadores do Instituto Feinstein, em Nova York, assumiram uma abordagem um tanto diferente. Eles entreouviram o sistema motor para saber quando ele queria mexer músculos, mas em lugar de fornecer as informações a um braço ou traje robótico, colocaram a ativação diretamente nos músculos da pessoa, por meio de um sistema de estimulação elétrica no braço.[14] Um participante pensa em mover o braço, e os sinais (que passaram por uma máquina que aprende algoritmos para saber como interpretar melhor a tempestade de atividade neural) contornam a medula espinhal lesionada e saltam para o estimulador muscular. O braço se move. Participantes paralíticos conseguem fazer diferentes movimentos da mão e do pulso — apanhar objetos, manipulá-los e soltá-los. Eles podem até mover um dedo de cada vez, permitindo-lhes discar um telefone, usar um teclado ou apontar para o futuro.

Se você redirecionar os sinais cerebrais contínuos para controlar um braço robótico, há um defeito: o cérebro não recebe *feedback* sensorial da ponta dos dedos. Quer você esteja apanhando um ovo usando muita ou pouca força, isso só pode ser avaliado olhando para ele, e em geral é tarde demais quando você percebe que não está fazendo corretamente. É como um bebê que balbucia verbalmente usando protetores auriculares.

A solução é fechar o ciclo, e isto pode ser feito disparando padrões de atividade no córtex somatossensorial. Quando o braço robótico toca um alvo, fornece um padrão específico de atividade para áreas somatossensoriais — o equivalente ao tato na ponta dos dedos — e então a pessoa sente como se a mão tivesse tocado uma textura específica. Quando ela toca um segundo alvo, "sente" uma textura diferente. Deste modo, ela estende a mão para tocar o mundo e tem uma sensação plena da interação com ele. A flexibilidade de seu cérebro um dia traduzirá isto em uma percepção plena do braço como sendo da própria pessoa. O cérebro aprende a dirigir melhor seu corpo quando existe um ciclo fechado de *feedback*: não apenas output, mas também input que verifica a interação com o mundo. Por exemplo, quando a bebê bate o braço na grade do berço, ela sente isto, vê e ouve a ação.

Como a maior parte do aprendizado do cérebro acontece neste ciclo, não é de surpreender que os mapas motor e sensorial costumem mudar juntos. Por exemplo, quando macacos são obrigados a alcançar a comida com um rastelo, seus mapas motor e somatossensorial se reorganizam para incluir o tamanho da ferramenta. O rastelo literalmente passa a fazer parte do corpo deles.[15] Os sistemas motor e sensorial não são fundamentalmente independentes, mas atrelam-se em um ciclo ininterrupto de *feedback*.

**Antes do uso
da ferramenta**

**Depois do uso
da ferramenta**

*Quando um macaco usa um rastelo para pegar objetos distantes,
a representação do corpo no cérebro se modifica para abranger
todo o rastelo. A oval mostra a região em que uma sonda
visível pode levar um neurônio sensorial a disparar.*

Vimos que as interfaces cérebro-máquina podem restaurar ou substituir membros danificados. Mas será que podemos usar esta mesma tecnologia para acrescentar um membro?

Em 2008, um macaco com dois braços normais usou os pensamentos para controlar um terceiro braço feito de metal. Pelo uso de uma matriz minúscula de eletrodos implantada no cérebro, ele controlou o braço robótico para pegar marshmallows e colocá-los na boca.[16] O macaco incialmente treinou para isto movendo um cursor em uma tela em direção a um alvo, e era recompensado quando acertava. No início o macaco movia os próprios braços enquanto realizava a tarefa. Mas algo extraordinário aconteceu:

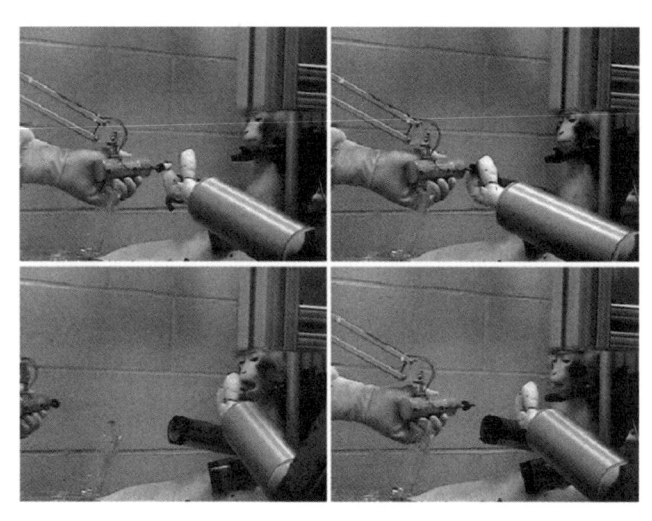

Um macaco usa a atividade cerebral para controlar um braço robótico e levar um marshmallow à boca.

ele parou de mexer os braços e o cursor continuou a se mover sozinho. Seu cérebro tinha se reprogramado para distinguir essas tarefas: alguns neurônios correspondiam ao braço verdadeiro, alguns ao cursor na tela. Por fim, os sinais conseguiram controlar o braço robótico para pegar marshmallows, tudo isso sem nenhum movimento físico dos braços verdadeiros. O macaco tinha conquistado um novo membro.

Parece surpreendente que humanos e macacos consigam deduzir como mover braços robóticos com o pensamento? Não deveria: é o mesmo processo pelo qual seu cérebro aprendeu a controlar seus membros naturais, de carne e osso. Como vimos, seu processo, quando bebê, foi agitar os membros, ou as extensões deles, morder os dedos dos pés, segurar as grades do berço, meter o dedo no próprio olho, virar-se — durante *anos* —, tudo para refinar o controle de sua maquinaria. Seu cérebro enviou comandos, comparou estes com *feedback* do mundo e acabou por aprender as capacidades de seus membros. Seu braço coberto de pele não é diferente do braço robótico prateado e desajeitado do macaco. Simplesmente acontece de ser o equipamento de operação padrão a que você está acostumado, e assim, em geral, você fica cego perante sua grandeza.

Então, embora fazer um braço robótico seja um desafio para os pesquisadores, grande parte do trabalho operacional recai sobre o cérebro do usuário. Como não crescemos com membros de metal, os movimentos da lata turbinada não podem ser intuitivos. Nosso cérebro precisa aprender a controlar o membro, como Jan faz. Metade do trabalho fica do lado dos engenheiros, e a outra metade transparece nas florestas neurais do cérebro do usuário.

O jeito como o macaco aprendeu a usar o braço robótico de forma independente de seus braços verdadeiros traz à mente o Doutor Octopus, que controlava seus membros robóticos enquanto realizava tarefas mais prosaicas com os apêndices de carne e osso, como verter béqueres de substâncias químicas ou dirigir um carro de fuga. Os macacos começaram a dedicar parte do território do cérebro aos braços robóticos, distintos de seus membros naturais. Eles podiam dividir recursos e designá-los a membros diferentes — de carne e osso, ou de metal.

Para Jan e os macacos, os braços robóticos não estavam diretamente ligados aos troncos, mas conectados por um feixe de fios. Mas se você pudesse operar sem fio, tecnicamente o braço não precisaria estar na sala. Será que você pode controlar um robô do outro lado do mundo? Na verdade, isto já foi feito antes.

Alguns anos atrás, o neurocientista Miguel Nicolelis e sua equipe da Universidade Duke conectaram eletrodos a um macaco, e o macaco controlou os padrões de caminhada de um robô do outro lado do planeta, tudo em tempo real. Enquanto o macaco andava em uma esteira, os sinais do seu córtex motor eram registrados, traduzidos em zeros e uns, transmitidos via internet a um laboratório do Japão e fornecidos a um robô ali. Como um *doppelgänger* de metal, o robô de um metro e meio de altura e 100 quilos andou como o macaco andava. Como eles chegaram a esse ponto? Muito trabalho precedeu esta demonstração. Primeiro, o laboratório de Nicolelis treinou o macaco rhesus a andar em uma esteira. Os pesquisadores fizeram registros de sensores nas pernas do macaco para ver como os músculos se movimentavam e registraram centenas de células encefálicas para entender a tradução da atividade neural em contrações musculares. Eles aceleravam e desaceleravam a esteira para compreender como a atividade cerebral se correlacionava com a velocidade dos passos e a extensão das passadas.

Embora nenhum neurônio isolado pudesse lhes dizer grande coisa, ficou claro que neurônios em áreas diferentes do cérebro têm uma relação de tempo específica uns com os outros, e isto permitiu que os pesquisadores começassem a revelar o código multimuscular subjacente ao ato enganosamente complicado de caminhar.[17]

Com esta pesquisa concluída, agora eles podiam registrar a partir do macaco na Carolina do Norte e enviar os comandos motores decodificados em tempo real ao robô em Kyoto. Excluindo-se pequenos atrasos de transmissão e processamento, o macaco e o robô andaram em sincronia.

Depois de terem demonstrado esta prova de princípio, os pesquisadores da Duke pararam a esteira. Mas enquanto o macaco olhava seu avatar na tela, ele *pensava* em andar. E assim o robô no Japão continuou andando. Da mesma forma que Jan imaginou movimentos e o braço os executou, o córtex motor do macaco continuou a sonhar com a caminhada.

No futuro não muito distante, parece inevitável que tenhamos controle mental sobre robôs em fábricas, meios subaquáticos ou na superfície da Lua, tudo do conforto de nossos sofás.[18] Nossos mapas corticais, depois de treinamento extenso, vão incorporar os atuadores e detectores dos robôs: eles serão nossos telemembros e nossos telessentidos. Nossos corpos de carne e osso já se desenvolveram em função das condições de superfície rica em oxigênio deste planeta idiossincrático. Mas o aproveitamento da plasticidade cerebral para criar corpos a longa distância certamente está para mudar nossa principal estratégia de exploração do espaço.

AUTOCONTROLE

Que consequência uma expansão de seu corpo — digamos, um braço robótico ou um avatar de metal do outro lado da cidade — teria para sua experiência consciente? A resposta é que o robô será percebido como parte de você. Como se fosse outro membro. Será um membro incomum, naturalmente — devido à distância física entre você e ele —, mas mesmo assim se qualificará como um membro novo. A única razão para estarmos acostumados a membros conectados é que a Mãe Natureza é uma costureira talentosa com músculos, tendões e nervos — mas ela nunca planejou controlar membros distantes via Bluetooth.[19]

Se os membros extras ou telemembros parecem exóticos, lembre-se de que temos experiência cotidiana com eles. Olhe-se no espelho e mexa o braço. Você verá um objeto distante se mover em perfeita sincronia com seus comandos motores. Embora as crianças na primeira infância fiquem incialmente confusas com imagens especulares, elas passam a entender que os reflexos são elas mesmas. Apesar de não terem nenhuma sensação direta de membros distantes, elas podem perceber que os *controlam*. E isto basta para aqueles membros serem incorporados pela consciência do indivíduo.

Esta concepção do ser é análoga aos Borg de *Star Trek*, que assimilam tudo pelo caminho em sua identidade singular — *menos* aquelas coisas que eles não conseguem controlar, como o incrivelmente imprevisível capitão Picard.

A relação entre identidade e previsibilidade nos permite entender distúrbios como a assomatognosia, que se traduz por "não conhecer o corpo de alguém". Na assomatognosia, devido a danos no lobo parietal direito do cérebro (digamos, por derrame ou tumor), a pessoa não é mais capaz de controlar um membro do corpo. Como consequência espantosa, a paciente negará que o membro lhe pertence e às vezes insistirá que o membro pertence a outra pessoa.[20] Ela atribui o braço, digamos, a uma amiga morta, ou a uma parente, um fantasma, um demônio ou a um dos profissionais médicos que cuidam dela. Explicará que seu próprio membro real foi roubado ou simplesmente desapareceu. Variantes deste distúrbio incluem a interpretação do membro como um animal — talvez uma cobra —, com uma força vital própria e intenções independentes.

As manifestações podem ser variadas e estranhas: uma paciente pode sentir indiferença em relação ao membro que acredita não ser mais dela, ou pode ter delírios com ele, chegando a estranhas conclusões para explicar o que aconteceu, por exemplo, "alguém costurou isto em meu corpo". Outros pacientes podem descrever, sem compaixão nenhuma, seus membros como algo de que não gostam: "Minha perna parece um peso morto." Em uma versão mais perversa deste colapso da identidade, uma paciente pode odiar o membro estranho, xingando-o e batendo nele.[21]

Não existe uma explicação padrão ouro para esse distúrbio. Porém, você não terá dificuldades para deduzir minha interpretação neste livro: o cérebro não consegue mais controlar o membro, então o membro some da fraternidade do Eu.

Às vezes esses pacientes têm uma pequena janela de lucidez em que voltam a reconhecer o membro como deles. Não dura muito tempo. Minha hipótese é de que isto pode ocorrer quando o braço *por acaso* se comporta como eles pretendiam: a previsibilidade acidental. Pode ser a sensação de querer mexer o braço para a barra de chocolate na mesa... e então o braço por acaso se desloca para lá, levando o dono a assumir o crédito pela ação. Dada a experiência de uma vida toda da pessoa de controlar seu braço, não deve surpreender que mesmo uma impressão temporária de controle possa recolocá-lo em alinhamento com o self, ainda que por um momento.

No início dos anos 1970, um tipo diferente de perda de identidade pessoal aconteceu ao neurologista e escritor Oliver Sacks.[22] Enquanto fazia uma trilha na Noruega, ele tomou um susto ao ver um touro no caminho. Desceu atrapalhado pela montanha e na pressa caiu de um pequeno penhasco e deslocou o músculo quadríceps, da perna. Depois de montar uma tala improvisada com o guarda-chuva, ele desceu a montanha com a perna "completamente inútil" até ser encontrado por alguns caçadores de renas. Sacks então passou algum tempo em um hospital, delirante e confuso. Devido ao quadríceps rasgado, ele não conseguia mexer a perna — e tinha certeza absoluta de que ela não era dele. A certa altura pensou que a perna estava esticada na frente dele, mas então descobriu que pendia pela lateral da cama. Ele ficou alarmado:

> Eu não conhecia minha perna. Era inteiramente estranha, não era minha, era desconhecida. Olhei-a com uma absoluta falta de reconhecimento. (...) Quanto mais eu olhava aquele cilindro de gesso, mais estranho e incompreensível me parecia. Eu não a conseguia mais sentir como "minha", como parte de mim. Não parecia ter relação alguma comigo. Era

completamente não-sou-eu — ainda assim, o que é impossível, estava ligada a mim — e ainda mais impossível, tinha "continuidade" comigo. (...) Não havia absolutamente nenhuma sensibilidade... na aparência e nas sensações, era misteriosamente alheia — uma réplica sem vida presa ao meu corpo.

Como podemos entender a experiência de Sacks com a própria perna? Como os Borg e o capitão Picard, o que você pode controlar torna-se o self, e o que não pode controlar não tem relação com você. Devido a sua incapacidade de fazer a perna obedecer a seus comandos, Sacks não sentia que era *dele*. Em vez disso, era apenas um conjunto estranho de bilhões de células: ossos, pele e pelos estranhos que cresciam dali. Todos nós veríamos nosso corpo desse jeito se não pudéssemos dirigi-lo e não tivéssemos sensibilidade nele.

A propósito, desconfio de que este senso de previsibilidade está relacionado ao modo como uma pessoa que você conhece profundamente — digamos, um familiar — passa a ser como uma parte de você. É claro que a espécie humana é complexa demais para ser perfeitamente prevista, e o grau com que seu cônjuge age de forma surpreendente dá a dimensão pela qual ele ou ela permanece independente.

OS BRINQUEDOS SOMOS NÓS

Não é preciso ter uma prótese ou passar por uma cirurgia no cérebro para experimentar corpos novos. O campo de avatar robótico, em desenvolvimento, permite a um usuário controlar um robô de longe, vendo o que ele vê e sentindo o que ele sente. Pense na Shadow Hand, uma das mãos artificiais mais complexas que já existiram. Cada ponta de dedo é equipada com sensores, que enviam os dados a luvas hápticas vestidas pelo usuário. Transmitindo dados pela rede, pode-se controlar uma mão robótica em Londres a partir do Vale do Silício.[23] Outros grupos estão trabalhando em avatares para recuperação de desastres: robôs que são enviados depois de terremotos, ataques terroristas ou incêndios, pilotados por condutores sentados em algum lugar seguro. Ainda não ouvi falar de pessoas usando avatares de corpos estranhos, mas certamente podem fazer isso: assim como o cérebro aprende a esquiar, a usar um trampolim ou um pula-pula, ele pode aprender a interagir com um corpo avatar estranho e maravilhoso.

Embora o avatar robótico vá permitir a um pequeno número de pessoas experimentar corpos ampliados ou estranhos, ele é assustadoramente caro. Por sorte, existe um jeito melhor de experimentar diferentes planos corporais: na realidade virtual. Dentro de um espaço simulado, você pode fazer mudanças imensas em seu plano corporal instantaneamente e de forma barata.

Imagine-se olhando para um espelho em seu mundo de RV. Você levanta o braço e vê seu avatar virtual no espelho levantar o braço. Você vira o pescoço e o avatar vira o pescoço. Agora imagine que o avatar não tem seu rosto, mas o de uma etíope, de um norueguês ou de um menino paquistanês, ou de uma avó coreana. Pelos motivos que acabamos de ver sobre como o cérebro determina a identidade pessoal (*se eu posso controlar o que ele faz, sou eu*), só precisamos de alguns minutos de desfile na frente do espelho para nos convencermos de que agora habitamos um corpo diferente. Você pode então andar pelo mundo virtual como uma pessoa diferente, experimentando a vida por intermédio de uma identidade diferente. A identidade pessoal é surpreendentemente flexível. Os pesquisadores estiveram estudando nos últimos anos como assumir o rosto de uma pessoa diferente pode aumentar a empatia.[24]

Mas assumir um novo rosto é só o começo. No final dos anos 1980, devido a um acidente de codificação, começou o estudo em RV de corpos incomuns. Um cientista estava habitando o avatar de um estivador quando, por acidente, um programador fez com que seu braço ficasse imenso (com o tamanho aproximado de um guindaste de obras), inserindo muitos zeros no fator da escala. Para surpresa de todos, o cientista, ainda assim, conseguia entender como podia operar com precisão e eficiência este megabraço.[25] Isto levou pensadores a se perguntarem que tipos de corpos podem ser ocupados. Os pioneiros da realidade virtual Jaron Lanier e Ann Lasko fizeram uma experiência em que as pessoas habitaram os corpos de lagostas de oito pernas. Seus dois braços controlavam as duas primeiras pernas da lagosta, e os programadores experimentaram vários algoritmos (complicados) para controlar as outras pernas. Foi trabalho árduo controlar as oito pernas da lagosta, mas aparentemente algumas pessoas conseguiram fazer acontecer. Lanier cunhou a expressão "flexibilidade homuncular", apontando para a elasticidade surpreendente da representação de seu corpo no cérebro.

Alguns anos depois, o pesquisador de Stanford Jeremy Baileson e colaboradores passaram a testar mais cientificamente a flexibilidade homuncular. Perguntaram se as pessoas podiam aprender a controlar com precisão um terceiro braço em realidade virtual.[26] Quando você coloca óculos de realidade virtual e os dois controles na mão, pode ver os próprios braços no espaço virtual e vê um braço a mais também, estendendo-se do meio de seu peito. A tarefa é simples: tocar uma caixa assim que ela mudar de cor. Mas são muitas caixas e, para se sair bem, você precisa empregar os três braços. Os dois primeiros braços virtuais são controlados simplesmente por seus próprios braços; o terceiro braço é controlado por uma rotação dos pulsos. Em três minutos, os usuários pegaram o jeito: conseguiram se ajustar ao novo plano corporal, medido pelo desempenho na tarefa.

Não existem limites de corpos e estruturas a explorar: imagine descobrir um rabo virtual se projetando de seu cóccix, controlado com precisão pelo movimento do quadril.[27] Ou ficar do tamanho de uma bola de golfe, ou do tamanho de um prédio, ou ter seis dedos, ou tornar-se uma mosca com asas. Ou, como o Doutor Octopus, transformar-se em um homem-polvo.

Ao combinarmos a flexibilidade do cérebro com a criatividade crescente do mundo de projetos de realidade virtual, estamos entrando em uma era em que nossas identidades virtuais não estarão mais limitadas aos corpos com que por acaso evoluímos. Em vez disso, agora podemos acelerar a evolução — de eras a horas. Podemos explorar corpos com que a Mãe Natureza nem sonhava, fazendo avatares virtuais reais do ponto de vista neural.

E uma possibilidade interessante é que mudar seu corpo pode mudar sua mente. Um estudo concluiu que universitários que usam avatares de idosos têm uma probabilidade maior de guardar dinheiro em contas de poupança, que homens que assumem um avatar feminino comportam-se de uma maneira mais carinhosa, e que é mais provável que as pessoas que testemunham seus avatares exercitando-se passem a se exercitar depois disto.[28] (No mundo da ficção, uma mudança corporal como esta foi proposta para sustentar a vileza do Doutor Octopus: a ideia era que o novo circuito, exigindo a acomodação de quatro membros a mais, tenha mudado seu pensamento.)[29] Em outras palavras, quem somos depende de como todo o cérebro é conectado. Ajuste o corpo e você pode ajustar a pessoa.

Como um exemplo da vida real, pensemos no metalúrgico Nigel Ackland, que perdeu o braço em um acidente industrial. Ele ficou um trapo, física e emocionalmente, mas teve um belo braço biônico instalado ao corpo.[30] Seu cérebro envia comandos aos nervos e músculos restantes e estes sinais são interpretados para mover a mão suavemente em mais de uma dúzia de movimentos. Mas temos um problema: peça a Nigel para virar o pulso. Ele levantará o braço e rotacionará a mão... e continuará girando, vezes sem conta, em torno de seu eixo. Ela continuará a se virar como um pião, lentamente, sempre que quiser. Nigel tem um corpo melhor do que o seu, e o que quero dizer com isso é que ele possui um corpo com menos restrições. Quando os bioengenheiros fizeram sua mão, perceberam que não existia nenhum benefício específico em se ater aos ligamentos e tendões que restringem e limitam nossos movimentos. Presumivelmente, Nigel pode ter pensamentos que nós não podemos ter. Como "mantenha minha mão girando". Ou "instale uma lâmpada em um único movimento".

UM CÉREBRO, PLANOS CORPORAIS INFINITOS

Como vimos com Matt, o arqueiro, ou Faith, a cadela, o cérebro se adapta para dirigir o corpo em que se encontra. E como o braço robótico de Jan e o alimentador de marshmallow do macaco, o cérebro também deduz como operar novos acréscimos de hardware. As redes no crânio realizam este truque emitindo comandos motores (*incline-se para a esquerda*), avaliando o *feedback* (*skate vira e oscila*), depois ajustando os parâmetros para subir a montanha da perícia.

Será que o cérebro pode se adaptar a qualquer mundo ou qualquer plano corporal? Daqui a algumas centenas de anos, provavelmente veremos bebês humanos nascidos na Lua ou em Marte. Eles crescerão com diferentes restrições de gravidade. Por conseguinte, seus corpos provavelmente se desenvolverão de uma forma diferente, e eles farão uso de diferentes tipos de extensões corporais. Os neurocientistas no futuro distante estudarão questões sobre seus corpos e o desenvolvimento cerebral, e também perguntarão se os bebês serão consequentemente diferentes de outras formas, como na memória, na cognição ou na experiência da consciência.

Pense no que significará para nossas indústrias quando aprendermos os princípios do *livewiring*. Pense nas vantagens se um fabricante de veículos puder projetar um motor uma vez e colocá-lo em qualquer modelo (aparador de grama, triciclo, caminhão, espaçonave) com o pressuposto de que o motor se adaptará para dirigir de forma ideal aquele dispositivo. E imagine se a revenda puder colocar novas características no carro — como barbatanas ou pernas retráteis — e deixar que o veículo deduza como tirar proveito delas.

Estamos entrando na era biônica, em que as pessoas podem desfrutar de equipamentos melhores e com maior durabilidade do que esses robôs de carne e osso com os quais chegamos ao mundo. Quando formos estudados por descendentes irreconhecíveis daqui a um milhão de anos, talvez este momento de nossa história venha ser compreendido como a primeira vez que saímos do arrastar lento de nosso desenvolvimento e começamos a conduzir o futuro de nosso corpo. A vida biônica se tornará cada vez mais comum. Quando as pernas de nossos tataranetos pararem de funcionar, eles não vão aceitar sem discutir; quando os braços forem amputados, eles não aceitarão esmolas. Em vez disso, vão equipar o corpo com membros artificiais, sabendo que o cérebro vai deduzir como controlá-los. Os paraplégicos dançarão em seus trajes de exoesqueleto controlados pelo pensamento.[31]

E, além de restaurar funções perdidas, eles estenderão suas capacidades motoras para além de nossas restrições biológicas tradicionais. Nos séculos futuros, a história do Doutor Octopus de oito braços vai parecer tão peculiar aos leitores como o devaneio de ficção científica de Júlio Verne de que o homem seria capaz de atravessar o oceano Atlântico em menos de um dia. Nossa progênie não terá de se limitar às fronteiras de seus corpos; ela poderá se estender pelo universo de acordo com o que estiver sob seu controle.

6

POR QUE É IMPORTANTE SE IMPORTAR

László Polgár tem três filhas. Ele adora xadrez e ama as filhas, então deu início a uma pequena experiência: em casa, ele e a esposa ensinaram várias matérias às filhas e as treinaram rigorosamente no xadrez. Diariamente, elas pulavam e movimentavam as peças sortidas no tabuleiro de 64 quadrados.

Quando a filha mais velha, Susan, fez quinze anos, tornou-se a jogadora de xadrez de melhor classificação no mundo. Em 1986, classificou-se para o Campeonato Mundial masculino — uma realização inédita para uma mulher — e cinco anos depois tinha conquistado o título de Grande Mestre no masculino, quebrando uma barreira de gênero no esporte.

Em 1989, no meio das realizações impressionantes de Susan, a irmã do meio, de catorze anos, Sofia, alcançou a fama por seu "Saque de Roma" — a vitória impressionante em um torneio na Itália que a classificou como uma das mais fortes enxadristas na história para uma garota de catorze anos. Sofia depois tornou-se Mestre Internacional e Grande Mestre feminina.

E depois teve a filha mais nova, Judit, que é amplamente considerada a melhor jogadora de xadrez da história. Ela conseguiu o status de Grande Mestre na tenra idade de quinze anos e quatro meses e ainda é a única mulher na Federação Mundial de Xadrez na lista dos cem maiores jogadores. Por algum tempo, ocupou uma posição entre os dez maiores.

Qual a razão do sucesso das três?

Os pais defendiam a filosofia de que os gênios são criados, não nascem gênios.[1] Eles treinaram as meninas diariamente. Não as expuseram ao xadrez, apenas; eles as alimentavam com xadrez. As meninas recebiam abraços, olhares severos, aprovação e atenção com base no desempenho no xadrez. Por conseguinte, seus cérebros passaram a ter grande parte dos circuitos dedicados ao xadrez.

Vimos como o cérebro se reorganiza em resposta aos inputs, mas o fato é que nem todas as informações que correm pelas nossas vias são igualmente importantes. A forma como o cérebro se adapta tem tudo a ver com a atividade a que você se dedica.[2] Se você decide fazer uma mudança de carreira para a ornitologia, mais de seus recursos neurais passarão a se dedicar ao aprendizado das diferenças sutis entre as aves (formato da asa, coloração do peito, tamanho do bico), enquanto antes a sua representação neural das aves pode ter sido mais rudimentar (*isso é um pássaro ou um avião?*).

OS CÓRTICES MOTORES DE PERLMAN E ASHKENAZY

Conta-se uma história sobre o violinista Itzhak Perlman. Depois de um de seus concertos, um admirador lhe disse, "Eu daria a vida para tocar assim".

Ao que Perlman respondeu: "Eu dei a minha."[3]

Toda manhã, Perlman se arrasta para fora da cama às 5h15. Depois de um banho e do desjejum, começa a prática matinal de quatro horas e meia. Almoça e faz uma sessão de exercícios, depois parte para a prática da tarde por mais quatro horas e meia.

Ele faz isso todos os dias do ano, menos nos dias de concertos, quando só faz a sessão matinal de prática.

Os circuitos do cérebro passam a refletir o que você faz, assim o córtex de um músico altamente treinado se metamorfoseia em algo imensuravelmente diferente — de um jeito que você pode ver em exames de imagem do cérebro, mesmo com o olho destreinado. Se você der uma atenção a mais à região do córtex motor envolvida no movimento da mão, encontrará algo incrível: os músicos têm um franzido no seu córtex que está ausente em não músicos, com a forma aproximada a da letra grega ômega (Ω).[4] Os milhares de horas de prática no instrumento moldam fisicamente o cérebro dos músicos.

Instrumentista de cordas

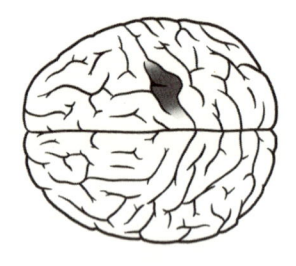

Pianista

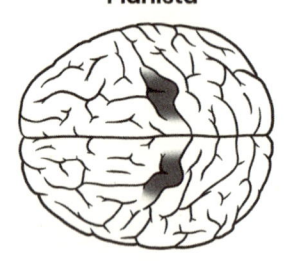

As diferenças entre músicos de violino e piano podem ser discernidas simplesmente olhando-se o córtex motor.

E as descobertas não terminam aí. Perlman, o violinista, e Vladimir Ashkenazy, o pianista, compartilham de uma profunda dedicação ao ofício, incontáveis horas de prática e um cronograma de viagens extenuante — ainda assim seus cérebros são tão diferentes que você pode facilmente discernir que cérebro pertence a quem. Músicos de instrumentos de cordas como Perlman mostram o sinal ômega principalmente em um hemisfério, porque os dedos da mão esquerda fazem todo o trabalho detalhado, enquanto a mão direita simplesmente move o arco nas cordas. Já um pianista como Ashkenazy mostra um sinal ômega nos dois hemisférios, porque as duas mãos realizam padrões meticulosos nas teclas de marfim. Simplesmente olhando o córtex motor, podemos saber que tipo de músico está em nosso scanner.

E podemos ler ainda mais da reorganização do cérebro: ela representa não só que uma das mãos está fazendo *menos* ou *mais*, como às vezes *o que* está fazendo. Digamos que você consiga um emprego em uma linha de montagem e seja designado aleatoriamente a uma entre duas tarefas: ou colocar pequenas bolas de gude em potes, ou fechar a tampa do pote. As duas tarefas usam a mão direita, mas a primeira requer o bom uso da ponta dos dedos, enquanto a segunda faz uso de seu pulso e do braço. Se você encher o pote, a representação cortical de seus dedos aumentará à custa dos pulsos e dos braços. Se você fechar a tampa, acontecerá o contrário.[5]

Assim, o que você faz repetidas vezes passa a ser refletido na estrutura do cérebro. E estas mudanças envolvem muito mais do que o córtex motor. Por exemplo, se você passar meses aprendendo a ler em braile, aumentará a parte de seu córtex que representa o tato do dedo indicador.[6] Se você aprende malabarismo quando adulto, as áreas visuais do cérebro aumentam.[7] O cérebro reflete não apenas o mundo, porém mais especificamente o *seu* mundo.

E é isto que está por trás de ser bom em alguma coisa. Tenistas profissionais como Serena e Venus Williams passaram anos de treinamento para que os movimentos certos surgissem automaticamente no calor de uma partida: passo, giro, backhand, ataque, recuo, pontaria, smash.[8] Elas treinam milhares de horas para gravar os movimentos no circuito inconsciente do cérebro; se tentassem jogar uma partida só com a cognição de alto nível, haveria pouca possibilidade de vencer. Suas vitórias surgem da elaboração do cérebro como maquinaria supertreinada.

Talvez você tenha ouvido falar da regra das dez mil horas, que sugere que você precisa praticar uma habilidade por esse número de horas para se tornar especialista — seja em surfe, espeleologia ou saxofone. Embora seja impossível quantificar o número exato de horas, a ideia geral está certa: você precisa de uma quantidade imensa de repetições para cavar os mapas do metrô do cérebro. Lembra-se de Destin Sandlin e a bicicleta com o guidom invertido? Embora ele cognitivamente soubesse como a bicicleta funcionava, isto foi insuficiente para andar nela. Ele precisou investir semanas de treino. Da mesma forma, lembre-se dos macacos que foram obrigados a alcançar a comida com um rastelo. Contei-lhe que os mapas corporais deles se reorganizaram para incluir o tamanho da ferramenta: o rastelo passou a fazer parte de seu plano corporal.[9] O que eu não lhe contei ali é que esta reorganização só funciona quando o macaco usa *ativamente* o rastelo. Se o macaco o segura passivamente, nenhuma reorganização cerebral ocorre. O cérebro precisa praticar repetidamente com a ferramenta, não simplesmente segurá-la. Daí a regra das dez mil horas.

Os efeitos neurais da prática intensa não se aplicam apenas aos outputs motores, como tocar violino, bater uma raquete de tênis ou manipular um rastelo. Eles também se aplicam aos inputs. Quando alunos de medicina estudam para as provas finais durante três meses, o volume da massa cinzenta no cérebro muda tanto que pode ser visto em exames de imagem do cérebro, a olho nu.[10] Mudanças semelhantes acontecem quando adultos aprendem a ler de trás para frente em um espelho.[11] E as áreas do cérebro envolvidas na navegação espacial são visivelmente diferentes nos taxistas londrinos em relação ao resto da população. Em cada hemisfério, os taxistas têm uma região ampliada do hipocampo, a região envolvida nos mapas internos do mundo.[12] O que consome seu tempo muda seu cérebro. Você é mais do que o que come; torna-se a informação que digere.

E foi assim que as irmãs Polgár conseguiram desabrochar como campeãs mundiais de xadrez. Não se deve a alguns códigos genéticos para a habilidade no xadrez; é porque elas praticaram sem parar, entalhando vias no cérebro para codificar os poderes e padrões de cavalos, torres, bispos, peões, reis e rainhas.

Assim, o cérebro passa a refletir seu mundo. Mas como?

MODELANDO A PAISAGEM

Recentemente vi um meme na internet: a imagem de um cérebro humano com um título que dizia, "Ei, acho que seu telefone acaba de vibrar no seu bolso". Embaixo, completava, "Brincadeirinha, seu telefone nem está em seu bolso, idiota".

A vibração fantasma do celular é uma ameaça exclusiva do século XXI. Acontece devido a um momentâneo espasmo, tremor, sacudida ou toque em sua perna. Como a frequência e a duração da sensação é vagamente parecida com a produzida pelo celular, seu cérebro decidirá em seu nome que alguém interessante está tentando se comunicar com você. Trinta anos atrás, se você notasse um movimento na perna, teria interpretado a sensação como uma mosca pousada em você, ou um movimento de sua roupa, ou alguém roçando em você por acaso.

Por que a interpretação difere de uma geração para a seguinte? Porque seu celular agora serve como a explicação ideal para uma gama de comichões.

Para entender o que está acontecendo no cérebro, pense em uma paisagem montanhosa. Quando uma gota de chuva cai, ela não precisa cair diretamente na água para que acabe num lago;

em vez disso, só precisa bater nas encostas das montanhas que cercam o lago. Quer ela caia no declive norte ou sul, quer caia no declive leste ou oeste, escorregará para o lago. Da mesma forma, a sensação em sua coxa não precisa ser de um telefone vibrando. Pode ser uma leve mudança na calça jeans, ou uma contração do músculo da coxa, ou uma coceira, ou ter roçado no sofá. Se a sensação é próxima, os sinais descem pela paisagem a sua conclusão: é uma mensagem importante que você precisa verificar já. A paisagem é formada pelo que é importante em seu mundo.

Pense em como interpretamos os sons da linguagem. Parece natural que você consiga entender os sons de sua língua natal, enquanto as línguas estrangeiras em geral têm sons irritantes de tão próximos, mas que você não consegue ouvir as diferenças. Mas por quê? Por acaso, existe algo diferente nos cérebros das pessoas que falam essas línguas.

Mas elas não nasceram assim, e nem você.

Se você olhar o espaço de todos os sons possíveis que a espécie humana pode fazer com a boca, verá que forma um *continuum* relativamente suave. Apesar disto, você aprende pela experiência que sons específicos significam a mesma coisa quando são pronunciados por seu pai, sua babá, ou seu professor: seu cérebro deduz que um "*iiii*" arrastado ou um "*i*" cortado pertencem à categoria *I*. O mesmo acontece com um "*aeee*" de seu amigo texano, ou um "*oy*" de seu amigo australiano. A experiência lhe ensina que todos os falantes pretendem soltar o mesmo som, apesar da pronúncia, e assim suas redes neurais esculpem uma paisagem em que todos esses sons descem a montanha para a mesma intepretação.

Em vales vizinhos, você reúne sons que são equivalentes a *A,* ou *I* ou *O*, e assim por diante. Com o tempo, sua paisagem parece diferente daquela de alguém que foi criado em outra língua e que precisa distinguir o *continuum* suave de sons de forma diferente de você.

Pense, por exemplo em um bebê nascido no Japão (vamos chamá-lo de Hayato) e um bebê nascido nos Estados Unidos (que chamaremos de William). Do ponto de vista de seus cérebros, não existem diferenças entre eles. Mas, em Osaka, Hayato ouve japonês em toda sua volta desde que nasceu. Em Palo Alto, William ouve os tons do inglês, onde sons diferentes transmitem significado. Um exemplo do que os dois bebês ouvem de forma diferente está na distinção entre os sons de R e L. No inglês, eles transmitem informação (*right* e *light*, *raw* e *law*), mas em japonês não existe distinção entre os dois sons. Por conseguinte, a paisagem interna de William constrói uma cadeia montanhosa entre sua interpretação do R e do L, de tal modo que a diferença entre estes dois sons é nítida da perspectiva perceptiva. No cérebro de Hayato, a paisagem se desenvolve em um vale, de tal modo que R e L fluem para interpretações idênticas: assim, Hayato não consegue ouvir a diferença entre estes dois sons.[13]

Evidentemente, os cérebros das crianças não nascem assim: se a mãe grávida de William tivesse se mudado para Osaka e a mãe grávida de Hayato se mudasse para Palo Alto, os meninos não teriam problemas para se tornarem oradores e ouvintes fluentes em sua nova língua. Ao contrário de um problema genético, as paisagens neurais foram esculpidas pelo que era relevante no ambiente imediato.

A modelagem acontece bem cedo, muito antes até de Hayato ou William aprenderem a falar. Isto pode ser demonstrado observando-se o comportamento de sucção de um bebê quando há uma mudança repentina no som. Por exemplo, faça um R contínuo, depois de repente mude para o som do L: RRRRLLLL. Os bebês, por acaso, vão chupar o mamilo mais rapidamente quando detectam uma mudança no som — assim, aos seis meses, Hayato e William sugarão mais rápido quando o R mudar para o L. Aos 12 meses, porém, Hayato para de detectar a mudança. R e L soam iguais para ele, os dois sons descem para o mesmo vale. O cérebro de Hayato perdeu a capacidade de distingui-los, enquanto o cérebro de William, tendo ouvido passivamente os pais falarem dezenas de milhares de palavras em inglês, aprendeu que existe informação transmitida na diferença entre os sons. O cérebro de Hayato, enquanto isso, pegou outras distinções sonoras, que para William são indistinguíveis. Assim, o sistema auditivo começa universalmente, depois se conecta para maximizar as distinções singulares de sua língua, dependendo de onde no planeta você, por acaso, colocou a cabeça para fora do útero.

Da mesma forma, a vibração do celular não é algo que você já nasceu detectando; sua alta relevância modela a paisagem neural de tal modo que você tem uma ampla recepção para sensações vizinhas. Como Hayato com seu *R* e *L*, você combina contorções, vibrações e tremores em uma única interpretação do que acontece.

Pelo que vimos até agora, podemos pensar que a prática ou a exposição repetitiva é a chave para a moldagem dos circuitos em seu cérebro. Mas, na realidade, existe um princípio mais profundo em operação.

TENAZ

> *De quantos psiquiatras você precisa para trocar uma lâmpada?*
> *Só um. Mas é preciso que a lâmpada queira ser trocada.*

Voltemos a Faith, a cadela de duas pernas que conhecemos no capítulo anterior. Àquela altura, contei sua história como se o cérebro de Faith tivesse deduzido por mágica seu plano corporal incomum. Mas agora podemos cavar um pouco mais fundo em busca do osso escondido. Existia algo especial em Faith? Qualquer cachorro teria conseguido isso: e se podem, por que nem todos os cães andam como bípedes?

Os mapas reescritos de Faith tratam da relevância para sua vida. Seu cérebro foi modelado por seus objetivos. Faith precisava chegar ao alimento. Isso exigiu uma solução. Não seria a mesma a ser usada pelos irmãos de quatro patas, nem seria encontrada em entregas por drone ou por algum serviço delivery. Ela teve de calcular uma nova solução. Seu cérebro tentou várias estratégias até descobrir uma que funcionava: equilibrar-se nas duas pernas traseiras e arremeter para frente um passo depois de outro. Isto lhe permitiu chegar ao que precisava e depois de um tempo ela ficou muito boa neste método de locomoção. Na ausência da descoberta de uma resposta a seu desafio, ela teria morrido de fome. O impulso pela sobrevivência permitiu que o circuito flexível do cérebro testasse muitas hipóteses e resolvesse o problema, conseguindo-lhe sustento, abrigo e o carinho dos entes queridos.

Os objetivos de um cérebro têm um papel fundamental para determinar a forma como e o momento em que ele muda. Para as irmãs Polgár, Itzhak Perlman ou Vladimir Ashkenazy, alcançar a perícia dependia de um *desejo* de alcançar a perícia. Imagine por um momento que Serena e Venus Williams tivessem um irmão quase igualmente bom, Fred, e que os pais tivessem colocado uma raquete de tênis em suas mãos e o obrigassem a passar por todos os anos de treino no tênis. Imagine que ele achasse o tênis repugnante. Ele nunca recebeu *feedback* positivo dos colegas de turma sobre seu desempenho, nem ganhou nenhum torneio, nem as irmãs mais velhas o encheram de elogios. O resultado de todo aquele treino? Nada. O cérebro de Fred mostraria pouca reorganização. Embora seu corpo soubesse executar os movimentos, eles estariam desalinhados com os incentivos internos.

Isto é demonstrado facilmente em laboratório. Imagine um experimento em que alguém bate em código Morse em seu pé, enquanto outra pessoa, separadamente, toca uma sequência de sons. Se você puder ganhar dinheiro para decodificar as mensagens no pé, as regiões cerebrais envolvidas no tato daquela parte do corpo (no córtex somatossensorial) desenvolverão uma resolução mais alta. Porém, as regiões envolvidas na audição (no córtex auditivo) *não* mudarão, embora esta área do cérebro também esteja recebendo estímulo. Agora imagine a tarefa contrária: responder a perguntas sobre diferenças sutis entre os sons garante dinheiro, enquanto prestar atenção às batidas não rende nada. Agora seu córtex auditivo se modificará, mas o sistema somatossensorial, não.[14] Os inputs do mundo são exatamente os mesmos nos dois casos, mas o que muda depende da recompensa que recebe.

É por isso que Fred Williams não fica melhor na quadra: ele não extrai recompensa nenhuma disto. No cérebro dele, como no seu, os mapas presentes do território neural refletem as estratégias que lhe granjeiam *feedback* positivo.

Tal compreensão abre novas vias para a recuperação de danos cerebrais. Imagine que uma amiga sofre um derrame que prejudica parte do córtex motor, e, por conseguinte, um dos braços torna-se quase totalmente paralisado. Depois de tentar muitas vezes usar o braço enfraquecido, ela fica frustrada e usa o braço saudável para realizar todas as tarefas necessárias na rotina cotidiana. Este é o cenário típico, e seu braço fraco só fica mais fraco.

As lições de *livewiring* propõem uma solução contraditória conhecida como terapia de restrição: amarre o braço *saudável* para que ele não possa ser usado. Isto a obriga a empregar o braço fraco. Este método simples retreina o córtex danificado pelo uso forçado do braço ruim — e por tirar proveito inteligentemente dos mecanismos neurais que subjazem ao desejo e à recompensa. Afinal, ela tem motivação inerente para levar o sanduíche à boca e para realizar todos os outros atos que sustentam uma vida digna e autossuficiente. Embora a terapia de restrição seja frustrante no começo, a abordagem se mostra o melhor remédio: obriga o cérebro a tentar novas estratégias e as recompensas se fixam nos métodos que funcionam.

Lembra os macacos de Silver Spring, cujos mapas corporais mudaram? A ideia da terapia de restrição veio desta pesquisa. Os nervos do braço estavam prejudicados em cada macaco e o pesquisador Edward Taub começou a pensar se os macacos tinham parado de usar o braço ruim simplesmente porque o braço bom era melhor para realizar as tarefas. Assim, Taub pôs isto à prova amarrando o braço bom em uma tipoia, de tal modo que não pudesse ser usado. Agora o macaco tinha um problema. Um braço tinha um nervo seccionado e o outro estava atado. Se quisesse comer, só tinha uma opção: começar a usar o braço fraco. E foi o que ele fez. Parecia paradoxal que a solução para a moléstia do macaco fosse piorar as coisas, mas foi exatamente o que ajudou no problema.[15]

Então, voltemos a Faith, a cadela. Todos os cães são capazes de andar nas pernas traseiras: claro. Mas a maioria dos cães nunca teve motivo ou motivação para tentar, e certamente nenhuma razão para dominar isto. E é por isso que Faith ficou famosa: não porque é a única cadela que *consegue* fazer isso, mas porque foi a única que fez acontecer. Da mesma forma, lembre-se das pessoas cegas usando ecolocalização. Acontece que as pessoas com visão perfeitamente normal também podem aprender a se ecolocalizar.[16] Mas a maioria das pessoas com visão normal simplesmente têm motivações insuficientes para dedicar horas à redefinição de seu território neural.

A recompensa é um jeito poderoso de reequipar o cérebro, mas felizmente seu cérebro não precisa de biscoitos ou dinheiro para cada modificação. De modo mais genérico, a mudança está ligada a qualquer coisa que seja relevante para seus objetivos. Se você está no extremo norte e precisa aprender sobre pesca no gelo e diferentes tipos de neve, é isto que seu cérebro passará a codificar. Por outro lado, se você é equatoriano e precisa descobrir que cobras precisa evitar e que cogumelos pode comer, seu cérebro dedicará recursos a isto. Usando a relevância como sua estrela

Polar, o cérebro capta de forma flexível detalhes importantes. Seus bilhões de neurônios servem como uma tela colossal para pintar o mundo em que nos encontramos, e com isso desenvolvemos perícia no que tem relevância para nós, seja basquete, teatro, badminton, clássicos gregos, *cliff jumping*, videogames, danças coreografadas ou fabricação de vinhos. Quando a tarefa está mais ou menos alinhada com nossos objetivos maiores, nosso circuito cerebral passa a refleti-los.

Por analogia, pense em como os governos continuamente se autoprojetam. Em resposta aos ataques do 11 de Setembro de 2001, o governo dos Estados Unidos alterou sua estrutura. Criou o Departamento de Segurança Interna, absorvendo e reestruturando 22 agências já existentes. Da mesma forma, a fervilhante Guerra Fria deu início a uma grande mudança em 1947, gerando a Agência de Inteligência Central, a CIA.[17] De mil maneiras menores, um governo espelha sutilmente os objetivos de uma nação e os eventos de seu mundo. Orçamentos crescem e encolhem para fazer eco às prioridades. Quando ameaças externas se agigantam, o bolso militar aumenta; quando se seguem tempos de paz, ganham as iniciativas sociais. Como os cérebros, as nações reagem a situações voláteis mudando os recursos e desenhando os organogramas para atender aos desafios que enfrentam.

PERMITINDO QUE O TERRITÓRIO MUDE

Como o cérebro sabe quando algo importante aconteceu e que ele deve mudar seus circuitos?

Uma estratégia é se voltar para a plasticidade quando os acontecimentos no mundo estão correlacionados. Isto é, codifique só aquelas coisas que ocorrem simultaneamente, como ver uma vaca e ouvir um mugido. Deste modo, eventos relacionados passam a ser ligados no tecido. A mudança lenta é importante aqui, porque às vezes as associações são falaciosas. Por exemplo, você pode ver uma vaca, mas ouvir o latido de um cachorro não relacionado. O cérebro será mal aconselhado a guardar permanentemente toda ocorrência simultânea acidental, assim sua solução é mudar a passo de lesma, um pouquinho de cada vez. Deste modo, ele pode codificar apenas aquelas coisas que coincidem comumente. As combinações verdadeiras se distinguem do ruído, ocorrendo juntas inúmeras vezes.

Mas apesar da sensatez da mudança lenta e firme, extrair médias não reflete a história toda. Pense em um aprendizado de uma única tentativa, em que você toca um forno quente e aprende a não repetir o gesto. Existem mecanismos de emergência para garantir que acontecimentos que ameaçam a vida ou uma parte do corpo sejam permanentemente retidos. Mas a história do aprendizado único vai mais fundo que isto. Pense em quando você era jovem e sua tia lhe ensinou uma palavra nova (*Isto se chama romã*). Você não precisava saber disto em uma situação emergencial, nem sua tia precisou fazer a associação cem vezes. Ela calmamente lhe disse isso uma vez e você entendeu. Por quê? Porque foi notável para você. Você amava sua tia e obteve benefício social ao conhecer uma palavra nova e ser capaz de pedir a fruta. Isto é aprendizado único, não devido a uma ameaça, mas por causa da relevância.

Dentro do cérebro, esta relevância é expressa pelos sistemas de amplo alcance que liberam substâncias químicas chamadas neuromoduladores.[18] Pela liberação com alta especificidade, essas substâncias permitem que as mudanças aconteçam apenas em lugares e momentos específicos em vez de em toda parte e a todo momento.[19] Um mensageiro químico especialmente importante se chama acetilcolina. Os neurônios que liberam acetilcolina são impelidos por recompensa e punição. São ativos quando um animal está aprendendo uma tarefa e precisa fazer mudanças, mas não quando a tarefa está bem estabelecida.[20]

A presença de acetilcolina em determinada área do cérebro diz a ele para mudar, mas não diz *como* mudar. Em outras palavras, quando os neurônios colinérgicos (aqueles que secretam acetilcolina) são ativos, simplesmente aumentam a plasticidade nas áreas-alvo. Quando são inativos, existe pouca ou nenhuma plasticidade.[21]

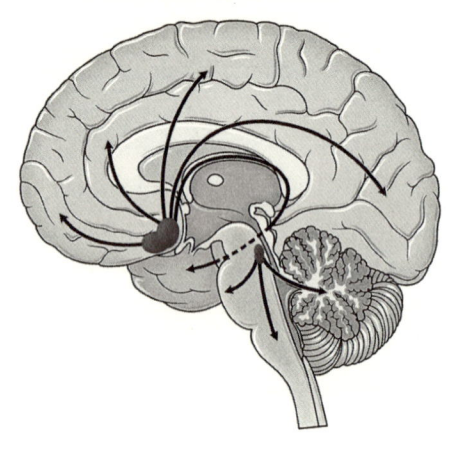

A acetilcolina tem amplo alcance, mas tende a ser liberada em locais muito específicos. Isto permite a reconfiguração em algumas áreas e não em outras.

Eis um exemplo. Imagine que toco uma determinada nota ao piano para você — digamos, fá sustenido. A nota incita atividade em seu córtex auditivo, mas não muda nada sobre quanto território é dedicado ao fá sustenido. Por que não? Porque a nota não significa nada em particular para você. Agora digamos que sempre que eu tocar a nota, dou a você um cookie com gotas de chocolate. Neste caso, a nota acumula um significado — e o território dedicado ao fá sustenido se expande. Seu cérebro atribui mais terreno a esta frequência, porque a presença da recompensa indicou que devia ser importante.

Agora digamos que eu não tenha nenhum cookie disponível. Então, em lugar de lhe dar a guloseima, toco o fá sustenido no mesmo momento em que estimulo neurônios em sua cabeça que liberam acetilcolina. A representação cortical para este tom se expande, exatamente como aconteceu com os cookies.[22] Seu cérebro aloca mais terreno a esta frequência, porque a presença de acetilcolina indica que deve ser importante.

A acetilcolina se difunde amplamente pelo cérebro, por conseguinte, pode incitar mudanças com qualquer tipo de estímulo relevante, seja uma nota musical, uma textura ou um elogio verbal. É um mecanismo universal para dizer *isto é importante — fique melhor na detecção disto*.[23] Ela marca a relevância pelo aumento no território.

E as mudanças no território neural mapeiam seu desempenho. Isto foi demonstrado originalmente em estudos com ratos. Dois grupos desses animais foram treinados em uma tarefa complicada de pegar cubos de açúcar através de uma fenda pequena e alta. Em um grupo, a liberação de acetilcolina foi bloqueada por drogas. Nos ratos normais, duas semanas de prática levaram a um aumento na velocidade e na habilidade, e um aumento correspondente na região cerebral dedicada ao movimento da pata dianteira. Nos ratos sem liberação de acetilcolina, a área cortical não cresceu e a precisão para alcançar o cubo de açúcar nunca melhorou.[24] Assim, a base da melhora no comportamento não é simplesmente o desempenho repetido de uma tarefa; também requer que os sistemas neurorregulatórios codifiquem a relevância. Sem acetilcolina, as dez mil horas são uma perda de tempo.

Lembre-se de Fred Williams que (ao contrário de Serena e Venus) odeia o tênis. Por que seu cérebro não muda, apesar do mesmo número de horas de treino? Porque os sistemas neuromoduladores não se envolveram. Enquanto ele treina backhands sem parar, é como os ratos pegando os cubos sem a acetilcolina.

Os neurônios colinérgicos estendem-se amplamente pelo cérebro, então, quando esses neurônios começam a tagarelar, por que isso não se transforma em plasticidade em toda parte que alcançam, levando a amplas mudanças neurais? A resposta é que a liberação de acetilcolina (e seu efeito) é modulada por outros neuromoduladores. Embora a acetilcolina ative a plasticidade, outros neurotransmissores (como a dopamina) estão envolvidos na *direção* da mudança, codificando se algo era punitivo ou recompensador. Pesquisadores do mundo todo ainda tentam decifrar a coreografia complexa dos sistemas neuromodulatórios — mas sabemos que, coletivamente, esses mensageiros químicos permitem a reconfiguração em algumas áreas enquanto mantêm o restante fixo.

Os taxistas londrinos são famosos por terem de memorizar todo o mapa das ruas de Londres. Eles treinam muitos meses para esta tarefa, e falei anteriormente que existem mudanças físicas na estrutura do cérebro dos taxistas, como resultado disto. Esses profissionais conseguem realizar esta proeza impressionante porque os mapas são relevantes para eles: este é seu emprego desejado, que pagará pela hipoteca das casas, pela educação formal dos filhos, por seu casamento ou por um futuro divórcio.

Mas é interessante observar que, desde que o estudo dos taxistas foi publicado pela primeira vez, em 2000, a necessidade de tal memorização diminuiu. Agora é igualmente fácil fazer com que o Google memorize todas as ruas de Londres e, de modo mais geral, todas as ruas que cruzam o planeta.

Acontece que os algoritmos de inteligência artificial não se importam com a relevância: eles memorizam o que lhes pedimos. Esta é uma característica útil da inteligência artificial, mas também é o motivo para ela não ser particularmente humanoide. Esse tipo de tecnologia simplesmente não se importa em entender que tarefas são interessantes ou pertinentes; em lugar disto, ela memoriza o que entregamos. Quer seja distinguir um cavalo de uma zebra em um bilhão de fotografias ou acompanhar dados de voo de cada aeroporto do planeta, ela não tem senso de importância, exceto no sentido estatístico. A inteligência artificial contemporânea nunca poderia, sozinha, decidir ter achado irresistível determinada escultura de Michelangelo, ou que ela abomina o sabor do chá amargo, ou que fica excitada por sinais de fertilidade. Ela pode despachar dez mil horas de prática intensa em dez mil nanossegundos, mas não favorece nenhum zero ou um em detrimento de outros. Consequentemente, pode realizar proezas impressionantes, mas não a proeza de ser algo parecido com um ser humano.

O CÉREBRO DE UM NATIVO DIGITAL

Como a capacidade de modificação do cérebro — e sua relação com a relevância — dá suporte ao ensino de nossos jovens? A sala de aula tradicional consiste em um professor falando de um jeito monótono, possivelmente lendo slides com tópicos. Isto está abaixo do ideal para mudanças cerebrais, porque os estudantes não estão envolvidos, e sem envolvimento há pouca ou nenhuma plasticidade. As informações não se firmam.

Não somos a primeira geração a fazer esta observação. Os gregos antigos notaram o mesmo. Carecendo das ferramentas da neurociência moderna, mas tendo um olhar aguçado, eles definiram vários níveis diferentes de aprendizado. O nível mais alto — em que acontece o melhor aprendizado — é alcançado quando o estudante é envolvido, curioso, interessado. Por nossa lente moderna, diríamos que uma determinada fórmula de neurotransmissores é necessária para que aconteçam as mudanças neurais, e esta fórmula tem correlação com envolvimento, curiosidade e interesse.

O truque para inspirar a curiosidade é entrelaçado em várias formas tradicionais de aprendizado. Por exemplo, os eruditos religiosos judeus estudam o Talmude sentando-se aos pares e fazendo perguntas interessantes um ao outro. (*Por que o autor usa esta palavra especificamente e não outra? Por que essas duas autoridades diferem a este respeito?*) Tudo é colocado como uma pergunta, obrigando o parceiro de aprendizado a se envolver em vez de decorar. Embora esta seja uma estrutura antiga de estudos, recentemente me deparei com um website que apresenta "perguntas talmúdicas" sobre a biologia microbiana: "Já que esses esporos são tão eficazes na garantia da sobrevivência das bactérias, por que nem todas as espécies os produzem?" "Temos certeza de que só existem três domínios de vida (*Bacteria, Archaea, Eukarya*)?" "Como os peptídeos feitos enzimaticamente parecem não reunir forças para fazer uma proteína de tamanho considerável?" O site tem centenas destas perguntas, levando ao envolvimento ativo dos leitores em lugar de simplesmente dizer as respostas. De modo mais geral, é por isso que ingressar em um grupo de estudos sempre ajuda: de cálculo a história, eles ativam os mecanismos sociais do cérebro para motivar o envolvimento.

Nos anos 1980, o escritor Isaac Asimov deu uma entrevista ao jornalista de TV Bill Moyers. Asimov via atentamente os limites do sistema tradicional de educação:

> Hoje em dia, o que as pessoas chamam de aprendizado é forçado a você. Todo mundo é forçado a aprender a mesma coisa no mesmo dia, na mesma velocidade em sala de aula. Mas todo mundo é diferente. Para alguns, a turma vai rápido demais, para outros é lenta demais, para outros ainda está na direção errada.[25]

Asimov sustentava uma visão de educação individualizada. Embora não pudesse ver os detalhes, ele estava vislumbrando o futuro e prevendo a internet:

Dê a todos uma chance (...) de seguir as próprias inclinações desde o começo, de descobrirem no que estão interessados, procurando em seus próprios lares, a sua própria velocidade, em seu próprio tempo — e todos gostarão de aprender.

É por esta lente de estimular o interesse que filantropos como Bill e Melinda Gates pretendem formar a aprendizagem adaptativa. A ideia é tirar proveito de softwares que determinem rapidamente o estado de conhecimento de cada estudante, depois instruir cada um deles sobre exatamente o que precisam saber. Numa relação que é como ter uma proporção professor/aluno de um para um, esta abordagem mantém cada estudante no ritmo certo, atendendo-o onde ele está agora, com material que será cativante.

Como Asimov, Gates e muitos outros, sou um ciberotimista no tema da educação. Investigar sobre buracos feitos por marmotas na Wikipédia, sem nenhum plano predeterminado, pode se tornar um meio quase ideal de aprender. A internet permite que os estudantes façam perguntas assim que elas aparecem em sua cabeça, entregando a solução no contexto de sua curiosidade. Esta é a poderosa diferença entre a informação *só para o caso de* (aprender um conjunto de fatos para o caso de você um dia precisar deles) e informação *na hora de* (receber informação no momento em que você procura a resposta). Dito de modo geral, é só no último caso que encontramos presente a mistura certa de neuromoduladores. Os chineses têm uma expressão: "Uma hora com uma pessoa sábia vale mais do que mil livros." Este *insight* é o equivalente antigo do que oferece a internet: quando o aprendiz pode ativamente dirigir o próprio aprendizado (fazendo ao sábio exatamente a pergunta que quer ver respondida), as moléculas de relevância e recompensa estão presentes. Elas permitem que o cérebro se reconfigure. Jogar informações ao léu a um estudante desinteressado é como jogar cascalho para marcar uma parede de pedra. É como tentar conseguir que Fred Williams absorva o tênis.

Nesta ótica, existem grandes oportunidades na gamificação da educação. Softwares adaptativos mantêm os estudantes trabalhando o quanto for necessário, e tentar encontrar a resposta certa pode ser frustrante, porém possível. Se o estudante não consegue a resposta, as perguntas ficam no mesmo nível; quando ele consegue a resposta certa, as perguntas ficam mais difíceis. Ainda existe um papel para os professores: ensinar os conceitos fundamentais e guiar o caminho do aprendizado. Fundamentalmente, porém, em vista de como os cérebros se adaptam e reescrevem seus circuitos, uma sala de aula compatível com a neurociência é aquela em que os alunos analisam a vasta esfera de conhecimento humano, seguindo os caminhos de suas paixões individuais.

Assim, o futuro da educação parece favorável, mas ainda temos uma pergunta: dado que o cérebro é configurado pela experiência, quais são as consequências neurais de ser criado com telas? Será que os cérebros de nativos digitais diferem dos cérebros das gerações anteriores?

Para muita gente, é surpreendente que não existam muitos estudos sobre isto na neurociência. Será que nossa sociedade não quer entender as diferenças entre o cérebro digital e seu análogo, criado em meio analógico?

Na verdade, queremos. Mas o motivo para os poucos estudos é que é extraordinariamente complicado realizar uma ciência significativa sobre isto. Por quê? Porque não existe nenhum bom grupo controle com o qual comparar o cérebro de um nativo digital. Não se encontra facilmente outro grupo de pessoas de dezoito anos que não foram criadas com a internet. Você pode encontrar alguns adolescentes amish na Pensilvânia, mas existem dezenas de outras diferenças em relação a este grupo, como crenças religiosas, culturais e educacionais. Onde mais você pode encontrar jovens da mesma idade que não tenham acesso à internet?

Você talvez consiga recorrer a algumas crianças empobrecidas da China rural, ou em uma aldeia da América Central, ou em um deserto do norte da África. Mas existirão outras diferenças importantes entre estas crianças e os nativos digitais que você pretende compreender, inclusive situação econômica, grau de instrução e dieta. Talvez você possa comparar os millennials com a geração imediatamente anterior, como seus pais, que não foram criados online — mas que em vez disso jogaram queimado e colocaram biscoitos recheados na boca enquanto assistiam a *A família Sol, Lá, Si, Dó*. Mas isto também é um problema: entre duas gerações, existem incontáveis diferenças de política, nutrição, poluição e inovação cultural, por exemplo, e nunca dá para saber a que motivo atribuir as diferenças cerebrais.

Assim, é um problema intratável fazer uma experiência bem controlada sobre o efeito da criação com a internet. Todavia, posso lhe dizer a origem de meu otimismo. Nunca antes tivemos todo o conhecimento da humanidade em um retângulo no bolso, com acesso constante e imediato. Alguns leitores se lembrarão de idas à biblioteca: puxávamos um volume da Enciclopédia Britânica (digamos, para a letra *H*) e folheávamos em busca das informações que queríamos. O artigo tinha sido escrito em algum momento uma ou duas décadas antes. Torcíamos para que fosse suficiente, porque, caso contrário, teríamos de examinar o catálogo de fichas e rezar para que existisse outro material na biblioteca. E depois nossos pais nos levavam para casa, porque era a hora do jantar.

Em um período surpreendentemente curto, tudo isso mudou. Em consequência, todos nós vimos a mudança nos debates na hora do jantar: o vencedor deixou de ser o mais veemente ou convincente para se tornar a pessoa que pode sacar o celular mais rápido e procurar no Google a informação em questão. Agora as discussões evoluem rapidamente, saltando de um problema resolvido ao seguinte. E, mesmo quando estamos sozinhos, não existe fim para o aprendizado que acontece quando vemos uma página da Wikipedia, que nos leva ao link seguinte, depois o seguinte, de tal modo que seis saltos depois estamos apreendendo fatos que nem mesmo sabíamos que não sabíamos.

A grande vantagem disto vem de um fato simples: todas as novas ideias em seu cérebro vêm de uma mistura de inputs previamente aprendidos e atualmente conseguimos novos inputs mais do que nunca na vida.[26] As crianças de hoje vivem uma época sem precedentes em riqueza: nossa esfera de conhecimento explodiu em diâmetro e, à medida que cresce, oferece mais portas de entrada. As mentes jovens têm a oportunidade de relacionar dados de domínios completamente diferentes para gerar ideias que épocas anteriores nem poderiam ter imaginado. E isto explica parcialmente o aumento exponencial no conhecimento da humanidade: temos uma comunicação mais rápida e mais mesclas do que nunca. Não está claro quais serão todas as consequências sociais e políticas que terá a internet, mas da perspectiva da neurociência, ela representa a abertura a um nível muito mais vasto de educação.

Nos capítulos anteriores, vimos as mudanças cerebrais resultantes de modificações no plano corporal, em termos de sensores ou membros. Neste capítulo, voltamo-nos para as mudanças que resultam de atos motores treinados ou inputs sensoriais recompensadores. O princípio maior que une todos esses cenários é a *relevância*. Seu cérebro se adapta de acordo com quanto tempo você gasta, desde que aquelas tarefas se alinhem às recompensas ou aos objetivos. Para uma pessoa que fica cega, expandir os outros sentidos assume relevância maior e isto está na origem mais profunda por trás das mudanças que permitem que seu córtex visual seja dominado. Se uma pessoa cega passou o dedo repetidas vezes em calombos de braile, mas não teve motivação para aprender, não ocorreu nenhuma reconfiguração, porque os neuromoduladores certos não se fizeram presentes. Do mesmo modo, se acrescentar um novo telemembro a seu corpo tiver relevância para você, seu corpo o aprenderá — como Faith, a cadela, dominou um plano corporal singular.

Coletivamente, o princípio do ajuste a partir da relevância nos permite entender como os animais constantemente se machucam, mas continuam tentando, fazendo os ajustes necessários no cérebro para progredir rumo a seus objetivos. Mais tarde veremos como tirar proveito desses princípios para construir novos tipos de robôs, aqueles que não param de funcionar quando um eixo se quebra, parte da placa-mãe queima ou um parafuso fica frouxo.

Antes de chegarmos lá, porém, precisaremos entender o que têm em comum a abstinência de drogas e os corações partidos, e por que a ideia da surpresa importa para a alquimia do cérebro.

7

POR QUE O AMOR SÓ CONHECE A PRÓPRIA PROFUNDIDADE NA HORA DA SEPARAÇÃO

Na década de 1980, dezenas de milhares de pessoas começaram a notar algo estranho. Quando olhavam o envelope de um disquete com o logo preto e branco da IBM, as letras pareciam ter um tom avermelhado. O mesmo acontecia quando as pessoas olhavam as páginas de um livro: a página tinha um tom avermelhado. Isto aconteceu só nos anos 1980; as pessoas não tinham percebido esse tom antes, nem viram depois. O que estava mudando no cérebro durante esse período? Para entender isto, primeiro temos de recuar 2.400 anos.

UM CAVALO NO RIO

A primeira ilusão de ótica registrada foi notada pelo sempre observador Aristóteles. Ele viu um cavalo empacado em uma corredeira e observou fixamente a operação de resgate. Quando finalmente desviou os olhos, parecia que todo o resto — as rochas, as árvores, a terra — corria na direção contrária à do rio.

O jeito mais fácil de experimentar a confusão e o prazer de Aristóteles é olhar fixamente uma queda d'água. Depois de manter os olhos nela por um tempo, olhe as pedras ao lado da cascata. Parece que as pedras se movem para cima.

A ilusão passou a ser conhecida como efeito secundário de movimento. Por que acontece? A atividade de determinados neurônios em seu córtex visual representa o movimento para baixo, e a atividade de outros neurônios representa o movimento para cima. Eles sempre estão em batalha. Na maior parte do tempo, a competição termina empatada e eles se inibem mútua e equitativamente. Por conseguinte, o mundo não parece estar se movendo nem para cima nem para baixo.

Em vista disto, uma explicação popular para o efeito secundário é a *fadiga*: ao encarar o movimento para baixo, você queima muita energia nos neurônios que codificam para baixo, e agora seu vigor está temporariamente esgotado. A batalha, portanto, pende a favor dos neurônios que codificam para cima. Como resultado desta atividade desequilibrada, você percebe um movimento para cima.

A hipótese da fadiga é atraente por sua simplicidade. Mas é incorreta. Afinal, ela não consegue explicar alguns fatos críticos sobre a ilusão. Imagine que você olhe a cascata por algum tempo, depois feche os olhos com força — digamos, por três horas. Quando os reabrir, verá as pedras se arrastando para cima. Isto nos diz que não se trata de esgotamento temporário de energia nos neurônios. Alguma coisa mais profunda está acontecendo.

A ilusão gira em torno não da fadiga passiva, mas devido a uma recalibração ativa. Seu sistema é exposto a movimento contínuo para baixo e, depois de um tempo, passa a supor que este é o novo normal. No início, o movimento para baixo é uma informação drástica para o cérebro. Depois de algum tempo olhando fixamente, você não recebe novas informações ali. No que diz respeito a seu cérebro, esta é a nova realidade: um mundo que flui mais para baixo do que para cima. Assim, seu sistema visual reequilibra cuidadosamente as expectativas para espelhar o mundo, para esperar mais movimento para baixo do que para cima. Agora, quando você desvia os olhos da cascata e olha a encosta da montanha, o ponto de ajuste recalibrado fica evidente, porque agora as rochas e árvores fluem para o céu. O ponto de ajuste (isto é, o que conta como parado) mudou.[1]

Por quê? O sistema sempre quer constituir uma verdade fundamental para que possa ficar melhor na detecção da *mudança*. Neste caso, quando seu campo visual se enche da visão da cascata, o cérebro luta para subtrair o movimento para baixo. Todo o fluxo descendente não é mais informativo, assim os circuitos se adaptam para que fiquem sensíveis ao máximo às novas informações.

Você vive este tipo de recalibragem ativa o tempo todo. Quando sai de um barco pequeno, a terra parece se balançar por algum tempo e parece que você ainda está na água. O que você está sentindo é um efeito secundário negativo — a "imagem em negativo" do movimento da água.

E se você tiver o hábito de correr, já deve ter notado esse tipo de ilusão. Seu corpo está acostumado a enviar comandos motores (*corra!*) às pernas e o input visual flui por você, como resultado disto. Mas quando você corre em uma esteira na academia, seu cérebro não recebe o input visual do fluxo. Em vez disso, você está olhando uma parede na sua frente o tempo todo. Quando sai da esteira, você vive a ilusão da esteira: a cada passo que dá para o vestiário, o cenário parece fluir em um ritmo mais acelerado. Parece que você está avançando com mais rapidez do que a realidade.[2] Assim como o cavalo de Aristóteles, a cascata ou as oscilações pós-barco, seu cérebro está readaptando as expectativas sobre o mundo — neste caso, como o ato de mover as pernas deve ser traduzido no fluxo de cenas visuais que passam pelos olhos.

Se quiser outro exemplo, dê uma olhada nas linhas em preto e branco a seguir. Não têm nada de especial, têm?

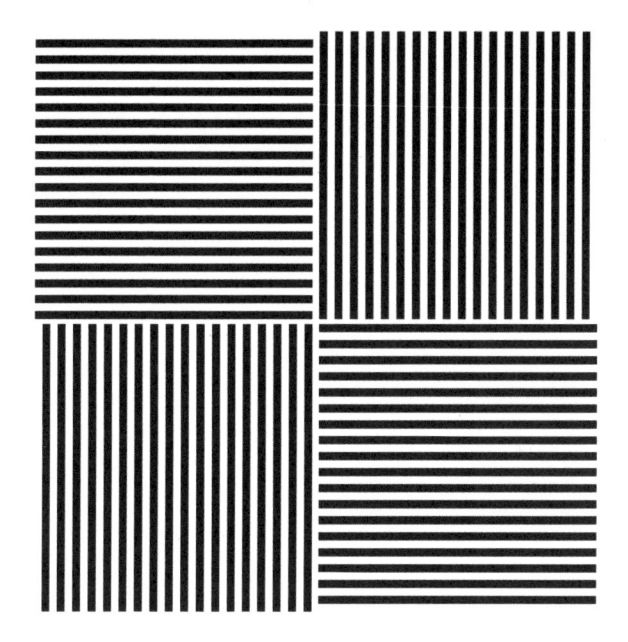

Agora olhe os quadrados verdes e vermelhos na contracapa deste livro (ou em eagleman.com/livewired): são compostos de linhas horizontais verdes e linhas verticais vermelhas. Olhe fixamente as linhas coloridas por algum tempo: as linhas vermelhas por alguns segundos, depois as linhas verdes, depois as vermelhas de novo, em seguida as linhas verdes. Faça isso por uns três minutos.

Agora volte a olhar as linhas em preto e branco daqui. Você verá que os espaços entre as linhas horizontais parecem avermelhados. E os espaços entre as linhas verticais ficam esverdeados.[3]

Por quê? Porque quando você olha fixamente a figura colorida, seu cérebro percebe que o verde ficou ligado ao horizontal, e o vermelho, ao vertical, e assim se adaptou para cancelar esta estranha característica do mundo. Quando você olha de novo as linhas em preto e branco, vive o efeito secundário: as linhas horizontais eram alteradas internamente para a cor oposta — o vermelho —, e as verticais para o verde. (Repito, isto não tem nada a ver com a fadiga. Em 1975, dois pesquisadores mostraram que, se você olhar fixamente linhas vermelhas e verdes por 15 minutos, o efeito secundário pode durar três meses e meio.)[4]

Esta recalibração ativa do mundo explica por que, nos anos 1980, muitas pessoas começaram a ver o texto nos livros com um tom avermelhado. Naquela época, a população começou a usar monitores de computador para fazer processamento de texto. Ao contrário dos monitores atuais, aqueles primeiros dispositivos só podiam exibir uma cor, assim o texto aparecia como linhas verdes sobre um fundo preto. As pessoas olhavam fixamente as fileiras horizontais verdes por horas seguidas e, assim, quando pegavam um livro, as linhas de texto eram tingidas com sua cor complementar: o vermelho. O cérebro dessas pessoas estava se adaptando a um mundo de linhas horizontais verdes e sua realidade mudava. Os usuários de computador também viviam esta ilusão quando olhavam o logo da IBM no envelope do disquete: parecia tingido de vermelho. Os projetistas da IBM ficaram desconcertados com isto: com certeza, não tinham imprimido seu desenho em preto e branco com vermelho nenhum, ainda assim, os consumidores insistiam que sim.

Quanto movimento há no mundo, o quanto o terreno é estável, se a visão flui por nós quando movemos as pernas, se as linhas são infundidas de cor — nada disso é decidido por nossa genética, mas é calibrado pela experiência.

DEIXANDO INVISÍVEL O ESPERADO

Se você olhar uma cena amorfa que seja inteiramente de uma cor (digamos, amarela), a cor rapidamente vai escorrer para o neutro. Experimente: pegue uma bola de pingue-pongue amarela e a corte exatamente ao meio. Coloque um hemisfério sobre cada olho e você verá o mundo todo como um manto amarelo regular. Mas em alguns minutos não existirá cor nenhuma. É como se você estivesse cego. Seu sistema visual pressupõe que o mundo ficou mais amarelo e se adapta para que você fique sensível a outras mudanças.

A cena não precisa ser amorfa para desaparecer desse jeito. Em 1804, o médico suíço Ignaz Troxler percebeu algo impressionante: se você olhar fixamente um ponto no meio de esferas, tudo o que acontece na periferia acabará por desaparecer. Mantenha o olhar firmemente no ponto preto no meio por uns dez segundos. Sem olhar as esferas que o circundam, note como elas desaparecem ao fundo. Logo você estará vendo um quadrado cinza e inexpressivo.

Conhecida como efeito Troxler, essa ilusão demonstra que um estímulo imutável em sua visão periférica logo vai evaporar. Por que isto acontece? Porque seu sistema visual sempre procura por movimento e mudança. Algo fixo rapidamente fica invisível. Esperamos que as boas informações sejam atualizadas; as coisas que não mudam são ignoradas pelo sistema.

Assim, o que impede, digamos, que sua cozinha ou local de trabalho torne-se um espaço troxleresco, com todas as funcionalidades imóveis desaparecendo? Primeiro, a maior parte do mundo é composta de arestas duras, e não esferas, e seu sistema visual tem mais facilidade para se ater a essas formas. Mas existe um motivo mais profundo. Embora você não tenha consciência disso de modo geral, seus olhos estão constantemente saltando e se mexendo. Observe os olhos de um amigo: você notará que seus globos oculares dão cerca de três saltos rápidos por segundo de sua vida em vigília. Se você observar mais atentamente, descobrirá que entre os saltos grandes, os olhos dele estão constantemente realizando microtiques.[5] Tem algum problema com seu amigo? Não. Esses movimentos rápidos — os grandes e os pequenos — mantêm renovada a imagem da retina. De forma inteiramente inconsciente, os olhos se esforçam para manter uma imagem em mudança constante. Por que se dão a esse trabalho? Porque qualquer imagem que permaneça perfeitamente fixa em uma posição na retina vai ficar invisível.

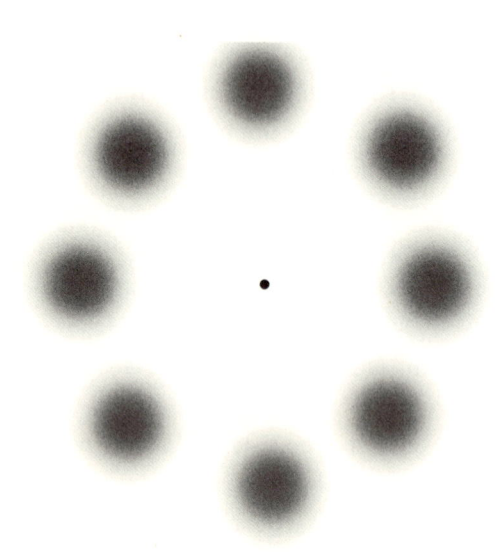

O efeito Troxler. Mantenha os olhos fixos no ponto central e todas as esferas da periferia desaparecerão completamente.

Aqui está como provar isto para si mesmo. Se você usa lentes de contato, pegue um pincel atômico e desenhe uma pequena forma na frente da lente, bem no meio. Quando recolocar a lente no olho, você verá algo ali, mas não vai durar muito tempo. Rapidamente passa à invisibilidade.[6] Este fenômeno sublinha o fato fundamental de que o cérebro se importa com a mudança. Como no efeito Troxler, as características que não mudam geram pouca informação sobre o mundo. Todas as informações importantes vêm de coisas que estão em fluxo.

Se você não tem lentes de contato, não se preocupe: já está realizando uma experiência semelhante sem saber disso. Você tem vasos sanguíneos que ficam anteriores à sua retina, no fundo do olho. Esta teia vascular na retina *deveria* ser vista sobreposta a tudo que você olha, porque fica bem na frente de seus fotorreceptores. Porém, é inteiramente invisível para sua percepção. Como o desenho nas lentes de contato, a vascularização tem posição fixa em relação à retina. Não importa quantos movimentos seus olhos façam, eles nunca "atualizam" a imagem desses vasos sanguíneos. Embora se interponham entre você e o mundo, os vasos desaparecem de sua percepção como um truque de mágica.

Talvez você tenha notado um lampejo desses vasos quando o oftalmologista acendeu uma lanterna em seus olhos.[7] Nesta situação, o facho de luz pode levar os vasos a lançarem uma sombra em um ângulo incomum, e seu sistema visual de súbito percebe. Algo inesperado acaba de acontecer com a retina, e esta é a única vez em que você testemunha esta imensa rede que obstrui a visão. (Se você nunca viu isto, baixe o livro, entre em um ambiente escuro e acenda uma luz oblíqua no olho. Você verá os vasos sanguíneos aparecerem na sua frente. Seu sistema visual se adaptará rapidamente, assim o truque é movimentar a luz para ângulos diferentes, a fim de sustentar a imagem.)

A estratégia de ignorar o que não se altera mantém o sistema preparado para detectar qualquer coisa que se mova ou mude, ou que se transforme. Em um caso extremo, é assim que funciona o sistema visual dos répteis: eles não conseguem enxergá-lo se você ficar imóvel, porque só registram a mudança. Eles não se incomodam com a posição. E um sistema desses é perfeitamente suficiente: os répteis vêm sobrevivendo e prosperando há dezenas de milhões de anos.

Assim, voltemos à ilusão da cascata. Por que seu sistema visual não muda tanto que a cascata seja percebida como algo imóvel? Primeiro, podem existir limites para a recalibração:[8] Simplesmente não é possível recalibrar o suficiente para subtrair o imenso movimento da cascata. Mas há outra possibilidade: você não olhou a cascata por tempo suficiente e, se olhasse, acabaria por recalibrar completamente. Quanto tempo isso levaria? Dois meses de olhar fixo? Dois anos? Em tese, se você olhasse por tempo suficiente, as mudanças de curto prazo em seu sistema visual acabariam por gerar mudanças mais duradouras, levando, por fim, a mudanças nos níveis mais profundos do sistema (voltaremos a esta cascata de mudanças no Capítulo 10). O movimento de fundo sempre presente ficaria invisível para você.

E isto leva a uma especulação desvairada — mas que parece lógica: existem partes do mundo invisíveis para nós que deveriam ser óbvias? Imagine que houvesse algo como uma chuva cósmica que existisse a sua vida inteira. Seria completamente invisível para você. Sem nunca ter visto outra coisa, seu sistema visual habilidoso ajustaria o movimento para baixo, no ponto zero. Se a chuva cósmica de súbito cessasse, pareceria que o mundo de repente estava se movendo para cima. Acreditaríamos que algo acabara de aparecer — a chuva ascendente —, embora a chuva real tivesse terminado. E esta situação pode acontecer em qualquer canal sensorial: imagine o bip-bip-bip de um despertador cósmico sem botão de soneca. O tempo todo, por todo o cosmo: bip-bip-bip. Se fosse inteiramente regular, você não o ouviria, porque seu cérebro teria se adaptado a ele. Se o despertador cósmico de repente parasse, todos de súbito ouviriam um grande bip-bip-bip, mas não teríamos ideia de que estávamos vivendo o efeito secundário, com o som "externo" inteiramente dentro de nossa cabeça.[9] A adaptação bem-sucedida invisibiliza as regularidades.

A DIFERENÇA ENTRE O QUE VOCÊ PENSOU QUE ACONTECERIA E O QUE REALMENTE ACONTECEU

Estivemos falando destas ilusões como resultado de adaptação, mas existe outro jeito de examinar isto: como *previsão*. Se você subtrai o movimento descendente da cascata, ou o balançar do barco, ou o desenho em sua lente de contato, isto equivale a prever sua existência contínua. Quando os circuitos do cérebro se adaptam, estão fazendo uma conjectura sobre como o mundo deve ser no momento seguinte. Eles param de falar de novidades que esperam que continuem. Pense em seus vasos sanguíneos da retina. Eles são perceptivamente invisíveis porque seu sistema visual os prevê: ele sabe que os vasos estarão ali, então os ignora. Só quando estas expectativas são violadas (por exemplo quando uma luz brilha de um ângulo estranho), seu cérebro gasta energia para representar os dados.

Seu cérebro não quer pagar o custo de energia de picos de neurônios. Dessa forma, o objetivo é reconfigurar a rede para desperdiçar o mínimo possível de força. Se flui um padrão que seja previsível — ou que possa ser adivinhado, mesmo que parcialmente — o sistema poupa energia estruturando-se em torno deste input, de modo a não ser surpreendido por ele. Um sistema nervoso mais tranquilo implica violações menores das expectativas: as coisas no mundo continuam aproximadamente como previsto. Em outras palavras, um cérebro consciente de energia quer prever tudo que é possível, assim pode poupar a energia para representar apenas o inesperado. O silêncio vale ouro. Embora muitos neurocientistas pensem na atividade dos neurônios como a representação de coisas no mundo, pode ser que a verdade seja exatamente o contrário: os picos são a parte imprevista, que gastam energia. A representação de algo totalmente inesperado não seria nada além de um silêncio caindo sobre a floresta neuronal.

O sistema só faz ajustes quando é apanhado de surpresa. Se seu cérebro acredita que todos os tijolos têm o mesmo peso e então você tenta pegar um tijolo feito de chumbo, a violação de sua expectativa provoca cascatas de mudanças para lidar com esta guinada nos acontecimentos. Quando tudo é previsto com sucesso, não há necessidade de mudar nada. Por estes motivos, quando você olha pela primeira vez a imagem de Troxler, nota as esferas, e quando coloca a lente de contato pela primeira vez, detecta o desenho. Mas, depois de um breve tempo, seu cérebro se adapta. Ele não é mais surpreendido.

Como outro exemplo do cérebro prevendo as coisas, pense no seguinte: quando as pessoas experimentam pela primeira vez a pulseira Neosensory (que converte o som em padrões de vibração na pele), em geral elas dizem, surpresas, "Nossa, está captando minha própria voz!" Elas sempre se assustam com isso: parece que não deveriam registrar a própria fala. Mas é claro que seus ouvidos captam sua voz o tempo todo. Em geral é a voz mais alta que você percebe nas conversas, porque sua própria boca está mais próxima de seus ouvidos. Porém, como pode prever perfeitamente as próprias vocalizações, você mal "ouve" a própria voz. Os usuários da pulseira também ficam estarrecidos com o volume de outros sons previsíveis que normalmente não chamam sua atenção (porque eles os criam): dar descarga no banheiro, fechar a porta, os próprios passos. Não é que seu sistema auditivo não registre esses sons, mas você os prevê ativamente. Isto fica evidente quando alguém começa a usar a pulseira: não dá para acreditar como esses eventos são altos, porque o cérebro ainda não aprendeu a prever os sinais que sobem pelo braço.

Seu cérebro se recalibra ativamente, porque isto permite que ele queime menos energia. Aqui, porém, existe um princípio ainda mais profundo em funcionamento. Na escuridão do crânio, seu cérebro luta para formar um modelo interno do mundo.

Quando você anda por sua casa, presta pouca atenção ao ambiente, porque já tem um bom modelo dele. Já quando está dirigindo em uma cidade desconhecida, tentando encontrar o caminho para determinado restaurante, você é obrigado a olhar tudo em volta — as placas de rua, os nomes das lojas, a numeração dos prédios — porque não tem um bom modelo do que esperar.

Então, como você monta um bom modelo interno? Qual é a tecnologia neural que lhe permite se concentrar naqueles pontos de dados que não combinam com suas expectativas, enquanto ignora tudo que já é representado?

Chamamos isto de atenção. Você presta atenção a um estouro inesperado, um roçar imprevisto na pele, um movimento surpreendente na periferia do olhar. Prestar atenção permite que você coloque seus sensores de alta definição no problema e pense em como incorporá-lo em seu modelo. *Ah, é só o aparador de grama, é só o gatinho, é só uma mosca.* Seu modelo agora está atualizado. Por outro lado, você não presta atenção à sensação do sapato no pé esquerdo, porque já tem um modelo interno disto e este modelo está consistentemente prevendo o que você recebe. Pelo menos até você ter uma pedra no sapato. Isto chama a sua atenção, porque de súbito o modelo pede uma atualização.

A diferença entre previsões e resultados é a chave para entender uma propriedade estranha do aprendizado: se você estiver prevendo perfeitamente, seu cérebro não precisa mudar mais ainda. Digamos que você aprenda que um sinal sonoro de seu telefone signifique que você acaba de receber uma mensagem. Seu cérebro rapidamente aprenderá a relação entre os dois, em grande parte devido à relevância de mensagens em sua vida social. Então digamos que seu telefone passe por uma atualização de software e, por conseguinte, a chegada de uma mensagem agora seja sinalizada por um sinal sonoro *e também* uma vibração. Acontece que seu cérebro não foi treinado na vibração; este é um efeito conhecido como *bloqueio*. Seu cérebro já sabe que o sinal sonoro prevê o texto, assim não precisa aprender algo novo. Se seu telefone apenas vibrar, sem o sinal sonoro, o cérebro não saberá o significado da deixa; ele não aprendeu nada a respeito disso.[10] A existência do bloqueio faz sentido quando compreendemos que as mudanças no cérebro só ocorrem quando existe uma diferença entre o que era esperado e o que realmente acontece.

Nosso modelo interno do mundo nos permite fazer previsões e rapidamente detectar quando estamos errados — o que nos diz em que prestar atenção e como fazer essas atualizações. E esse tipo de sistema está se tornando interessante para engenheiros que pensam no futuro das máquinas: várias empresas começam a trabalhar em dispositivos que operam desta forma, de tratores a aviões. Um modelo interno do mundo permite a uma máquina fazer suas melhores conjecturas a respeito dos eventos que espera se desenrolarem. Quando os eventos são coerentes com as previsões dos algoritmos da máquina, nada precisa mudar. É apenas quando os inputs fogem do roteiro que o software precisa prestar atenção para atualizar o modelo da máquina.

Ciente desse contexto, é fácil entender como as drogas modificam o sistema nervoso. O consumo de uma droga muda o número de receptores para aquela droga no cérebro — a tal ponto que você pode olhar um cérebro depois da morte de uma pessoa e determinar seus vícios pela avaliação das mudanças moleculares. É por isso que as pessoas perdem a sensibilidade (ou ficam mais tolerantes) a uma droga: o cérebro passa a prever a presença da droga e adapta a expressão de seu receptor para manter um equilíbrio estável quando recebe a dose seguinte. De um jeito físico e literal, o cérebro passa a esperar que a droga esteja ali: os detalhes biológicos se calibram de acordo com isso. Como o sistema agora prevê que certa quantidade estará presente, é necessário mais para chegar à onda original.

Esta recalibragem é base dos sintomas horríveis da abstinência de drogas. Quanto mais o cérebro é adaptado à droga, mais difícil a abstinência quando a droga é retirada. Os sintomas de abstinência variam de acordo com a droga — de suores a tremores e depressão —, mas todos têm em comum uma ausência poderosa de algo que é previsto.

Essa percepção das previsões neurais também dá uma compreensão do coração partido. A pessoa que você ama torna-se parte de você — não só metafórica, mas fisicamente. Você absorve a pessoa em seu modelo interno do mundo. Seu cérebro se remodela em torno da expectativa da presença dela. Depois do término de um relacionamento amoroso, da morte de um amigo ou da perda de pai ou mãe, a ausência súbita representa um importante desvio da homeostase. Como coloca Khalil Gibran em *O profeta*: "Sempre tem sido assim: o amor só conhece a própria profundidade na hora da separação."

Deste modo, seu cérebro é como a imagem em negativo de todos com quem você entrou em contato. Seus amados, amigos e pais preenchem suas formas esperadas. Como a sensação das ondas depois de você sair do barco ou o desejo pela droga quando ela está ausente, seu cérebro pede que as pessoas de sua vida estejam presentes. Quando alguém se afasta, rejeita você ou morre, seu cérebro luta com as expectativas frustradas. Aos poucos, com o tempo, ele precisa se readaptar a um mundo sem aquela pessoa.

A CAMINHO DA LUZ. OU DO AÇÚCAR. OU DOS DADOS

Pense no fototropismo nas plantas: o ato de capturar o máximo de luz adotando novas posições. Se você observar uma planta crescer em câmera acelerada, verá que ela não cresce reta para a fonte de luz; em vez disso, exagera a trajetória um pouquinho, depois reduz um pouquinho, e assim por diante. Em lugar de uma missão planejada antecipadamente, é uma dança espasmódica com constantes correções.

Uma estratégia semelhante é encontrada no movimento das bactérias. Quando estão em busca do centro de uma fonte de alimento — digamos, um grão de açúcar que caiu da bancada da cozinha —, elas partem para o açúcar empregando três regras elegantes e simples:

1. Escolher aleatoriamente uma direção e se deslocar em linha reta.
2. Se as coisas melhorarem, continuar assim.
3. Se as coisas piorarem, mudar de direção aleatoriamente por tombamento.

Em outras palavras, a estratégia é se ater à abordagem quando as condições estão melhorando e abandoná-la quando não dá certo. Por esta política simples, uma bactéria pode abrir caminho rápida e eficientemente para o ponto mais denso da fonte de alimento.[11]

Proponho que existe um princípio semelhante em operação no cérebro. Em lugar de abrir caminho para maximizar a luz do sol ou o alimento, ele trabalha para maximizar as informações. Chamo isto de estratégia de infotropismo. Esta hipótese sugere que os circuitos neurais mudam constantemente para maximizar a quantidade de informação que podem extrair do ambiente.

Pense no que vimos nos capítulos anteriores. Testemunhamos como um cérebro passa a empregar seus órgãos dos sentidos, quer capturem fótons, campos elétricos ou moléculas de odor. Vimos como um cérebro passa a conduzir o corpo, independentemente de o corpo possuir barbatanas, pernas ou braços robóticos. Qualquer que seja o caso, o cérebro sintoniza os circuitos para maximizar os dados que fluem do mundo. A sintonia é auxiliada por recompensas, o que faz com que as transmissões pelos circuitos anunciem que algo funcionou. Deste modo, com um mínimo de programação antecipada, o sistema deduz como otimizar sua interação com o mundo.

Por exemplo, vimos como as paisagens neurais se esculpiram no bebê Hayato, em Osaka, e no bebê William, em Palo Alto, permitindo que eles distinguissem sons diferentes. Discuti isto como um exemplo de modificação baseada na recompensa, mas agora podemos ver a questão de um nível mais alto como o infotropismo: os cérebros dos bebês se adaptaram para maximizar os dados que captavam ao seu redor.

Em uma escala de tempo maior, vimos que quando uma pessoa fica cega, outros sentidos ocupam o córtex visual. No capítulo seguinte, aprenderemos como os neurônios fazem isto, mas por ora observe que podemos interpretar esta tomada de território como infotropismo: o cérebro maximiza os recursos para interpretar os dados que fluem para ele.

E lembre-se da ilusão com as linhas coloridas horizontais e verticais. Seu sistema visual trabalha para separar as dimensões de cor e orientação porque tenta maximizar informações do mundo. De acordo com isso, ele não quer misturar essas medições dissociáveis. Embora o efeito em geral seja visto simplesmente como uma ilusão de ótica divertida, o trabalho acontece embaixo do capô por um motivo mais profundo: se algo estava levando um tom a aparecer em linhas (digamos, iluminação estranha no alto ou algo errado com sua ótica), seu cérebro se reorganizaria para cuidar disto, cancelando a relação. Ao assim proceder, ele maximizaria a capacidade de extrair informações sobre cores e orientações separadamente. Ao separar duas dimensões que (estatisticamente) devem permanecer distintas, o cérebro pode reunir melhor as informações do mundo.

Eis um exemplo de infotropismo no nível dos neurônios: sua retina (no fundo do olho) lê o mundo de uma forma durante o dia e, de outra, durante a noite. Na claridade do meio-dia, existem muitos fótons para capturar, assim, cada fotorreceptor cuida de seu próprio pontinho da cena, produzindo a resolução alta. À noite, a história é diferente. São poucos os fótons a serem agarrados, então agora a parte importante é detectar que *algo* estava ali, mesmo que não tenha alta resolução espacial. Assim os fotorreceptores fazem seu trabalho à noite de um jeito muito diferente, mudando os detalhes de suas cascatas moleculares internas e somando forças. Nestas condições, leva mais tempo para registrar que havia algo ali, mas coletivamente eles podem detectar níveis muito inferiores de luz.[12] Esta estratégia sofisticada permite que a retina opere de forma diferente segundo os níveis de luz, se altos ou baixos. Quando está iluminado, o sistema consegue alta resolução espacial; quando está escuro, os fotorreceptores se unem para ter uma chance melhor de captar fótons, resultando em uma visão que é mais sensível à luz fraca, porém de resolução mais borrada. O sistema tem um grande trabalho para mudar a si mesmo a ponto de maximizar as informações. Quer os fótons sejam abundantes ou raros, a retina se otimiza para capturar dados. Durante o dia, ela captura o máximo de detalhes, assim consegue localizar o coelho de longe; na luz fraca, ela muda para a sensibilidade mais alta, para capturar o que estiver à nossa frente com menores detalhes, pegando a essência escurecida do jaguar que espreita no escuro. A Mãe Natureza deduziu não só como construir um olho, mas também como ajustar seus circuitos em tempo real, de modo a operar de forma diferente em contextos variados — tudo isso para fazer melhor uso do que estiver disponível. Ela é infotrópica.

ADAPTAÇÃO PARA ESPERAR O INESPERADO

Assim como a planta procura a luz do sol e as bactérias buscam açúcar, o cérebro procura informações. Ele tenta mudar constantemente os circuitos para maximizar os dados que consegue extrair do mundo. Com este objetivo, forma um modelo interno do exterior, que se compara a suas previsões. Se o mundo age como esperado, o cérebro poupa energia. Lembre-se dos jogadores de futebol mais para o início do livro: o amador tem uma grande atividade cerebral, enquanto o profissional tem pouca atividade. Isto acontece porque o profissional gravou as previsões do mundo diretamente nos circuitos; o amador ainda está tropeçando para fazer uma previsão aceitável.

Fundamentalmente o cérebro é uma máquina de previsão, e este é o motor propulsor por trás de sua constante autorreconfiguração. Ao modelar o estado do mundo, o cérebro se remodela para ter boas expectativas e, portanto, ser o mais sensível que puder ao inesperado.

E agora estamos prontos para a próxima pergunta: considerando tudo que vimos no livro até agora, como tudo isso é implantado no nível das células do cérebro?

8

O EQUILÍBRIO À BEIRA DA MUDANÇA

Imagine que você é um alienígena que por acaso visita a Terra em outubro de 1962. Você chega bem a tempo do tenso impasse da crise dos mísseis cubanos.

Você seria perdoado por pensar que não está acontecendo nada de mais. Para seus olhos esbugalhados, os Estados Unidos não estão fazendo nada nem os cubanos ou os soviéticos. Bocejando com a mão verde cobrindo a boca, provavelmente você concluiria que está vendo um sistema político que é desmotivado, letárgico ou fossilizado.

Pode não lhe ocorrer que o único motivo para não estar acontecendo nada é que todas as contraforças estão equilibradas em perfeita oposição. Todas as molas estão tensas, os mísseis apontados mutuamente, os exércitos de prontidão.

Embora isto nem sempre seja fácil de ver, é o que ocorre com o cérebro. Pode parecer que seus mapas são estáveis simplesmente porque estão perfeitamente equilibrados em suas contraforças. O cérebro passa a ilusão de que está acomodado na quietude, mas os princípios da competição o colocam em um gatilho sensível à mudança. Não deixe que a calma o engane: as redes neurais parecem sossegadas só porque cada região está presa em uma guerra fria, cerrada, pronta para competir pelas futuras fronteiras do globo interno.

QUANDO OS TERRITÓRIOS DESAPARECEM

Os países Haiti e República Dominicana dividem a ilha caribenha de Hispaniola. Pense no que aconteceria se um tsunami estivesse para atingir a República Dominicana e a tornasse inabitável. Uma possibilidade é que os dominicanos seriam apagados do mapa e o Haiti continuaria sua vida, como sempre. Mas existe uma segunda possibilidade: e se os haitianos transferissem seu território várias centenas de quilômetros para o oeste, acomodando generosamente os dominicanos ao encolher seu território e partilhar o que restasse? Neste caso, graças à generosidade dos vizinhos, as duas nações ficariam comprimidas em harmonia no território menor que restasse.

De volta ao cérebro: o que acontece quando a doença, a cirurgia ou danos cerebrais resultam em menos território disponível? Como no caso dos países vizinhos, existem duas possibilidades.

O cérebro pode abandonar as partes do mapa correspondentes ao tecido ausente ou pode espremer o mapa original em uma parte menor do território.

Para determinar qual das duas possibilidades, voltemo-nos a uma jovem que chamaremos de Alice. Aos três anos e meio, ela começou a ter leves convulsões e os pais a levaram ao hospital para que fosse feito um exame de imagem do seu cérebro. Para surpresa da comunidade médica, descobriram que ela havia nascido com *apenas* a metade esquerda do cérebro. Em uma rara anormalidade, a metade direita simplesmente não existia.[1]

Mas aqui está a surpresa: ela teve uma infância normal. Por incrível que pareça, habilidades como a coordenação olho-mão não foram afetadas por sua estranha condição no desenvolvimento. Ela tinha convulsões, mas podiam ser controladas por medicamentos, e, logo, o único sinal externo do hemisfério ausente de Alice era a dificuldade com movimentos motores finos no uso da mão esquerda.

O problema de Alice nos dá uma chance de fazer uma pergunta fundamental: o que acontece com a configuração cerebral que normalmente é distribuída por dois hemisférios quando só um hemisfério se desenvolve?

Para entender a resposta, primeiro pense em como as informações normalmente são transmitidas para o cérebro a partir do olho esquerdo de uma pessoa. As fibras da metade esquerda da retina transmitem as informações ao fundo do córtex visual esquerdo. Até aí tudo bem, porque Alice tem o lado esquerdo do cérebro. Mas as informações da metade *direita* da retina normalmente atravessam o quiasma, conectando-se com o fundo do hemisfério *direito*. Como Alice não tem esta metade do cérebro, para onde as fibras vão?

Em um exemplo maravilhoso de *livewiring* do qual nunca teria se suspeitado nas décadas anteriores, as fibras *dos dois* campos visuais conectam-se no hemisfério esquerdo. Todo o campo

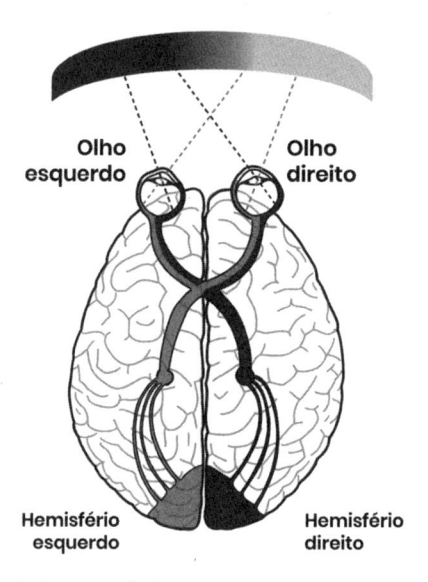

Normalmente o lado esquerdo das retinas é representado no lado direito do cérebro. Como falta a Alice o hemisfério direito, para onde as fibras vão?

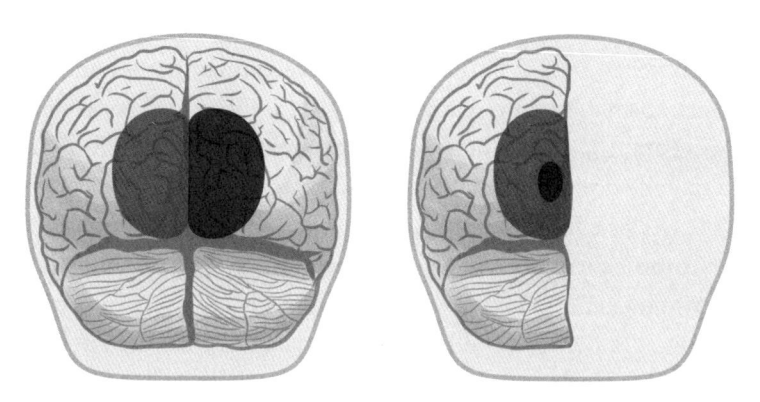

O córtex visual no fundo do cérebro. À esquerda, o cérebro típico. A área cinza mostra onde é representado o campo visual direito (lado direito do mundo visual), e a área preta mostra onde é representado o campo visual esquerdo. À direita, o sistema visual de Alice reconfigurado para permitir que os campos visuais esquerdo e direito sejam representados no único hemisfério restante.

visual passa a ser representado no único território disponível. Em outras palavras, o Haiti partilhou o território que restava.

O fato de Alice ter a visão e a coordenação olho-mão normais nos conta outra coisa extraordinária: embora as primeiras fases de seu sistema visual não tenham sido configuradas com a organização típica, as áreas cerebrais circundantes não tiveram problemas para deduzir como empregar o mapa incomum. Em outras palavras, seu córtex visual não precisou seguir as regras do jogo normais da genética para que o resto do sistema funcionasse. Coerente com o que vimos por todo este livro, a genética de Alice não determinou um sistema frágil que fracassaria com grandes desvios do plano. Em lugar disto, sua genética descompactou um sistema *livewired* que deduziria como conseguir fazer o trabalho.

Enquanto Alice nasceu sem um hemisfério, lembre-se da história de Matthew, anteriormente neste livro: ele teve um hemisfério removido cirurgicamente. Matthew apresenta uma leve coxeadura, mas, tirando isso, é capaz de ter uma vida independente, sem que ninguém perceba o problema. Como o hemisfério restante de Alice, o de Matthew conseguiu deduzir como fazer as tarefas necessárias: o tecido cerebral se reconfigurou para manter a vida normal, mesmo quando o território foi radicalmente alterado. Para Alice e Matthew, os mapas cerebrais se reconfiguraram na metade do território anterior enquanto mantinham suas relações, tarefas e funções.

Como ocorre essa reconfiguração radical? As primeiras pistas foram encontradas em sapos, que têm um sistema visual mais simples. Os nervos do olho do sapo viajam a uma área conhecida como o tectum ótico (mais ou menos parecido com o córtex visual primário em mamíferos) — o olho direito ao tectum esquerdo e vice-versa. Ali os nervos se inserem de uma forma ordenada: as fibras do alto do olho se conectam ao alto do tectum, a parte esquerda do olho à parte esquerda do tectum e assim por diante. Cada fibra que vem do olho parece ter um endereço predeterminado onde se conecta ao alvo. Assim, o que acontecerá se você remover metade do tectum durante o desenvolvimento, antes da chegada dos nervos? A resposta — análoga ao cérebro de Alice — é que um mapa completo do campo visual se desenvolverá na área-alvo menor.[2] O mapa parece normal. Simplesmente está comprimido, como o mapa generoso do Haiti depois que a metade oriental da ilha desapareceu.

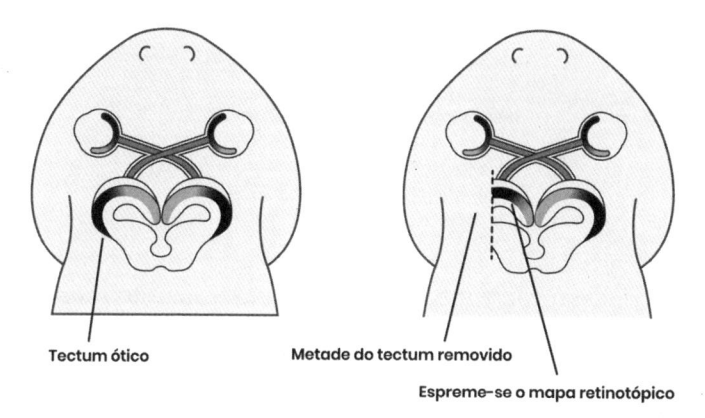

Tectum ótico **Metade do tectum removido**
Espreme-se o mapa retinotópico

Espremendo para caber em um território menor. À esquerda, mapeamento normal da retina ao tectum ótico. À direita, com metade do tectum ausente, o mapa se comprime para caber.

Agora vem o nível seguinte da experiência: o que aconteceria se você transplantasse um olho *extra* em um dos lados de um girino? Nesta situação, um nervo óptico inesperado agora tem de partilhar o alvo do tectum. O que aconteceria? O olho dividiria o território em faixas alternadas, cada conjunto de faixas contendo um mapa completo do olho.[3] Mais uma vez, as fibras que chegam utilizariam o espaço que estivesse disponível. Seria como se um novo país se espremesse na ilha de Hispaniola e o Haiti votasse pela divisão do território com o novo reino, comprimindo-se em faixas alternadas.[4]

Estes experimentos demonstram que os mapas podem comprimir e compartilhar território quando necessário. Será que um

Novo input acrescentado (terceiro olho)

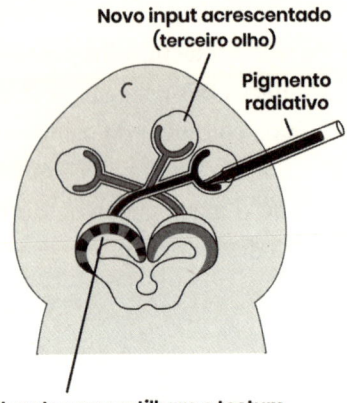

Pigmento radiativo

Inputs compartilham o tectum

Se um terceiro olho é transplantado, o tectum acomoda o input adicional em faixas.

mapa também consegue *se esticar*, se houver mais território disponível? Para descobrir, pesquisadores removeram uma metade da retina. Agora só metade do número normal de fibras óticas chegavam ao território de tamanho normal do tectum ótico. O que acontece neste caso? O mapa (agora codificando apenas metade do espaço visual) espalha-se e passa a utilizar todo o tectum.[5]

Metade da retina removida

Input se espalha pelo tectum ótico

Com apenas metade das fibras da retina chegando ao tectum, o mapa se estende.

A lição de Alice, Matthew e dos sapos é a de que os mapas neurais não são predefinidos por uma comissão de planejamento urbano genético. Em vez disso, o terreno que estiver disponível é usado e preenchido.

Esta propriedade de reconfiguração dinâmica é a melhor esperança em casos de danos cerebrais devido a derrame. Depois que o edema cerebral cessa, começa o verdadeiro trabalho do cérebro. No curso de meses ou anos, pode ocorrer uma grande reorganização cortical, e funções que foram perdidas às vezes são recuperadas. Um exemplo disto é visto com frequência depois que uma pessoa perde a habilidade da linguagem. Na maioria das pessoas, a linguagem se localiza no hemisfério esquerdo e, após um derrame do lado esquerdo, elas não são mais capazes de falar ou entender as palavras. Porém, em geral, a função da linguagem começará a se recuperar depois de algum tempo, não porque o tecido morto no hemisfério esquerdo tenha se curado, mas porque o trabalho da linguagem é transferido para o hemisfério direito. Em um relato, dois pacientes tiveram derrames no hemisfério esquerdo, seguidos por deficiência na linguagem e posterior recuperação (parcial) da linguagem. Mas os dois pacientes de pouca sorte depois sofreram derrames do lado direito e mostraram um agravamento de sua linguagem recuperada, comprovando que a função tinha se transferido para o hemisfério direito.[6]

Assim, vemos que os mapas cerebrais estendem-se, espremem-se e realocam as funções. Mas como sabem fazer isto? Para responder a esta pergunta, precisamos ir ainda mais fundo nas florestas dos neurônios.

COMO ESPALHAR TRAFICANTES DE DROGAS UNIFORMEMENTE

Fui criado em Albuquerque, no Novo México. A cidade tem sua parcela de médicos, advogados, professores e engenheiros — e, como todo mundo sabe pela série de TV *Breaking Bad*, também tem seus traficantes de drogas. À medida que amadurecia, comecei a me perguntar como cada traficante encontrava seu próprio território. Afinal, eles não estão distribuídos apenas nos bairros pobres (embora seja aí que ocorra a maior parte do policiamento); em lugar disto, eles se espalham em cada zona da cidade, cada um deles controlando as vendas em algumas quadras.

Então, como eles determinam quem opera que território? Existem duas possibilidades.

A primeira é que os planejadores urbanos de Albuquerque formaram um conselho em que todos os traficantes de drogas foram reunidos, sentaram-se em cadeiras dobráveis na prefeitura e distribuíram a cidade de uma forma justa e equitativa. Vamos chamar isto de abordagem de cima para baixo.

A abordagem alternativa é de baixo para cima. E se os traficantes estivessem competindo e as apostas fossem altas? Pela rivalidade, cada um deles deduziria que só existia certa quantidade de território que podia controlar com segurança. Com cada um deles cuidando de sua vida, mas cercado pela competição dos vizinhos, os traficantes naturalmente se encontrariam distribuídos pela cidade.

Que características resultariam da abordagem de baixo para cima? Digamos que uma parte de Albuquerque seja destruída por um tornado. O que aconteceria? Depois de a cidade se recuperar emocionalmente, os traficantes de drogas deduziriam como comprimir seu espaço, espremendo-se um pouco mais. Ninguém precisa lhes dizer o que fazer: existe menos território disponível e todos têm de dividir.

Por outro lado, se a dimensão de Albuquerque de repente duplicasse, descobriríamos que os traficantes se espalharam, preenchendo o vácuo, tirando proveito de mais território e competição reduzida. Ninguém precisa dizer a eles o que fazer.

Os melhores padrões da cidade surgem da competição entre indivíduos. Cada traficante disputa negócios. Cada um deles tem entes queridos para sustentar, aluguel para pagar, talvez um carro que queiram — e assim cada um deles luta cronicamente por seu nicho. A flexibilidade do mapa de traficantes de drogas da cidade é uma consequência acidental do comportamento individual, e não um projeto engenhoso de planejadores urbanos.

Agora, voltemos ao cérebro. Pegue qualquer livro didático de neurociência e você lerá sobre neurotransmissão: a liberação de uma pequena quantidade de um neurotransmissor de um neurônio. O neurotransmissor se liga a receptores em outra célula, levando a um pequeno sinal de atividade elétrica ou química. Deste modo, os neurônios trocam mensagens.

Mas pense nesta interação celular sob uma ótica diferente. Por todo o reino microscópico à nossa volta, criaturas unicelulares liberam substâncias químicas. Mas estas substâncias não são mensagens amistosas; são mecanismos de defesa, tiros de alerta. Agora pense nos bilhões de células no cérebro como bilhões de organismos unicelulares. Embora em geral imaginemos que os neurônios cooperam alegremente, também podemos vê-los presos em uma batalha crônica. Em lugar de transmitir informações uns aos outros, eles estão se enfrentando. Por esta lente, o que testemunhamos em tecido cerebral ativo é a competição entre bilhões de agentes individuais, cada um deles batalhando por recursos, tentando continuar vivo. Como os traficantes de drogas de Albuquerque, cada um deles é egoísta.

Nesta ótica, algumas descobertas experimentais passaram a ser de fácil compreensão. Por exemplo, no início dos anos 1960, os neurobiologistas David Hubel e Torsten Wiesel mostraram que faixas alternadas no córtex visual de mamíferos transmitem ou do olho esquerdo ou do olho direito. Em circunstâncias normais, cada olho controla uma igual fatia de território. Mas se um olho é fechado no início de sua vida, o input mais forte do outro olho começa a tomar mais território. Em outras palavras, os mapas no córtex visual podem ser drasticamente alterados pela experiência: inputs do olho forte são retidos e fortalecidos, enquanto os inputs do olho fechado são enfraquecidos e por fim se deterioram.[7] Isto demonstrou duas coisas. Primeiro, que esses mapas não são puramente inatos. Segundo, manter território no cérebro depende de atividade: preservar terreno requer um vigor constante. À medida que os inputs diminuem, os neurônios mudam suas conexões até encontrarem onde está a ação.

Este *insight* (que garantiu a Hubel e Wiesel o prêmio Nobel de 1981) nos diz o que fazer com crianças com olhos desalinhados. Uma criança nascida com estrabismo divergente ou convergente acaba por perder a visão do olho que é menos usado. Mas o problema não está no olho em si; está no córtex visual. Como um olho é dominante, ele supera a competição daquele desalinhado, tomando mais território no fundo do cérebro. A solução? Corrigir cirurgicamente o olho fraco para alinhá-lo, depois cobrir o olho bom da criança com um curativo. Isto dá ao olho mais fraco a oportunidade de reanexar seu território cortical perdido.[8] Depois que o equilíbrio é restaurado, o curativo é retirado e os dois olhos funcionam igualmente bem.

Este truque útil sai naturalmente da compreensão da competição inerente no nível dos neurônios. E lembre-se do mapa cerebral do corpo, o homúnculo. O mistério que confrontamos no Capítulo 3 é o de como o cérebro (trancado em seu crânio escuro) sabe como é o corpo. A lição que veio à tona a partir das mudanças no plano corporal é a de que o cérebro deduz o mapa do corpo por regras simples. Em outras palavras, o mapa se solidifica naturalmente a partir da interação com o mundo, com áreas adjacentes do corpo demarcando representações adjacentes no cérebro.[9] Como os traficantes de drogas e os olhos das crianças estrábicas, este processo depende de competição. E é por isso que assim que um membro é perdido (digamos, o braço do almirante

(a) Gato de 15 dias
Córtex visual

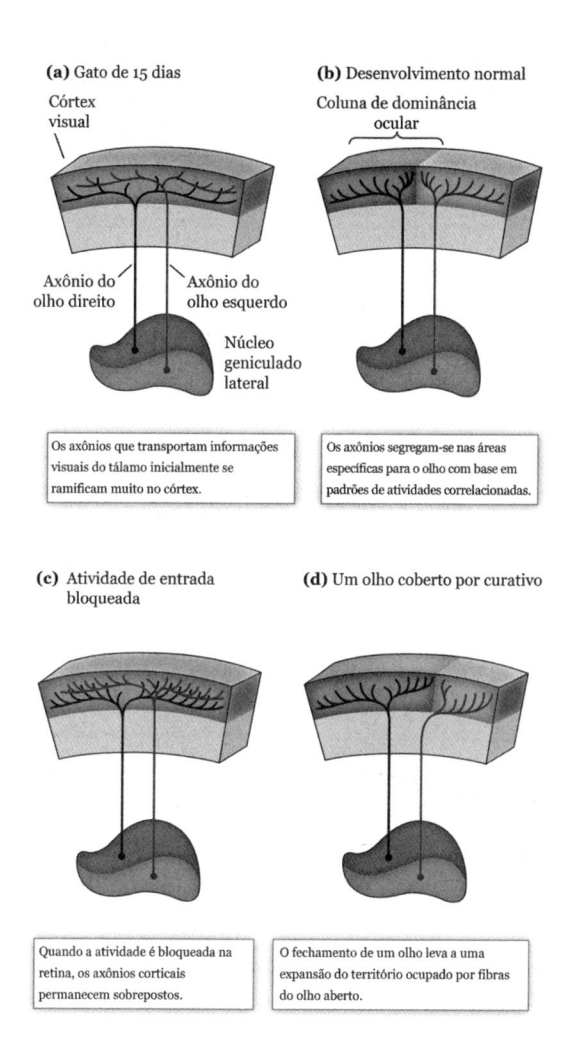

Axônio do olho direito
Axônio do olho esquerdo
Núcleo geniculado lateral

(b) Desenvolvimento normal
Coluna de dominância ocular

Os axônios que transportam informações visuais do tálamo inicialmente se ramificam muito no córtex.

Os axônios segregam-se nas áreas específicas para o olho com base em padrões de atividades correlacionadas.

(c) Atividade de entrada bloqueada

(d) Um olho coberto por curativo

Quando a atividade é bloqueada na retina, os axônios corticais permanecem sobrepostos.

O fechamento de um olho leva a uma expansão do território ocupado por fibras do olho aberto.

Página oposta: (a) em um animal jovem, a camada de input do córtex visual primário tem input uniforme dos olhos esquerdo e direito. (b) À medida que o animal amadurece, a conectividade dos dois olhos passa a assumir regiões alternadas. (c) Se os dois olhos são privados de luz, as fibras que transmitem informações do olho direito e do olho esquerdo não se separam. (d) Se apenas um olho é privado de luz, seus inputs encolhem progressivamente, enquanto os inputs do olho funcional conquistam mais território.

Nelson), o território cortical vizinho assume. Manter território requer constante input para cada neurônio: quando o esforço é reduzido, eles procuram mudar para a equipe dos inputs ativos.

Aliás, também é por isso que o homúnculo parece uma pessoa estranha. Os dedos, lábios e genitais são imensos, enquanto o tronco e as pernas são pequenos. Isto resulta do mesmo tipo de competição: há uma densidade de receptores muito maior nos dedos, lábios e genitais, e uma resolução menor, digamos, no tronco e nas coxas. As áreas que enviam mais informações conquistam a maior representação.

Assim, o jeito certo de pensar no sistema é que existe competição em pequenos níveis e que temos propriedades emergentes (estiramento, encolhimento, compartilhamento) em níveis mais altos. Como as guerras locais que grassam por uma vida toda, os mapas cerebrais são redesenhados. E isto acontece porque cada neurônio confronta o mesmo desafio do traficante de drogas urbano: encontrar um nicho aberto, depois passar a vida toda defendendo-o. A luta constante por território no cérebro é de matar ou morrer: cada neurônio passa a vida lutando por recursos para poder sobreviver. Mas para que eles competem? O dinheiro é o rei para um traficante de drogas. Qual é o equivalente para um neurônio?

Em 1941, uma jovem italiana de nome Rita Levi-Montalcini fugiu de Turim, sua cidade natal, para um pequeno chalé na área rural, onde morou escondida dos alemães e italianos: sua vida corria perigo porque ela era judia e o país tinha se aliado aos nazistas. Enquanto se escondia, ela montou um pequeno laboratório no chalé e passou os dias e as noites tentando entender como os membros se desenvolvem em embriões de galinha. Seu trabalho ali a levou à descoberta do fator de crescimento dos nervos e, por este trabalho, ela ganhou o prêmio Nobel de 1986.

O que ela descobriu foi o primeiro membro de uma classe de substâncias que preservam a vida, de nome neurotrofinas.[10] Estas proteínas, secretadas pelos alvos dos neurônios, são a moeda pela qual competem neurônios e sinapses. Ela os impele a criar e estabilizar conexões. Os neurônios que têm sucesso na obtenção destas substâncias, prosperam. Os neurônios malsucedidos tentam estender suas ramificações para outro lugar. Se não têm sucesso em lugar nenhum, acabam por morrer.

Além da busca pela recompensa dessas substâncias, os neurônios também evitam o perigo de fatores tóxicos. Por exemplo, as sinaptotoxinas eliminam sinapses existentes,[11] e os axônios competem para fugir destes efeitos punitivos permanecendo ativos: assim que eles caem abaixo do limiar, são eliminados.[12]

Deste modo, a linguagem de multicamadas de moléculas atraentes e repulsivas proporciona o *feedback* que permite que neurônios determinem se devem permanecer em seus postos, prosperar, encolher, esquivar-se para outro lugar ou se retirar pelo bem comum.

Em paralelo com os fatores no nível dos neurônios individuais, um problema de larga escala determina se todo o sistema é flexível ou fixo. Existem dois tipos de neurônios: aqueles que transmitem mensagens que estimulam os vizinhos (excitatórios) e aqueles que frustram os vizinhos (inibidores). Esses dois tipos de células são entrelaçados nas redes e, juntos, determinam o quanto o sistema é flexível. Se existir inibição demais, os neurônios não podem competir adequadamente e não há mais mudanças. Se existir muito pouca inibição, a competição é tão acirrada que não pode surgir um vencedor. Um sistema flexível e bem calibrado requer o equilíbrio exato entre inibição e excitação; deste modo, os neurônios podem estabelecer a quantidade certa de competição, uma zona Goldilocks de nem muito pouco nem demais. À medida que a competição declina, o sistema se solidifica. Se a competição se dá com muita ferocidade, os vencedores não conseguem chegar ao topo.

Como metáfora, pense em países como a Coreia do Norte e a Venezuela. A Coreia do Norte tem um regime em que a inibição é tão rigorosa que o povo não pode fazer nada que não seja aprovado de antemão pelo governo. Na Venezuela, o governo tem um controle tão fraco que os cartéis de drogas, as máfias e os criminosos agem desenfreadamente. Em ambos os casos, os países não prosperam — o primeiro devido a inibição demais, o segundo devido a muito pouca inibição. No mundo todo, as nações produtivas se mantêm equilibradas em um ponto ideal entre ser maleável demais e ser rígida demais. Os sistemas bipartidários são muito úteis para isso, e, para os propósitos presentes, penso em conservadores e liberais como análogos a dois tipos concorrentes de neurotransmissão, a inibição e a excitação. Em geral, um dos partidos domina, mas por pouco. Frequentemente um presidente pertence a um partido, enquanto o Congresso está sintonizado com o outro. Embora seja comum lamentar o debate crônico que surge do bipartidarismo, o sistema é ideal para fazer a mudança, quando útil. Por outro lado, a dominação completa por um partido leva a uma tomada do sistema que historicamente significa o infortúnio para uma nação.[13] A magia útil, em governos e nos cérebros, vem de forças que se contrabalançam: é assim que você mantém um sistema sereno, equilibrado e pronto para fazer mudanças.

COMO OS NEURÔNIOS EXPANDEM SUA REDE SOCIAL

Vimos anteriormente que as mudanças podem acontecer rapidamente no cérebro — até em uma hora. Quantas modificações grandes acontecem com tal velocidade?

Lembra-se dos participantes vendados cujo córtex visual começou a reagir ao tato em uma hora (Capítulo 3)? Este período é curto demais para que novas sinapses cresçam das áreas do tato e da audição no córtex visual primário, e esta observação sugere que as conexões já estavam presentes.[14] Afinal, muitas conexões neurais já existem, mas são tão inibidas que sua presença não tem função. Uma liberação da inibição é o passo que permite que eles sejam ouvidos.[15]

Como analogia, imagine uma grande ruptura em seu círculo de amigos. Devido a um mal-entendido trágico em uma festa (onde todos agiam de forma tão louca quanto você), você perde todos os amigos mais íntimos. De repente seu input social é menor do que antes e agora você começa a procurar sinais de conhecidos mais distantes — pessoas que nunca tiveram a oportunidade de ter toda sua atenção. As vozes destas pessoas eram silenciadas pelas fortes relações que você tinha com os amigos mais chegados. Agora que esses amigos periféricos começam a ser ouvidos, você passa a preencher a vida social cultivando e fortalecendo essas ligações fracas.

Como você deve ser capaz de deduzir a partir desta analogia, o mecanismo para desmascarar é a liberação da inibição que era proporcionada antes pelas fortes conexões. Em termos neurais, as conexões anteriores proporcionavam inibição lateral, o que significa que elas silenciavam a atividade dos vizinhos mais próximos.[16] Quando os inputs originais se aquietam (mesmo de uma mudança de prazo muito curto, como a anestesia do braço ou colocar uma venda nos olhos), resultam mudanças rápidas. Às vezes isto ocorre por alterações no córtex; em outras ocasiões, por desinibição de conexões vizinhas, já existentes, do tálamo ao córtex.[17] Em outras palavras, como resultado da desinibição, as projeções silenciosas difusas e anteriores tornam-se funcionalmente operacionais.

Só é possível desmascarar essas conexões porque o cérebro é altamente cruzado por conectividade redundante. Esta redundância começa forte e diminui com o tempo. Por exemplo, toque um bip alto para alguém e use eletrodos em seu couro cabeludo (registro de um eletroencefalograma) para medir a reação do cérebro. Em um adulto normal, o bip desperta uma reação elétrica que pode ser claramente medida no córtex auditivo, mas é menor ou ausente no córtex visual. Agora compare isto com o que você veria em uma criança de seis meses: a reação nas regiões auditiva e visual são quase idênticas. Por quê? Porque graças à redundância de conexões no cérebro do bebê, as áreas auditiva e visual não são tão diferentes entre si.[18] Entre as idades de seis meses e três anos, existe uma diminuição gradual do tamanho da reação mensurável a um bip nas áreas visuais. O cérebro começa fortemente interconectado e poda a sobreposição com o tempo. Porém, esta interconexão precoce não desaparece completamente. Mesmo no cérebro adulto, fibras auditivas primárias chegam diretamente ao córtex visual primário, e vice-versa.[19] E é este ponto de cruz que pode permitir a reorganização rápida, quando necessária.

Não é só pelo desmascaramento de conexões silenciosas que acontecem as mudanças. Em uma escala de tempo menor, o cérebro emprega um truque diferente: o crescimento de axônios em novas áreas, seguido por um florescimento de conexões.[20] Para ficar na analogia sobre seus amigos, imagine que você comece a trocar um número cada vez maior de mensagens com aqueles conhecidos a quem você nunca deu muita atenção. Com o tempo, em vista do espaço inesperado em seu calendário social, esses amigos distantes começam a te convidar para jantares em suas casas e você se abre a novas amizades para as quais antes não tinha espaço. Você procura e estabelece novas conexões que brotam de círculos sociais mais distantes. E o mesmo acontece no cérebro: com o tempo, de áreas desligadas da comunicação brotam novas conexões.[21]

Para resumir onde estamos até agora: um princípio geral de reorganização é o de que o cérebro esconde muitas conexões silenciosas. Estas normalmente estão inibidas e não contribuem muito com nada. Mas estão disponíveis, se forem necessárias no futuro. Tirando proveito disto, o cérebro pode reagir rapidamente a mudanças em input. Porém, essas conexões silenciosas têm número limitado, e é usada uma abordagem diferente para a mudança mais longa e difusa: caso se descubra que as mudanças de curto prazo foram úteis ao animal, então as de longo prazo (como o surgimento de novas sinapses e o crescimento de novos axônios) se seguirão a elas. Além destas abordagens, existe mais uma coisa que ajuda o sistema a se modelar: a morte.

OS BENEFÍCIOS DE UMA BOA MORTE

Quando pensamos em Michelangelo trabalhando em uma de suas esculturas, é fácil imaginar que ele criou a obra-prima de mármore pouco a pouco — dando forma a cada dedo, ao nariz, à testa, aos mantos esvoaçantes. Mas lembre-se de que ele começou por um bloco imenso de mármore. Suas criações surgiram tirando pedra, e não acrescentando alguma coisa. Suas obras-primas giravam em torno de descobrir o que já era possível dentro do bloco.

Este é o mesmo princípio que o cérebro usa em uma escala de tempo maior. Afinal, os neurônios levam a vida em um estado perpétuo de buscar o lugar certo. Eles estendem projeções. Se obtêm uma boa resposta, continuam. Se obtêm indiferença, tentam a sorte por perto, com outros neurônios. A certa altura, se não obtiverem nenhum *feedback* positivo, eles recebem a mensagem de que simplesmente não há lugar para eles.

A célula morre de duas maneiras. Se não obtiverem nutrientes suficientes (digamos, bloqueio de uma artéria que leva o tecido a morrer por falta de nutrição), as células têm uma morte desajeitada, em que substâncias inflamatórias escapam e provocam danos às vizinhas. Isto é conhecido como necrose. Mas o segundo jeito de as células morrerem é por apoptose, em que elas praticamente cometem suicídio. Propositalmente, elas encerram os negócios, cuidam de sua vida e se consomem. A morte celular por apoptose não é ruim. Na verdade, é o motor para esculpir um sistema nervoso. No desenvolvimento embrionário, a trajetória da mão palmada para os dedos claramente definidos depende de excluir células, e não as acrescentar. Os mesmos princípios são válidos para a escultura do cérebro. Durante o desenvolvimento, são produzidos 50% mais neurônios do que o necessário. A morte maciça é o procedimento operacional padrão.

SERÁ O CÂNCER UMA EXPRESSÃO DE PLASTICIDADE QUE CORREU MAL?

Creio ser possível que o estudo do câncer em nossa sociedade acabará se sobrepondo ao nosso estudo da plasticidade.

Aqui está a versão simplificada do câncer: uma célula tem uma mutação que a faz se dividir infinitamente. Com sua replicação descontrolada, ela se torna um tumor e compromete o resto do sistema.

Mas o câncer verdadeiro é mais complexo do que isso. Em um tumor, bilhões de células competem pela sobrevivência e as células tumorosas podem ser bem diferentes entre si. Como no cérebro, estas células estão presas à competição pela sobrevivência. Existem quantidades limitadas de nutrientes, e cada célula luta para sobreviver. As formas típicas de câncer envolvem a mutação de uma célula que dá uma leve vantagem a este ambiente competitivo de matar ou morrer.[22] A vantagem pode ser pequena, algo que permita à célula superar levemente as vizinhas mais próximas. Porém, depois que esta nova célula mutante se replicou, suas próprias células agora lutam entre si. Assim, outras mutações podem ocorrer, dando uma nova vantagem, tornando a nova progênie uma competidora um pouco melhor. Estas células continuam a lutar, evoluir e se tornar combatentes melhores, e, por fim, o tumor mata o hospedeiro.

Agora voltemos ao cérebro e ao corpo. Somos criaturas *livewired*. Os neurônios no cérebro (e mais geralmente, todas as células do corpo) estão presos em uma batalha pela sobrevivência, e às vezes este jogo febril de competição pende para a patologia. Algumas mutações podem dar uma leve vantagem a uma célula neste ambiente — mas ao custo de virar todo o sistema para uma espiral letal.

Sugiro que organismos pluricelulares encontram seu nicho evolutivo no fio da navalha do caos, tentando se equilibrar entre a competição que produza algo de útil e a competição tão feroz que mata o sistema. No meu entender, este é um jeito de compreender a enorme incidência de câncer em mamíferos. A maioria dos mamíferos, por exemplo, tem cerca de 30% de probabilidade de chegar ao câncer no final da vida. Parece um estado surpreendentemente fácil em que o sistema cai.

Em um sistema que tem uma competição tão acirrada, uma vantagem mínima pode se tornar desastrosa. Pode acelerar a competição por mutações. Um sistema em que todas as peças colaborassem não levaria, presumivelmente, a cânceres com mutações múltiplas; não seria necessário.

SALVANDO A FLORESTA CEREBRAL

Vimos neste capítulo como as regras simples da competição por território permitem que o cérebro codifique mapas que podem ser esticados e espremidos. Conhecemos Alice, que nasceu sem um hemisfério, e nos recordamos de Matthew, o menino que teve um hemisfério removido. Os dois têm um cérebro reconfigurado, de tal modo que o campo visual dos dois transmite informações a um único hemisfério restante. Isto foi possível por competição no nível de sinapses e neurônios, que permitiu o rápido desmascaramento de conexões existentes, bem como o crescimento, com o tempo, de novos axônios e a brotação de novas sinapses. No todo, o desejo de Alice e Matthew de caminhar, brincar de pique e andar de bicicleta deu os sinais de relevância que permitiram a reorganização do cérebro.

A complexidade do que é encontrado em uma floresta tropical me faz pensar na complexidade do que é encontrado na *floresta cerebral*. Temos uma tendência a pensar em nossos 86 bilhões de neurônios como árvores e arbustos que se entendem bem. Mas e se nossos neurônios na verdade são como os integrantes de uma floresta, que estão em constante competição para continuar vivos? Árvores e arbustos tentam estratégias infindáveis para ficar mais altos, ou mais largos, ou vencer os outros na competição, porque estão todos tentando se expor à luz solar. Sem luz, eles morrem. Os fatores neurotróficos que vimos são a luz solar dos neurônios, e um dia talvez entendamos as estratégias dos neurônios nos termos dos truques competitivos que fazem entre si.

Como foi destacado antes, tudo que vimos neste capítulo é fundamentalmente diferente de como construímos nossas tecnologias atuais. Os engenheiros se gabam de intuições de eficiência, exigências mínimas e pureza. Uma devoção desse porte acaba alcançando menos circuitos. Mas também forma uma incapacidade de se equilibrar à beira do caos, de estar preparado para o inesperado, de implantar a mudança rápida no sistema.

Com estes elementos estabelecidos, agora estamos prontos para nos voltar a uma questão que está à espreita, no fundo: por que os cérebros jovens são muito mais plásticos do que os adultos?

9

POR QUE É MAIS DIFÍCIL ENSINAR TRUQUES NOVOS A CACHORROS VELHOS?

NASCIDO COMO MUITOS

Nos anos 1970, o psicólogo Hans-Lukas Teuber, do MIT, ficou curioso com o que tinha acontecido com soldados que tiveram lesões prolongadas na cabeça durante a Segunda Guerra Mundial, quase trinta anos antes. Ele localizou 520 homens que sofreram danos cerebrais durante as batalhas. Alguns se recuperaram bem; outros mostraram resultados ruins. Examinando os registros, Teuber deduziu a variável que importava: quanto mais jovem o soldado foi ferido, melhor estava agora; quanto mais velho o soldado, mais permanentes eram os danos.[1]

Os cérebros jovens são como o globo terrestre 5 mil anos atrás: diferentes eventos têm a capacidade de empurrar as fronteiras em direções variadas. Mas, hoje em dia, depois de milênios de história, os mapas do globo estão mais acomodados. Agora que a espécie humana passou dos séculos de bater espadas e descarregar fuzis, as fronteiras territoriais são contumazes e não mudam. Bandos errantes de saqueadores e conquistadores montados a cavalo foram substituídos pela Organização das Nações Unidas e por regras internacionais de confronto. As economias tornaram-se cada vez mais dependentes de informações e perícia, em vez da pilhagem de tesouros. Além disso, graças às armas nucleares é mais proibitivo começar um conflito. Assim, mesmo diante de discussões comerciais e debates sobre imigração, é menos provável que as fronteiras entre os países mudem. As nações se acomodaram. As massas de terra de nosso planeta começaram com uma enorme possibilidade para as localizações de fronteiras, mas, com o tempo, o potencial se estreitou.

O cérebro amadurece como o planeta. Durante anos de disputas por fronteiras, os mapas neurais ficam cada vez mais solidificados. Por conseguinte, as lesões no cérebro são terrivelmente perigosas para os idosos, enquanto são menos perigosas para os jovens. Um cérebro mais velho não consegue realocar facilmente os territórios estabelecidos para novas tarefas, enquanto um cérebro na aurora das guerras ainda pode reimaginar seus mapas.

Voltemos aos bebês Hayato e William. Quando eles nasceram, podiam compreender todos os sons das línguas humanas. E também podiam fazer muito mais: captavam os detalhes sutis de suas culturas, absorviam crenças religiosas e aprendiam as regras das interações sociais. Eles aprenderam a reunir uma quantidade imensa de informações e, dependendo de sua geração, os bebês o fizeram desenrolando um pergaminho, virando as páginas de um livro ou passando o dedo em um pequeno retângulo de tela.

Porém, quando eles cresceram, a história mudou um pouco. Hayato se identifica com determinado partido político e é improvável que mude. William toca piano razoavelmente bem, mas não tem um interesse particular pelo estudo do violino ou de outros instrumentos. Hayato gosta de cozinhar, e todos os seus pratos exploram combinações de 14 ingredientes com que ele está acostumado. William passa o tempo online em uma fração ínfima dos bilhões de sites disponíveis. Hayato joga golfe com habilidade respeitável, mas não tem curiosidade por outros esportes.

William mora em uma cidade de 8 milhões de pessoas, mas tem apenas três amigos próximos. Hayato não é particularmente interessado na ciência que já não tenha aprendido na escola. Numa loja de departamentos, William passa por araras de camisas até achar o tipo que sempre usa, e escolhe duas em suas cores padrão. O corte de cabelo de Hayato continua o mesmo desde seus oito anos.

Estas trajetórias de vida sublinham uma questão geral: os bebês humanos nascem com poucas habilidades embutidas e muita plasticidade, enquanto os adultos dominaram tarefas específicas à custa da flexibilidade. Existe uma compensação entre a capacidade de adaptação e a eficiência: enquanto seu cérebro melhora em determinadas tarefas, fica menos capaz de se dedicar a outras.

Lembre-se da história no Capítulo 6 do violinista Itzhak Perlman, em que um fã lhe disse que daria a vida para tocar daquele jeito e Perlman respondeu, "Eu dei a minha". Perlman apontava para uma realidade da vida: ficar bom em uma coisa é fechar a porta para outras. Como você só tem uma vida, aquilo a que se dedica faz você trilhar seus próprios caminhos, enquanto os outros caminhos continuarão para sempre inexplorados por você. Assim, comecei este livro com uma de minhas citações preferidas do filósofo Martin Heidegger: "Todo homem nasce como muitos homens e morre de forma única."

Do ponto de vista de suas redes neurais, o que significa cair no padrão e no hábito? Imagine duas cidades separadas por uns poucos quilômetros. As pessoas interessadas em sair em caravana de um assentamento a outro tomam todos os caminhos possíveis: alguns viajantes percorrem a pé a rota panorâmica pelo cume das montanhas, alguns preferem a sombra da encosta, alguns se movem em meio a pedras escorregadias junto do rio e outros tomam a rota mais arriscada, porém mais rápida, pela mata. Com o tempo e a experiência, uma rota se mostra mais popular. Por fim o caminho fica sulcado onde a maioria das pessoas andou e começa a se tornar o padrão. Depois de alguns anos, o governo local faz estradas. Depois de algumas décadas, isto se expande para rodovias. As opções amplas se reduzem ao padrão.

Os cérebros, da mesma forma, começam com muitas rotas possíveis pelas redes neurais; com o tempo, fica difícil sair das vias treinadas. Caminhos incomuns vão se diluindo. Os neurônios que não conseguem encontrar sucesso no mundo acabam por fechar os negócios e cometer suicídio. Durante décadas de experiência, o cérebro chega a uma representação física do ambiente e suas decisões acompanham os caminhos restantes e bem pavimentados. A vantagem é que você acaba com meios muito velozes de resolver problemas. A desvantagem é que fica mais difícil atacar os problemas com uma inventividade desestruturada e rebelde.

Além da diminuição das opções nos caminhos, existe um segundo motivo para que cérebros mais antigos sejam menos flexíveis: quando eles mudam, só o fazem em pequenos pontos. O cérebro dos bebês, por sua vez, modifica vastos territórios. Usando sistemas de transmissão como a acetilcolina, os bebês transmitem anúncios por todo o cérebro, permitindo que vias e conexões se modifiquem. Seu cérebro é mutável em toda parte, entrando em foco lentamente, como uma fotografia em polaroide. Um cérebro adulto só muda pedacinhos de cada vez. Ele mantém a maior parte das conexões fixas, para reter o que aprendeu. E só pequenas áreas ficam flexíveis por uma trava de combinação dos neurotransmissores corretos.[2] Um cérebro adulto é como um pintor pontilhista que modifica a cor de apenas alguns poucos pontos em uma tela quase acabada.

Como um comentário adicional, você pode se perguntar como *deve ser* estar dentro do cérebro imensamente maleável de um bebê. Já estivemos lá quando crianças, mas não conseguimos nos lembrar. Assim, como é ser plástico, inabitado e aprender um amplo leque de novos eventos? Talvez você possa chegar perto de entender isto ao considerar outras situações em que sua consciência e sua plasticidade estão a todo vapor. Quando você é um viajante atento em uma nova terra, absorve a visão do país estrangeiro, experimenta mais novidades, mais aprendizado e mais atenção distribuída. Afinal, em seu país você presta muito pouca atenção; ele é muito previsível. Quando você é o viajante, transborda de consciência. Nesta visão, quando estamos muito envolvidos e prestando atenção, somos como bebês de novo.[3]

É fácil enxergar as diferenças entre um bebê e um adulto, mas a transição neural de um para outro não acontece em uma linha suave. Em vez disso, parece uma porta que vai se fechando. Depois que se fecha, acabou-se a mudança em larga escala.

O PERÍODO SENSÍVEL

Pense em Matthew, a criança que conhecemos no início do livro e que teve metade do cérebro removida cirurgicamente. Esse tipo de procedimento radical, conhecido como hemisferectomia, em geral só é recomendado se o paciente tem menos de oito anos. Matthew tinha seis quando fez a cirurgia — aproximando-se do limite recomendado. Se uma criança é mais velha (digamos, adolescente), terá de levar a vida se desdobrando em tarefas que combinem com seu cérebro, em vez de contar com a adaptação do seu cérebro para sua nova realidade.[4]

O fechamento dessa porta pode ser visto com mudanças mais sutis no cérebro. Lembre-se de Danielle, a menina profundamente negligenciada, encontrada em uma casa na Flórida. Presa em um quarto pequeno por toda a infância — sem conversas nem afeto — ela acabou incapaz de falar, de enxergar de longe e de ter interação humana normal. As perspectivas de recuperação de Danielle eram fracas e foi assim por um motivo principal: ela foi encontrada tarde demais. Quando a polícia chegou, a maior parte de seu mapa neural já havia se estabilizado.

Matthew e Danielle contam a mesma história: os cérebros são mais flexíveis no início, em uma época conhecida como período sensível.[5] À proporção que este período passa, fica mais complicado alterar a geografia neural.

Como vimos com Danielle, o cérebro de uma criança precisa ouvir muito a língua durante o período sensível. Sem este input, os neurônios nunca se organizam para capturar os conceitos fundamentais da linguagem. Você pode se perguntar o que acontece a um bebê surdo, que não recebe input auditivo. A resposta: desde que os pais apresentem a linguagem de sinais ao bebê, seu cérebro vai se configurar corretamente para a comunicação. Além disso, o bebê surdo empregará as mãos para balbuciar, fazendo imitações da linguagem de sinais — da mesma forma que um bebê com audição exposto à linguagem falada vai balbuciar com as cordas vocais.[6] Se houver input a ser captado, o bebê o fará, desde que esse input chegue dentro do período sensível. Depois que esta porta se fecha, passa a ser tarde demais para aprender todos os fundamentos da comunicação.

Assim, existe um período para adquirir a capacidade de se comunicar e também para aspectos mais sutis da linguagem, como os sotaques.[7] A atriz Mila Kunis fala inglês norte-americano sem sotaque discernível, assim a maioria das pessoas não sabe que ela nasceu na Ucrânia e morou lá, sem falar uma palavra que fosse de inglês, até os sete anos. Arnold Schwarzenegger, por sua vez, que esteve em contato com Hollywood e o cinema americano desde o início de seus vinte anos, tem pouca esperança de se livrar do sotaque austríaco. Seu uso do inglês começou tarde demais, do ponto de vista cerebral. Geralmente, se você chega a um novo país nos sete primeiros anos, sua fluência na nova língua será tão elevada quanto um falante nativo, porque a janela de sensibilidade para obter os sons ainda está aberta. Se você imigrar quando tiver oito ou dez anos, terá um pouco mais de dificuldade para se misturar, mas chegará perto. Se passar dos anos da adolescência quando se mudar, como Arnold, a fluência provavelmente continuará baixa e você ficará preso a um sotaque que revela sua história. Sua capacidade de se metamorfosear sonoramente em uma cultura diferente é uma porta que normalmente fica aberta por apenas cerca de uma década.

Vimos antes como podemos tirar proveito dos princípios da competição para ajudar uma criança nascida com olhos desalinhados: tapar o olho bom por um tempo, permitindo que o olho fraco lute para recuperar o território perdido. Mas observe que o olho bom precisa ser tapado no período sensível — nos seis primeiros anos —, caso contrário, será tarde demais: a visão nunca mais poderá ser recuperada.[8] Depois dos seis anos, as estradas de terra do cérebro são pavimentadas em rodovias e terão mais dificuldades em ser modificadas.

As mesmas lições são válidas para a cegueira. Como vimos anteriormente, a quantidade de tomada do córtex visual é maior para aqueles que nasceram cegos, menor para os que ficaram cegos na primeira infância e ainda menor para os que ficaram cegos mais tarde na vida. Podemos lidar mais facilmente com as mudanças precoces no input do que com as mudanças tardias. Este princípio também pode ser visto pela lente do desempenho. Quanto mais tomada do córtex visual, melhor uma pessoa consegue se lembrar de listas de palavras, porque o córtex visual anterior agora é alavancado, em parte, por tarefas de memorização.[9] Como é de se esperar, o benefício da memorização é mais elevado naqueles que nasceram cegos. Em segundo lugar, vêm os que ficaram cegos cedo, e a melhora na memorização é menor ou ausente na cegueira tardia.[10] O *timing* importa.

Esse conhecimento é fundamental para cirurgiões quando consideram possíveis procedimentos. Uma cirurgia para corrigir um bloqueio dos olhos pode ter resultados muito diferentes, dependendo da idade do paciente: um jovem pode voltar a desenvolver a experiência visual rapidamente, o que não é típico para uma pessoa mais velha. Na verdade, para as pessoas que são cegas há muito tempo, reconectar os dados visuais ao córtex occipital pode, às vezes, perturbar um sistema estável pelo tato e pela audição.[11]

Voltemos ao experimento em que os nervos visuais de um furão foram reconfigurados para conexão em seu córtex auditivo. Embora as informações visuais estivessem entrando em uma região incomum, o córtex deduziu como analisar os dados. Porém, observe que a transformação do córtex auditivo não foi completa: os circuitos acabaram um pouco mais desorganizados do que no córtex visual, levantando a possibilidade de que o córtex auditivo seja inerentemente otimizado para um input um pouco diferente.[12] Isto pode significar que a capacidade do córtex de mudar é contrabalançada por pelo menos alguma predeterminação genética. Mas pode igualmente significar que, quando a manipulação experimental aconteceu, o córtex auditivo já tivera uma chance de definir alguma estatística dos sons ao redor. Se as fibras visuais fossem conectadas desde os primeiríssimos momentos de desenvolvimento (digamos, no útero — uma experiência que hoje é impossível), talvez a transformação fosse completa.

A influência da época de desenvolvimento é encontrada em todos os sentidos. Lembra como os mapas corporais se readaptam quando um dedo fica ausente ou quando se aprende um novo instrumento? De modo geral, tal mudança acontece mais em cérebros jovens do que em cérebros velhos. Como Mila Kunis e sua fala sem sotaque, descobrimos que Itzhak Perlman pegou o violino em tenra idade. Se você pegar o violino pela primeira vez na adolescência, a possibilidade de vir a se tornar um Perlman é bem reduzida. Mesmo que você se esforce mais para acumular o mesmo número de horas de prática, seu cérebro já está atrasado na corrida: ele já estava "solidificado" quando você fez seu primeiro pizzicato, já adolescente.

A aquisição de proficiência em visão, linguagem e violino depende de input normal do mundo, e, se uma criança como

Danielle não os recebe, não consegue receber depois. A capacidade de aprender línguas, possuir visão, interagir socialmente, andar normalmente e ter um neurodesenvolvimento normal é limitada aos anos da infância. Depois de certa altura, essas capacidades são perdidas. O cérebro precisa viver o input adequado, na época adequada, para realizar sua conectividade mais útil.

Como resultado da flexibilidade decrescente, somos muito influenciados pelos acontecimentos de nossa infância. Como um exemplo interessante, pense na correlação entre a altura de um homem e quanto de salário ele ganhará. Nos Estados Unidos, cada polegada (cerca de 2,5 cm) a mais de altura se traduz em um aumento de 1,8% no pagamento. Por que isso acontece? O pressuposto popular é de que esta cultura tem origem na discriminação nas práticas de contratação: todos querem contratar o cara alto devido a sua presença imponente. Mas acontece que existe um motivo mais profundo. O melhor indicador do futuro salário de um homem é sua altura *quando ele tem dezesseis anos*. O que ele cresce depois disso não altera o resultado.[13] Como entendemos isto? Será algum efeito de diferenças nutricionais entre as pessoas? Não: quando os pesquisadores correlacionaram com a altura aos sete e onze anos, o efeito não era tão forte. Em vez disso, a adolescência é uma época em que o status social está sendo elaborado e, por conseguinte, quem você é quando adulto depende fortemente de quem era naquela época. Na verdade, estudos que acompanham milhares de crianças até a idade adulta revelam que as carreiras socialmente orientadas, como em vendas ou gestão de pessoal, mostram o efeito mais forte da altura na adolescência. Outras profissões, como trabalho burocrático ou ofícios artísticos, sofrem menor influência. A maneira como as pessoas tratam você durante seus anos de formação tem forte impacto em seu comportamento no mundo, em termos de autoestima, confiança e liderança.

Como exemplo, a superstar Oprah Winfrey tem seu valor como personalidade da mídia avaliado em 2,7 bilhões de dólares

— assim parece meio surpreendente que ela tenha contado a respeito de um medo profundamente arraigado de acabar sem-teto e sem dinheiro. Mas isso deve-se ao caminho que a levou até aqui. Antes de ser parte da realeza do entretenimento, ela foi uma criança pobre no Mississippi, filha de uma mãe solteira adolescente.

Como observou Aristóteles 2.400 anos atrás, "os hábitos que formamos desde a infância não fazem pouca diferença, eles fazem toda a diferença".

Para apreender a ideia do período sensível, apresentei a metáfora de uma porta se fechando. Mas agora estamos prontos para levar a analogia ao próximo nível. Não é só uma porta: são muitas.

AS PORTAS SE FECHAM EM TAXAS DIFERENTES

O cérebro é tão impressionável nos primeiros dias que às vezes pode se meter em encrencas. Por exemplo, o ganso bebê eclode do ovo e estabelece um relacionamento parental com o primeiro objeto animado que vê. Esta é uma estratégia que basta na maioria dos casos — porque aquela primeira visão costuma ser a da mãe —, mas ele pode ser enganado nas circunstâncias erradas. Nos anos 1930, o zoólogo Konrad Lorenz não precisou se esforçar muito para que os gansos sofressem *imprinting* por ele; Lorenz só teve de aparecer durante um pequeno período de plasticidade depois da eclosão dos ovos. Os bebês ganso então passavam por seu primeiro *imprinting* e o seguiam para todo lado.

É uma porta que se fecha rapidamente para o *imprinting* dos genitores nos gansos. Mas os gansos ainda podem aprender outras coisas mais tarde na vida, por exemplo, onde fica o rio, que lugar é melhor para procurar comida e as identidades de outros gansos que conheceram na idade adulta.

Konrad Lorenz e seus gansos impressionáveis.

Os períodos sensíveis são diferentes para diferentes tarefas do cérebro. Nem todas as regiões cerebrais são igualmente plásticas em relação ao grau de flexibilidade com que elas começam e por quanto tempo retêm a capacidade de adaptação.

Existiria um padrão de que áreas se solidificam primeiro? Pense no que aconteceu quando os pesquisadores procuraram por mudanças no córtex visual adulto depois de danos na retina. Será que as regiões vizinhas do córtex visual tomariam o tecido não utilizado, e, se fosse assim, com que rapidez? Para surpresa deles, não houve mudanças mensuráveis no córtex visual. A parte do córtex que estava inativa continuou inativa: não foi tomada pelas áreas circundantes.[14] Dada a história dos estudos de plasticidade, a resposta foi meio inesperada. Afinal, existe muita flexibilidade nas áreas somatossensorial e motora em adultos, permitindo que você aprenda a voar de asa-delta ou andar de snowboard mesmo em seus últimos anos de vida.[15]

Assim, qual era a diferença entre os estudos envolvendo sua visão em contraposição a seu corpo? Por que os padrões no córtex visual primário são fixados depois de um curto período de alguns anos, enquanto os córtices somatossensorial e motor podem continuar a aprender? Por que uma criança de oito anos, cujos olhos estão desalinhados, fica irrecuperavelmente cega de um olho, enquanto uma pessoa de 58 anos com paralisia pode aprender a controlar um braço robótico?

Diferentes áreas do cérebro operam diferentes cronogramas de plasticidade. Algumas redes neurais são inflexíveis, enquanto outras são altamente maleáveis; alguns períodos sensíveis são breves, ao passo que outros são longos.

Existiria um princípio geral por trás dessa diversidade? Uma possibilidade é a de que os diferentes períodos sensíveis sejam provocados por diferentes estratégias subjacentes de aprendizado de diferentes regiões.[16] Nesta perspectiva, algumas regiões são equipadas para aprender a vida toda, porque foram feitas para codificar detalhes variáveis do mundo. Pense em palavras do vocabulário, a capacidade de aprender novas rotas ou o reconhecimento visual do rosto de pessoas: estas são tarefas para as quais é desejável manter a flexibilidade. Por outro lado, outras áreas cerebrais estão envolvidas em relações estáveis — como a formação de blocos de visão, como mastigar comida, ou as regras gerais da gramática — e estas áreas exigem uma fixação mais rápida.

Mas como o cérebro pode saber antecipadamente que coisas solidificar? Será geneticamente codificado? Possivelmente alguns aspectos são, mas sugiro uma nova hipótese: o grau de plasticidade em uma região cerebral reflete o quanto seus dados mudam (ou podem mudar) no mundo. Se os dados que chegam são inalteráveis, o sistema endurece em torno deles. Se os dados estão em constante mudança, o sistema permanece flexível. Por conseguinte, os dados estáveis se solidificam primeiro.

Compare as informações obtidas dos ouvidos com as informações do corpo. As áreas que codificam os sons básicos do mundo — como o córtex auditivo primário — tornam-se resistentes à mudança. Elas se enrijecem rapidamente. Foi isto que aconteceu com os bebês William e Hayato quando eles fixaram a paisagem de sons possíveis. Já as áreas motora e somatossensorial envolvidas na navegação do corpo permanecem mais plásticas porque os planos corporais mudam por toda a vida: nós engordamos, emagrecemos, calçamos botas, chinelos ou usamos muletas, pulamos em uma bicicleta, uma scooter ou saltamos de um trampolim. É por isso que William e Hayato adultos podem se encontrar para umas férias em que ambos consigam aprender windsurf. Enquanto a estatística do som não muda muito, o *feedback* que seu corpo recebe do mundo muda constantemente. Assim, o córtex auditivo primário enrijece; acontece em grau menor para o plano corporal.

Vamos atentar para um único sentido, como a visão. Em áreas visuais de baixo nível — como o córtex visual primário — os neurônios codificam propriedades básicas do mundo: bordas, cores e ângulos. As áreas superiores do córtex visual, por sua vez, estão envolvidas com itens mais específicos, como a disposição de sua rua, ou o visual elegante do carro esporte deste ano, ou o arranjo de aplicativos em seu telefone. As informações nas áreas de baixo nível tornam-se estabelecidas primeiro e camadas sucessivas se configuram por cima dessas fundações. Assim, os ângulos possíveis em que as linhas podem ser orientadas são fixados, mas você ainda pode aprender como é o rosto da mais recente estrela do cinema e fixar em sua mente. Nesta hierarquia de flexibilidade, as representações na base são aprendidas primeiro; estas refletem a estatística básica do mundo visual, em que a mudança não é provável. Essas representações de baixo nível continuam estáveis para que conjuntos de ordem superior (que podem mudar mais rapidamente) possam ser aprendidos.

Por analogia, se você está construindo uma biblioteca, vai querer estabelecer primeiro o básico — determinar a posição das estantes, o sistema decimal Dewey de organização e o fluxo de trabalho para a devolução de livros. Depois que isto foi resolvido, é simples manter um estoque flexível de livros, expandindo as ofertas em categorias empolgantes, reduzindo volumes desatualizados e testando constantemente novos títulos.

Assim, não existe uma resposta única para o questionamento de o cérebro ser ou não plástico enquanto envelhecemos. Depende da área do cérebro de que estamos falando. A plasticidade declina com a idade, não de modo linear, e sim de forma aguda ou superficial, a depender de sua função.

Esta hipótese da plasticidade como reflexo da variância tem uma analogia na genética. De formas que a ciência ainda tenta entender, os genomas parecem se fixar em algumas partes de suas sequências de nucleotídeos mais do que em outras, protegendo-as da mutação. Por outro lado, outras regiões dos cromossomos são mais variáveis. Falando por aproximação, a variabilidade de uma sequência genética espelha a variabilidade das características no mundo.[17] Por exemplo, os genes para o pigmento da pele são variáveis, porque a espécie humana se encontra em diferentes latitudes e precisa mudar a pigmentação para absorver vitamina D suficiente. Já os genes que codificam proteínas que quebram o açúcar são estáveis, porque esta é uma fonte de energia fundamental e inalterável. Por analogia, a pesquisa do futuro pode conseguir quantificar a "variabilidade" de funções mentais, sociais e comportamentais na vida humana e colocar à prova a hipótese de que os circuitos mais flexíveis do cérebro espelham as partes mais variáveis de nosso ambiente.

AINDA MUDANDO DEPOIS DE TODOS ESSES ANOS

Os adultos invejam as crianças. As crianças têm a capacidade de absorver línguas a uma taxa extraordinária, pensar em abordagens magicamente bizarras a um problema e comemorar a novidade de cada experiência — de olhar pela janela de um avião a fazer um carinho em um coelho pela primeira vez. Cérebros mais velhos têm mais portas fechadas, e é por isso que os veteranos da Segunda Guerra Mundial de Teuber se saíam pior se fossem mais velhos, e por isso Schwarzenegger ainda tem um forte sotaque. Da mesma forma, quanto mais velha uma cidade, mais sua infraestrutura se torna resistente a mudanças. Roma, por exemplo, não pode desemaranhar suas ruas sinuosas para que se assemelhe à organização de Manhattan; história demais colou as rotas sinuosas. Como os humanos em desenvolvimento, as cidades aprofundam suas trilhas pelas primeiras estradas.

Em 1984, aos trinta e cinco anos, o físico Alan Lightman escreveu um curto artigo no *New York Times* com o título "Expectativas Expiradas", em que lamentou o enrijecimento perceptível de sua mente:

> Os anos ágeis para os cientistas, como para os atletas, em geral chega em uma tenra idade. Isaac Newton estava no início dos vinte anos quando descobriu a lei da gravidade, Albert Einstein tinha vinte e seis quando formulou a relatividade especial, e James Clerk Maxwell tinha desenvolvido a teoria eletromagnética e se retirado para o campo aos trinta e cinco anos. Quando eu mesmo cheguei aos trinta e cinco, alguns meses atrás, passei pelo exercício desagradável, mas irresistível, de sintetizar minha carreira na física. Nesta idade, ou em mais alguns anos, as realizações mais criativas estarão terminadas e serão visíveis. Ou você entendeu as coisas e as usou, ou não fez isso.

Estes mesmos sentimentos foram ecoados pelo físico James Gates em uma entrevista para a televisão:

> Há um ditado segundo o qual os físicos velhos aceitam ideias novas quando morrem. É a geração seguinte que levará as

novas ideias a sua plena fruição. Quando você passa a ser um físico velho como eu, sabe de muita coisa e age como lastro em um navio; isso puxa você para baixo. Você tem todo o peso dessas outras coisas que sabe. E às vezes uma ideia passa, como uma pequena fada ou um duende, e você diz: "Ah, não sei o que é isso, mas não pode ser importante." Bom, às vezes é.

Essas marchas fúnebres são típicas do envelhecimento. Mas felizmente, embora a plasticidade cerebral diminua com o passar dos anos, ela ainda está presente. O *livewiring* não é unicamente privilégio dos jovens. A reconfiguração neural é um processo contínuo que dura toda nossa vida: formamos novas ideias, acumulamos informações novas e lembramo-nos de pessoas e de acontecimentos. Apesar de ter uma flexibilidade diminuída, Roma evolui. A cidade agora não é o que era vinte anos atrás. Hoje sua estatuária é cercada de torres de celular e cibercafés. Embora seja difícil mudar os rudimentos, a cidade ainda assim promove suas complexidades segundo a nova circunstância — como a biblioteca muda o estoque enquanto a arquitetura permanece majoritariamente fixa.

Vimos isto em muitos estudos ao longo do livro — por exemplo, com o malabarismo, novos instrumentos musicais, mapas de Londres e assim por diante — em que todos envolvem plasticidade em adultos. Um exemplo impressionante surgiu recentemente do Nun Study, uma investigação, de várias décadas, de centenas de freiras católicas que moram em conventos.[18] Todas as irmãs concordaram em testar regularmente a função cognitiva, compartilhar os registros médicos e doar o cérebro após a morte. Por incrível que pareça, algumas freiras nunca exibiram nenhum declínio cognitivo — elas eram afiadas como uma navalha — e ainda assim seus cérebros na autópsia estavam crivados dos estragos da doença de Alzheimer. Em outras palavras, as redes neurais se degeneravam fisicamente, mas o desempenho, não. O que pode explicar isto? A chave está no fato de que as freiras em seus conventos têm de consistentemente usar a inteligência até os últimos dias. Elas têm responsabilidades, tarefas, vida social, discussões, noites de jogos, debates em grupo e assim por diante. Ao contrário de octogenários típicos, elas não têm uma aposentadoria que as joga em um sofá de frente para um aparelho de televisão. Devido à sua vida mental ativa, os cérebros eram obrigados constantemente a estabelecer novas ligações neurais, mesmo que algumas vias estivessem se desintegrando fisicamente. Na verdade, um terço das freiras, de maneira surpreendente, parece ter tido a patologia molecular de Alzheimer sem os sintomas cognitivos esperados. Uma vida mental ativa, mesmo na idade bem avançada, fomenta novas conexões.[19]

Assim, o aprendizado pode acontecer em qualquer idade. Mas por que ele é mais lento à medida que o cérebro amadurece? Um motivo é que muitas das portas se fecharam. Mas existe outro jeito de enxergar isto. Lembre-se de que as mudanças cerebrais são impelidas pelas *diferenças* entre o modelo interno e o que acontece no mundo. Assim, o cérebro só muda quando algo é imprevisto. À proporção que você envelhece e entende as regras do mundo — da expectativa de sua vida doméstica ao comportamento nos círculos sociais e aos alimentos que você prefere — seu cérebro torna-se menos desafiado com novos estímulos, portanto mais acomodado. Por exemplo, quando você é criança, seu modelo interno é o de que todas as pessoas acreditam em tudo que você acredita. À medida que a experiência no mundo lhe ensina a diferença entre sua previsão e sua experiência, as redes se adaptam para abordar o hiato crescente.

Ou pense no que acontece quando você começa em um novo emprego. No início, tudo é novo — dos colegas de trabalho às responsabilidades e abordagens. Você tem muita plasticidade cerebral durante os primeiros dias e semanas à medida que incorpora o novo trabalho em seu modelo interno. Depois de um tempo, você fica proficiente no trabalho. As habilidades substituem a flexibilidade.

Vemos este padrão no modo como as nações se estabelecem. Pense nas emendas à constituição de qualquer país: quase todas as mudanças acontecem perto do começo, enquanto a nação está aprendendo as estratégias de se governar; mais tarde, as constituições se solidificam e há menos emendas. Na Constituição dos EUA, por exemplo, doze das emendas aconteceram nos treze primeiros anos. Depois disto, houve um máximo de quatro mudanças em qualquer período de vinte anos e, na maioria dos períodos, não houve mudança nenhuma. A última mudança, ratificando a 27ª Emenda, aconteceu em 1992. A Constituição tem estado paralisada desde então. Deste modo, as nações diminuem continuamente sua adaptação ao mundo: elas modificam profusamente no início e com o tempo se acomodam em um modelo funcional que ofereça o que o país precisa para ser operacional.

Da mesma maneira, a solidificação do cérebro reflete seu sucesso na compreensão do mundo. As redes neurais se fixam mais profundamente, não devido ao desaparecimento da função, mas porque elas tiveram sucesso deduzindo as coisas. Então, você ia mesmo querer a plasticidade de uma criança de novo? Embora pareça atraente ter um cérebro de esponja que absorva tudo, o jogo da vida é, em grande parte, entender as regras. O que perdemos em capacidade de modificação, ganhamos em perícia. Nossas redes de associação duramente conquistadas talvez não sejam de todo corretas, nem internamente coerentes, mas elas acrescentam experiência à vida, know-how e uma abordagem em relação ao mundo. Uma criança simplesmente não tem a capacidade de administrar uma empresa, desfrutar de ideias profundas ou liderar uma nação. Se a plasticidade não declinasse, você não iria fixar as convenções do mundo. Nunca teria um bom reconhecimento de padrões nem a capacidade de navegar pela vida social. Você não seria capaz de ler um livro, ter uma conversa significativa, andar de bicicleta ou obter comida. Preservar a flexibilidade total manteria a vulnerabilidade de um bebê.

E as lembranças de sua vida? Imagine que você pudesse tomar um comprimido que renovaria sua plasticidade cerebral: isto lhe daria a capacidade de reprogramar as redes neurais para aprender novas línguas rapidamente e adotar novos sotaques e novas visões da física. O custo seria que você se esqueceria do que veio antes. Suas lembranças da infância seriam apagadas ou sobrescritas. Seu primeiro amor, a primeira ida à Disneylândia, a interação com seus pais — tudo desapareceria como um sonho depois de acordar. Valeria a pena para você?

Um cenário de terror sobre o futuro da guerra é imaginar uma arma biológica que implemente a plasticidade de novo: ninguém se fere fisicamente, mas os soldados são impelidos de volta ao estado de bebês. Eles se esquecem da capacidade de andar e de falar. Todas as lembranças são eliminadas. Quando os comandantes os enviam de volta para casa, eles não têm recordações das famílias, dos amigos, cônjuges ou filhos. Tecnicamente eles estão bem: ainda podem aprender de novo; nada foi danificado. Só sua vida mental — a parte que não podemos ver facilmente — teve um reset de fábrica, de volta a seu estado original.

Esta cena é tão horrível porque, fundamentalmente, *você* é essencialmente a soma total de sua memória. Vamos nos voltar para isto agora.

10

LEMBRA QUANDO

Aquele último dia de agonia durou uma eternidade. Vezes sem conta eu a levantava quase para fora da cama, assim eles tinham de lutar para segurá-la. Ele não suportou e saiu do quarto; chorou como se as lágrimas nunca fossem bastar. Jeannie veio reconfortá-lo. Em sua voz leve, disse: Vovô, vovô, não chore. Ela não está lá, ela me prometeu. No último dia, ela me disse que voltaria ao tempo em que ouviu música pela primeira vez, quando era uma garotinha na rua do vilarejo onde nasceu. Ela me prometeu. É um casamento e eles dançam, enquanto as flautas alegres e vibrantes estremecem no ar. Deixe-a lá, vovô, está tudo bem. Ela me prometeu. Volte, volte e ajude seu pobre corpo a morrer.

— Tillie Olsen, "Tell Me a Riddle"

O retrato de Tillie Olsen de uma avó moribunda conta de uma mulher cujas lembranças recentes desapareceram, enquanto as lembranças de infância continuam fartas e disponíveis. Se você conhece alguém com demência senil, terá observado este padrão.

É um dos padrões mais antigos notados na neurologia. Em 1882, esta observação tornou-se um cânone devido ao psicólogo francês Théodule Ribot, que ficou espantado com a observação de que as lembranças mais antigas são mais estáveis do que as mais novas.[1] Hoje isto é conhecido como lei de Ribot e explica por que algumas pessoas, ao chegarem ao fim da vida, revertem à linguagem infantil. Em 1955, quando Albert Einstein morria em um hospital de Princeton, Nova Jersey, falou seus últimos pensamentos. Todo mundo quis saber quais foram as últimas palavras do grande físico, mas nunca saberemos. Não porque não houvesse uma enfermeira presente para ouvir as últimas palavras, mas porque as palavras foram ditas em alemão, sua língua natal. A enfermeira noturna só falava inglês, então as últimas frases de Einstein foram perdidas.

Não admira que Ribot ficasse espantado com o caráter estranho deste padrão da memória: outros sistemas de armazenamento não funcionam desta forma. A memória institucional se esquece de antigas eras de liderança, as instituições educacionais concentram-se em tendências recentes, prefeituras se gabam principalmente de suas mais recentes realizações em vez de insistirem em sucessos do século passado.

Então, por que o cérebro faz o contrário? Por que as lembranças mais antigas ficam mais firmes? Esta é uma pista fundamental para entender os princípios que governam por trás dos panos. Assim, agora nos voltaremos a um dos aspectos mais importantes do *livewiring*: o fenômeno da memória.

FALANDO COM SEU EU FUTURO

Antes que passe a hora da separação,
Rápido, teus comprimidos, Memória!
— Matthew Arnold

No filme *Memento*, Leonard Shelby sofre de uma incapacidade de converter a memória de curto prazo em memória de longo prazo — um problema conhecido como amnésia anterógrada. Ele consegue se lembrar do que está acontecendo em uma janela de cinco minutos, mas qualquer coisa mais antiga que isso desaparece. Por conseguinte, ele tatua informações vitais diretamente na pele, e assim, não se esquece de sua missão. É o jeito dele de falar consigo mesmo ao longo do tempo.

Somos todos como Leonard Shelby, mas gravamos a informação vital *onde-estivemos* em nossos circuitos neurais, e não na pele. É assim que nosso eu futuro sabe pelo que passou e, portanto, o que virá depois.

Quase 2.400 anos atrás, Aristóteles fez a primeira tentativa de descrever este processo, em seu manuscrito *De memoria et reminiscentia* (*Da memória e reminiscência*). Ele usou a analogia de pressionar uma impressão em um lacre de cera. Infelizmente para Aristóteles, ele não tinha dados aos quais recorrer, assim a magia neural pela qual um acontecimento no mundo torna-se uma memória na cabeça continuou envolta em mistério por milênios.

Apenas hoje em dia, a neurociência começa a decifrar o enigma. Sabemos que, quando você aprende um dado novo — digamos, o nome do vizinho novo —, existem mudanças físicas na estrutura de seu cérebro. Por décadas, os neurocientistas labutaram sobre bancadas de laboratório para entender o que são essas mudanças, como são orquestradas por vastos mares de neurônios, como incorporam o conhecimento e como podem ser lidas décadas depois. O resultado é que embora faltem muitas peças deste quebra-cabeças, um quadro está se formando.

As formas simples de memória foram estudadas intensivamente nos níveis celular e de rede em organismos modestos como a lesma-do-mar. Por que a lesma-do-mar? Seus neurônios são grandes e poucos, o que a torna um pouco mais fácil de estudar do que a espécie humana. Eis aqui como acontece um experimento típico: os cientistas cutucam delicadamente uma lesma-do-mar com uma vareta. Ela se retrai. Mas se os cientistas repetirem isto a intervalos de nove segundos, a lesma-do-mar acaba parando de se retrair. Ela "se lembra" de que não há nada de ameaçador no estímulo. Agora os cientistas combinam o cutucão com um choque elétrico na cauda. Depois disso, o reflexo de retração de um mero toque da vareta aumenta: a lesma-do-mar "se lembra" de que a vareta está ligada a algo perigoso.[2]

Estes experimentos ensinaram muito sobre mudanças que acontecem no nível molecular; porém, os animais que chegaram mais tarde à festa da evolução (como os mamíferos) têm capacidades e memória que são muito mais potentes e extensas do que aquelas vistas em invertebrados. A espécie humana consegue se lembrar de detalhes de sua autobiografia. Podemos nos lembrar do que sonhamos e imaginamos. Podemos nos lembrar dos detalhes espaciais de vastas regiões geográficas. Podemos adquirir habilidades complexas que nos orientam em condições comerciais, sociais e climáticas. O que é conveniente, também temos a capacidade de nos esquecer de minúcias irrelevantes, como a localização de uma vaga de estacionamento no aeroporto duas semanas atrás ou as palavras exatas ditas numa conversa.

A primeira investigação sistemática sobre a base física da memória em mamíferos foi realizada nos anos 1920 pelo neurobiologista de Harvard Karl Lashley. Ele raciocinou que se pudesse ensinar algo novo a um rato (por exemplo, um caminho por um labirinto), depois talvez conseguisse apagar essa nova memória cortando um pedaço pequeno do cérebro do rato na região certa do córtex. Só precisava localizar esta região mágica, extraí-la e demonstrar que o rato não conseguia se lembrar do caminho.

Assim, ele treinou vinte ratos para correr no labirinto. Depois usou o bisturi para cortar uma área diferente do córtex de cada animal. Depois de lhes dar tempo de recuperação, voltou a testar cada rato para ver que áreas de dano tinham eliminado o conhecimento do labirinto.

A experiência foi um fracasso: todos os ratos eram perfeitamente proficientes na lembrança do labirinto. Nenhum deles se esqueceu do caminho.

O fracasso do experimento representou seu sucesso duradouro. Lashley percebeu que a memória do labirinto no rato não podia ser localizada em um só ponto. A memória não estava confinada a determinada área, mas se distribuía amplamente. O experimento revelou que não existe nada chamado de estrutura dedicada à memória no cérebro. O armazenamento da memória não é como um arquivo, mais parece a computação distribuída na nuvem — semelhante a como sua caixa de entrada de e-mail se espalha por servidores do mundo todo, em geral com alto nível de redundância.

Mas como a memória — por exemplo, de um nome, uma pista de esqui, uma peça de música — fica escrita em um conjunto amplamente distribuído de bilhões de células? Qual é a linguagem de programação que traduz do reino da experiência para o reino físico?

No século XIX, antes da microscopia de alta resolução, supunha-se que o sistema nervoso, com a miríade de vias fibrosas cruzando o corpo, era uma rede contínua como a dos vasos sanguíneos. Esta visão só foi contestada um século atrás, quando o neurocientista espanhol Santiago Ramón y Cajal percebeu que o cérebro é uma coalizão de bilhões de células distintas. Em lugar de uma rodovia, o sistema nervoso mais parecia uma colcha de retalhos de projetos de estradas locais que se intercomunicavam. Ele chamou este arcabouço de "doutrina do neurônio", um *insight* que lhe garantiu uns dos primeiros prêmios Nobel. A doutrina do neurônio introduz uma nova pergunta importante: se as células cerebrais são separadas, como se intercomunicam? E a resposta foi determinada rapidamente: elas são conectadas em zonas de contato que chamamos de sinapses. Ramón y Cajal sugeriu que o aprendizado e a memória podem ocorrer por mudanças nas forças das conexões sinápticas.

Em 1949, o neurocientista Donald Hebb remoeu esta ideia e conseguiu refiná-la. Sugeriu que, se a célula A participa consistentemente na direção da célula B, a conexão entre elas será fortalecida ("potencializada").[3] Em outras palavras: disparam juntas, ligam-se juntas.

Quando Hebb propôs esta hipótese, não havia evidência experimental que pudesse ser arregimentada em seu apoio. E então, em 1973, dois pesquisadores descobriram algo que sugeria que Hebb talvez tivesse acertado. Depois de estimular input em fibras nervosas em uma área chamada de hipocampo, eles encontraram uma resposta elétrica maior da célula receptora (pós-sináptica). E que este sinal maior durava até dez horas. Chamaram isto de potencialização de longo prazo, e esta foi a primeira demonstração de que a força das sinapses pode ser modificada como resultado de sua história recente.[4]

Todo mundo rapidamente adivinhou o próximo passo: o que sobe precisa da capacidade de voltar a descer. Se uma conexão pode potencializar, ela também precisa da capacidade de deprimir. Caso contrário, a rede ficará saturada, tornando-se incapaz de armazenar algo novo. Na década de 1990, mostrou-se que várias manipulações (por exemplo, A dispara sem resposta de B) podem levar à depressão de longo prazo; isto é, que a força entre duas células é enfraquecida.

Os cientistas concluíram que aquela era a descoberta da base física da memória.[5] Afinal, mudar sutilmente a força das conexões pode mudar radicalmente o comportamento resultante de uma rede. A atividade flui pelo sistema com base no que aconteceu antes. Pela sintonia correta de seus parâmetros, uma rede pode fazer ligações entre coisas que ocorreram ao mesmo tempo. A ideia é a de que um mecanismo simples como este pode formar a base de todas as lembranças de sua vida.

Pense em seu melhor amigo e na casa de seu melhor amigo. A visão do amigo desencadeia uma constelação específica de neurônios, e a casa suscita outra. Como os dois grupos de neurônios estão ativos ao mesmo tempo quando você vai lá, os dois conceitos tornam-se associados; daí isto ser denominado aprendizado associativo. Quando uma das duas noções é suscitada, desperta a outra. E ainda melhor, qualquer uma das duas pode ativar toda sorte de outras associações, como as lembranças de conversas, refeições e risos que vocês compartilharam.

Assim, no início dos anos 1980, o físico John Hopfield tentou entender se uma rede neural artificial muito simplificada podia armazenar uma pequena coleção de "memórias".[6] Ele descobriu que se expusesse uma rede a alguns padrões (como as letras do alfabeto) e fortalecesse as sinapses entre os neurônios que disparavam simultaneamente, a rede podia se lembrar dos padrões. Cada letra (digamos, *E*) acionava uma rede específica de neurônios, e estes neurônios fortaleciam as conexões entre si. A letra *S*, por sua vez, seria representada por um padrão diferente. Agora Hopfield podia apresentar uma versão corrompida de um dos padrões (como um *E* com parte do topo cortada), e a cascata de atividades na rede evoluiria para o padrão do *E* completo. Em outras palavras, a rede completava o padrão para combinar com sua noção de como seria um *E*, em vista de todas as experiências anteriores. Além disso, estas redes eram surpreendentemente robustas em reação a uma degradação: se você deletasse alguns nós, as memórias distribuídas da rede ainda poderiam ser recuperadas. Hopfield tinha realizado uma demonstração poderosa da memória em uma simples rede neural artificial, e isto abriu a porta para uma enxurrada de estudos sobre as "redes de Hopfield".[7]

Nas décadas intermediárias, especialmente nos últimos anos, o campo das redes neurais artificiais decolou. Em grande parte, sua ascensão se deveu não a novos avanços teóricos, mas à potência computacional maciça que permite a simulação de redes artificiais gigantescas com milhões ou bilhões de unidades.[8] Estas redes conseguiram fazer proezas extraordinárias, como superar os melhores enxadristas e jogadores de Go (outro jogo de tabuleiro) do mundo.

Apesar da fanfarra, porém, as redes neurais artificiais ainda estão muito longe de operar como o cérebro. Embora sejam sensacionais e impressionantes, elas falham catastroficamente quando são solicitadas a trocas de tarefa — digamos, de distinguir gatos de cachorros até aves de peixes. As redes neurais artificiais são inspiradas no cérebro, mas se estragam em sua direção simplificada. Para entender a magia no cérebro (isto é, o que ele pode fazer que as redes neurais artificiais até agora não puderam), precisamos de um olhar lúcido em relação aos desafios e truques da memória biológica e real.

O INIMIGO DA MEMÓRIA NÃO É O TEMPO; SÃO AS OUTRAS LEMBRANÇAS

O primeiro problema que os cérebros enfrentam é sua longa vida. Os animais enfrentam as mudanças, desafiam ambientes e precisam, portanto, absorver novas informações continuamente com o passar dos anos ou das décadas. Mas o aprendizado vitalício deve equilibrar continuamente os dois lados da moeda: proteger os dados antigos enquanto absorve os novos. Nas redes neurais artificiais, o aprendizado é feito em uma "fase de treinamento" (em geral com milhões de exemplos), depois testado na fase de "recordação". Os animais não têm esse luxo. Precisam aprender e se lembrar em tempo real por toda a vida.

Infelizmente, os modelos de memória baseados nos princípios de mudança sináptica dos livros didáticos fundamentais chocam-se imediatamente com um problema: enquanto o aprendizado hebbiano é ótimo para codificação da memória, ele *continua* a ser ótimo para a codificação da memória, e as coisas antes aprendidas rapidamente passam a ser sobrescritas.⁹ As redes artificiais cheias de memória se degradam no lodo da memória. As primeiras memórias são apagadas depois de nova atividade no sistema, com tal rapidez que você não conseguiria se lembrar de como uma peça começou quando estivesse no final do primeiro ato. Este problema é conhecido como o dilema da estabilidade/plasticidade: como o cérebro retém o que aprendeu enquanto absorve novidades? De algum modo, as lembranças precisam ser protegidas. Não contra os estragos do tempo, mas contra a invasão de outras lembranças.

Enquanto as redes neurais artificiais sofrem do problema do lodo da memória, o cérebro não sofre. Ler um livro novo não sobrescreve o nome do cônjuge em sua memória nem aprender uma nova palavra do vocabulário faz com que o resto de seu vocabulário piore.

O fato de que os cérebros contornam este dilema, de algum modo fixando lembranças mais antigas, diz-nos que simplesmente fortalecer e enfraquecer sinapses em uma rede não compõe o quadro completo. Algo além disso está acontecendo.

A primeira solução para o dilema da estabilidade/plasticidade é garantir que o sistema todo não esteja mudando a um só tempo. Em vez disso, a flexibilidade deve ser ligada e desligada só em pontos pequenos, tendo a relevância como guia. Como vimos antes, os neuromoduladores podem controlar cuidadosamente a plasticidade das sinapses — e deste modo o aprendizado só pode acontecer nos locais e momentos adequados, em vez de sempre que a atividade passa pela rede.¹⁰ Esta especificidade diminui o ritmo da descida de uma rede para o lodo da memória, porque só muda as forças sinápticas quando algo importante está acontecendo: você ouve o nome de um colega novo, uma notícia sobre um de seus pais, ou que uma nova temporada de sua série preferida da TV está no ar. Mas a rede não precisa mudar quando considera uma placa de rua aleatória, nem a cor da camisa de quem passa por você, nem o padrão de rachaduras na calçada. Esta característica de mudar somente quando é relevante nos lembra que o cérebro não é simplesmente uma tabula rasa em que o mundo escreve todas as suas histórias. Em vez disso, o cérebro vem pré-equipado para determinados tipos de aprendizado em situações específicas. As experiências se transformam em lembranças quando são pertinentes para a vida do organismo e, em particular, quando são ligadas a um estado emocional elevado, como o medo ou o prazer. Isto reduz a probabilidade de sobrecarga da rede, porque nem tudo é escrito.

Mas isto não *resolve* o problema da estabilidade/plasticidade, porque ainda existem muitas lembranças salientes que precisam de armazenamento.

Assim o cérebro implementa uma segunda solução. Nem sempre ele guarda memórias em um só lugar. Ele passa o que aprendeu para outra área para armazenamento mais permanente.

PARTES DO CÉREBRO ENSINAM PARA OUTRAS PARTES DO CÉREBRO

Pense em um depósito. Se você está constantemente recebendo novas remessas de caixas, o imóvel vai acabar lotado. Mas se você despacha caixas à medida que elas chegam, pode manter o espaço. A partir desse exemplo, podemos dizer que as lembranças não ficam onde foram formadas, mas são transferidas.

Parte do que conhecemos sobre a memória é destilada de dados do hipocampo e suas regiões circundantes, um local central de formação de memória. Em 1953, um paciente de vinte e sete anos, de nome Henry Molaison, passou por uma cirurgia para aliviar a epilepsia — e, para este fim, o hipocampo foi removido dos dois lados de seu cérebro. Depois da cirurgia, descobriu-se que Molaison tinha uma amnésia profunda: perdera toda a capacidade de formar novas lembranças ou aprender novos fatos. Surpreendentemente, ainda conseguia adquirir um leque limitado de novas habilidades (como ler olhando para as letras em um espelho), embora não tivesse recordação de ter adquirido a habilidade. Como revelaram os estudos detalhados de Brenda Milner e colaboradores, a memória de Molaison para os acontecimentos de antes da cirurgia ficou próxima do normal. Seu caso concentrou a atenção no hipocampo e especificamente porque ele era fundamental para *aprender* fatos, mas não para *se lembrar* de fatos que foram aprendidos.[11]

A resposta? O papel do hipocampo no aprendizado é temporário. Ele não é o local de armazenamento permanente. Molaison conseguia se lembrar de acontecimentos autobiográficos detalhados de antes da cirurgia.[12] A formação de novas lembranças requer o hipocampo, mas as lembranças não são armazenadas permanentemente ali. Em vez disso, elas transmitem o aprendizado a partes do córtex, que mantém a memória mais permanentemente.

Então, como as lembranças partem da estação de passagem do hipocampo para seu lar mais permanente no córtex? Uma proposta é que o armazenamento estável não pode ser alcançado na primeira vez em que um padrão de atividade passa pelo córtex; uma área como o hipocampo precisa *reativar* o sinal várias vezes para fixar a memória no córtex. Este contexto sugere por que o hipocampo é necessário na consolidação da memória: ele precisa repassar os padrões ao córtex várias vezes.[13] Depois que as memórias estão no córtex, elas ganham estabilidade com o tempo. No caso de Molaison: sem repetições, sem armazenamento de longo prazo. O sistema continua como era antes.

Vemos este movimento da memória em muitas partes do cérebro. Imagine que você aprenda uma nova associação: um quadrado vermelho significa que você deve levantar o braço, enquanto um círculo azul significa que você deve bater palmas. Você pratica e fica mais ágil. Durante o aprendizado da habilidade, as mudanças podem ser detectadas rapidamente em certas regiões do cérebro (por exemplo, o núcleo caudado) que captam associações recompensadas. Porém, se você continua fazendo a tarefa, a atividade pode acabar detectada em outras áreas (seu córtex pré-frontal). Aqueles neurônios estão mudando a um ritmo mais lento, sugerindo que a primeira região está ensinando à segunda o que ela aprendeu.[14]

Como outro exemplo, quando você aprende a andar de patins, precisa prestar muita atenção nos braços e nas pernas e investir um grande esforço cognitivo. Mas depois de alguns dias de prática, não precisa mais pensar nisso: passa a ser automatizado. Isto porque as partes do cérebro envolvidas no aprendizado motor (os gânglios basais) transmitem o aprendizado a partes como o cerebelo.

A ideia de despachar os pacotes ajuda no dilema da estabilidade/plasticidade, mas ainda existe o problema do espaço limitado. Se você está despachando caixas para o mundo todo, não tem problema. Mas se estiver apenas empurrando os pacotes para um depósito diferente, está simplesmente varrendo o problema para debaixo do tapete: o segundo depósito logo estará lotado.

E isto nos leva ao início da trilha para uma terceira solução, ainda mais profunda.

PARA ALÉM DAS SINAPSES

As demonstrações da mudança sináptica inspiraram milhares de pesquisadores a cartografar a paisagem detalhada do fenômeno e desvendar a maquinaria molecular que possibilita isto. Porém, o fortalecimento e o enfraquecimento sináptico não são o único mecanismo, nem o mais importante, envolvido na memória.[15] Depois de décadas estudando mudanças sinápticas, sabemos que a plasticidade sináptica é necessária para o aprendizado e para a memória, mas não temos provas de que isto seja suficiente. É possível que as mudanças na força sináptica sejam simplesmente como as células interligadas equilibram cuidadosamente a excitação com a inibição para evitar a epilepsia (superexcitação) ou o colapso (superinibição), e assim as mudanças sinápticas são *consequências* do armazenamento da memória, e não o mecanismo de origem. Embora as mudanças em cada sinapse tenham recebido a maior atenção, teórica e experimentalmente, existem muitas outras maneiras possíveis de armazenar mudanças dependentes de atividade. Ao se concentrar tão intensamente nas mudanças sinápticas, as pesquisas podem estar perdendo parte do mistério da memória. Afinal, para onde quer que olhemos no sistema nervoso, encontramos parâmetros ajustáveis. A natureza tem milhares de truques para armazenar pequenas alterações e todos podem mudar o comportamento de uma rede.

Imagine que você fosse um alienígena descobrindo os seres humanos. Você ficaria perplexo com o número de peças e elementos móveis que compõem o sistema fluente que chamamos de cérebro. À medida que você observasse os humanos interagindo durante o dia, seus olhos de alta resolução veriam mudanças nos formatos de neurônios, como o crescimento ou encolhimento de dendritos com base na experiência. Examinando o sistema mais atentamente, você observaria mudanças na quantidade de mensageiros químicos liberados por uma célula para se comunicar com outra. Detectaria alterações no número de receptores montados para receber esta mensagem química. Localizaria mudanças nas decorações químicas que se penduram nos receptores para alterar sua função. Ficaria assombrado com as cascatas sofisticadas de moléculas e íons dentro dos neurônios, realizando computações e adaptando-se a cada novo input. No núcleo do neurônio, no nível do genoma, você veria as estruturas químicas decoradas ligarem-se a filamentos sinuosos de DNA, levando alguns genes a se expressarem mais enquanto outros eram reprimidos.

Provavelmente você ficaria desconcertado com um sistema desses, porque a plasticidade está acontecendo dentro de cada um desses mecanismos. Todos são flexíveis. Os parâmetros mudam em todas as escalas, do crescimento e da inserção de neurônios recém-formados a mudanças na expressão genética. Com tantos graus de liberdade nos sistemas biológicos, as possibilidades são imensas para estratégias de armazenamento de memória.

Na realidade, temos muitos bons motivos para pensar que as sinapses não são as únicas coisas que mudam. Primeiro, se o aprendizado só sintonizou a eficácia de sinapses existentes, não esperaríamos grandes mudanças na estrutura do cérebro. Mas mudanças de porte podem ser vistas em imageamento cerebral quando voluntários aprendem malabarismo, ou alunos de medicina estudam para provas, ou taxistas memorizam as ruas de Londres.[16] As mudanças corticais são mais do que a modificação das sinapses, elas parecem envolver o acréscimo de novo material celular.[17]

Segundo, se as lembranças simplesmente fossem retidas no tecido das massas sinápticas, não teríamos motivo para esperar a *neurogênese*: o crescimento e a inserção de novos neurônios.[18] Na verdade, esperaríamos que os novos neurônios que se inserem na rede embaralhassem o delicado padrão sináptico. Entretanto, lá estão eles: um fluxo de novos neurônios nascendo no hipocampo e seguindo para o córtex adulto. Eles não são acidentais: podem ser podados para a formação da memória. Por exemplo, se você treinar um rato em uma tarefa de aprendizado que exija o hipocampo, o número de novos neurônios gerados no adulto dobra em relação ao número basal. Mas se você treina ratos em uma tarefa de aprendizado que não exija o hipocampo, o número de novas células fica inalterado.[19]

Terceiro, alterações nos açúcares e nas proteínas em torno do DNA alteram os padrões de expressão genética.[20] Neste campo relativamente novo chamado epigenética, descobrimos que as experiências no mundo modificam quais genes são silenciados e quais são amplificados. Como exemplo, filhotes de camundongo bem nutridos (que recebem lambidas e cuidados frequentes das mães) mostram alterações vitalícias nos padrões das moléculas que se fixam nos filamentos de DNA, e isto parece diminuir a ansiedade e aumentar o cuidado da prole por toda sua vida.[21] Deste modo, suas experiências com o mundo afetam — até o nível de sua expressão genética, onde elas podem ser incorporadas em uma escala de tempo longa.

Quando neurocientistas e engenheiros de inteligência artificial falam de mudanças em uma rede, em geral estão considerando mudanças na força das conexões entre as células. Mas com seus novos olhos alienígenas, fica claro por que as sinapses estão condenadas à insuficiência: a plasticidade existe em todo o cérebro, em cada nível. O modo como a atividade flui em redes depende de todas as configurações na rede, das grandes às pequenas. Em toda parte que sondamos, encontramos plasticidade. Então por que as pesquisas se concentram quase inteiramente nas sinapses? Porque é o que podemos medir mais facilmente. O restante da dinâmica acelerada do cérebro não é acessível à nossa tecnologia. Assim, como um bêbado procurando as chaves sob a luz de um poste, nós nos concentramos principalmente no que conseguimos enxergar.

Deste modo, o cérebro tem muitos controles que ele pode girar, e isso nos leva à próxima parte da história: com todos esses parâmetros possíveis, como o cérebro modifica alguma coisa sem atrapalhar as funções em outras partes? Como podemos entender a interação de todos os componentes? Quais são os princípios segundo os quais muitos graus de liberdade não saem de controle, mas mantêm uns aos outros em um sistema de freios e contrapesos?

Proponho que a lente mais importante não é a definição de quais são os componentes biológicos, mas entender a *escala de tempo* em que eles operam. A história precisa ser contada não em termos dos detalhes dos mecanismos, mas no ritmo em que eles vivem.

O SEQUENCIAMENTO DE UMA GAMA DE ESCALAS DE TEMPO

Alguns anos atrás, o escritor Stewart Brand propôs que, para entender uma civilização, era necessário examinar várias camadas que funcionam simultaneamente em diferentes velocidades.[22] A moda muda rapidamente, enquanto as empresas que operam em uma área se alteram com mais lentidão. A infraestrutura — como estradas e construções — evolui de forma mais gradual. As regras e leis de uma sociedade — a governança — se adaptam muito lentamente, querendo manter as coisas contra os ventos da mudança. A cultura se move em um calendário sem pressa, só dela, repousando em suas profundas fundações de história e tradição. Na escala mais lenta, a natureza se arrasta no ritmo de séculos e milênios.

Embora nem sempre seja notado, todas as escalas interagem entre si. As camadas mais aceleradas instruem as camadas lentas com inovações acumuladas. As camadas mais lentas proporcionam verificações e estrutura para as aceleradas. O poder e a resistência de uma cultura surgem não de um nível qualquer do sistema, mas da interação deles.

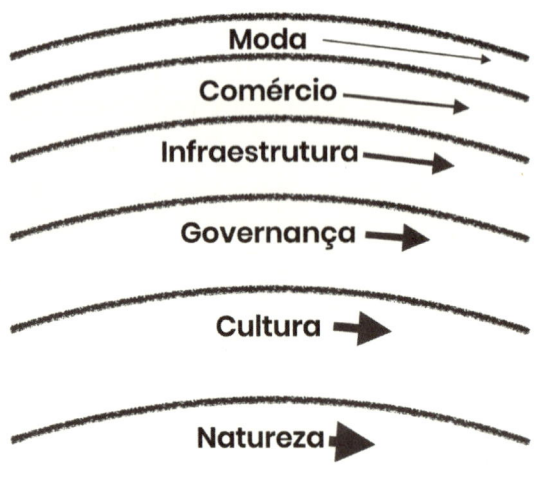

Camadas de ritmo.

O princípio das camadas de ritmo é útil para pensarmos no cérebro. Em lugar de partir da moda para a governança e a natureza, as camadas de ritmo do cérebro vão das rápidas cascatas bioquímicas a mudanças na expressão genética. Não só as sinapses mudam, mas muitos outros parâmetros (para os conhecedores, estes incluem tipos de canal, distribuição de canal, estados de fosforilação, os formatos de neuritos, a taxa de transporte de íons, taxas de produção de óxido nítrico, cascatas bioquímicas, arranjos espaciais de enzimas e expressão genética). Se estes fluxos estão corretamente ligados, um evento transitório pode deixar um vestígio, porque as cascatas rápidas iniciam cascatas mais lentas, que podem acabar caindo em mais processos lentos, que podem colocar em movimento mudanças profundas e graduais. Deste modo, as mudanças plásticas são distribuídas por um espectro, em vez de simplesmente armazenadas como mudanças tudo-ou-nada. Todas as formas de plasticidade interagem entre si e o poder do sistema surge das camadas que operam em harmonia.[23]

Podemos ver de várias maneiras os resultados deste sistema de múltiplos ritmos. Digamos que você desenvolva uma paixão por alguém que seja surdo. Você procura aprender a linguagem de sinais. Sempre que consegue sinalizar alguma coisa, é recompensado na forma de um sorriso sedutor vindo do seu parceiro. Você fica muito bom na linguagem de sinais, quase fluente, e de repente a pessoa que você ama sai do país. Você não é mais recompensado por fazer os sinais com seus dedos solitários. Sem retorno para o reforço, você acaba por esquecer como falar a linguagem de sinais. Parece que a história termina aqui. Mas três anos depois uma nova pessoa surda se muda para a cidade. Talvez devido a uma nostalgia melancólica, você ache esta pessoa igualmente atraente, assim experimenta a linguagem de sinais de novo. Infelizmente você esqueceu toda a linguagem: seus dedos simplesmente não conseguem se lembrar do que fazer. Você lamenta, porque da última vez precisou de dois meses para ficar bom na linguagem de sinais e tem certeza de que sua nova fixação não tem essa paciência toda. Mas você descobre que desta vez o aprendizado é muito mais rápido. Na verdade, em três dias você está paquerando com fluência. Embora tivesse certeza de ter se esquecido de tudo, lá está você, sinalizando como um profissional.

As economias de tempo entre a primeira e a segunda vez implicam que algo em seu cérebro guardou esta informação, mesmo durante aqueles desolados anos sem prática alguma.[24] As informações que seu cérebro salvou resultam de mudanças lentas nas partes mais profundas do sistema. Durante sua primeira paixão, partes de movimento acelerado aprenderam a tarefa, e com a prática crescente transmitiram as mudanças a camadas mais profundas. Quando sua paixão partiu, as camadas mais rápidas logo adaptaram seu comportamento. Mas as partes mais profundas hesitaram em fazer o mesmo — relutaram em abandonar o longo e lento aprendizado em que investiram. Assim, quando chegou o novo amor, que também era surdo, isso resultou em um resgate do que você havia aprendido. Uma habilidade que você pensou ter acabado ainda estava presente, gravada no fundo de seus circuitos.

Aprendizados ocultos no cérebro são encontrados em muitos ambientes, inclusive no espaço sideral. Quando uma astronauta volta de uma longa viagem em órbita, ela não sai da cápsula e vai a uma Starbucks; em vez disso, precisa lembrar como se caminha na gravidade terrestre, quase como se estivesse aprendendo de novo. Mas ela reaprende rapidamente; não precisa recapitular a primeira infância. Na verdade, seu desempenho logo depois do voo revela a profundidade das economias do cérebro, portanto dá uma boa previsão da rapidez com que ela voltará a caminhar.[25]

Um senso das camadas de ritmo do cérebro também lança uma luz sobre o conceito de esquema que aprendemos anteriormente.

Lembra-se de Destin e a bicicleta invertida? Mencionei que depois de meses aprendendo a pedalar com o guidom invertido, ele se viu incapaz de andar numa bicicleta normal. Mas esta confusão não durou muito tempo e logo ele conseguia alternar entre as bicicletas com facilidade. Ele tinha um esquema para cada uma delas. E agora podemos entender o esquema em um nível profundo. Não é que os aprendizados de curto prazo se sobrescrevam (*Aprendi a andar na bicicleta invertida e agora o programa para uma bicicleta normal se foi*). Os dois programas vivem em camadas profundas. Depois do treinamento, Destin gravou os dois programas em circuitos de longo prazo, e o contexto (*em que bicicleta estou?*) conduz o caminho correto pela rede.

No fim, programas excepcionalmente úteis são gravados por todo o caminho até o nível do DNA. Pense nos instintos — os comportamentos inatos que não precisamos aprender.[26] Eles surgem via plasticidade em uma escala de tempo maior: a plasticidade darwiniana das espécies. Por seleção natural ao longo de milênios, aqueles com instintos que favorecem a sobrevivência e a reprodução tendem a se multiplicar.

Um século atrás, um dos desafios para a compreensão da memória era a falta de tecnologia. Agora um dos desafios é a presença de tecnologia — em particular dos computadores. A revolução digital mudou tão completamente cada aspecto de nossa vida que às vezes é difícil esquecer metáforas, mesmo quando elas não combinam bem. Em lugar nenhum isto fica mais evidente do que na palavra "memória". O cérebro humano não armazena memória como fazem os computadores. Em vez disso, o cérebro retém e recupera a memória de um filme sem codificá-lo pixel por pixel, e nos lembramos e reproduzimos nossas histórias preferidas sem codificá-las palavra por palavra. Quando alguém lhe conta uma piada, por exemplo, você não codifica um arquivo neural de cada palavra e sua inflexão. Você entende a *essência* da piada. Se você for bilíngue, pode ouvir a piada em uma língua e se virar para contá-la a outra pessoa em uma língua diferente. A piada não gira em torno das exatas palavras, mas de conceitos desencadeados internamente.

Em lugar de codificar pixels ou transcrições, codificamos novos estímulos com relação a outras coisas que aprendemos, inclusive conceitos físicos e sociais. O que aprendemos é representado em termos do que já sabemos. Duas pessoas podem ver uma lista de datas importantes na história mongol, mas se uma delas detém um modelo muito desenvolvido da Mongólia, os dados novos são mais prontamente incorporados em sua rede de conhecimento. Para a outra, que sabe pouco sobre o país e nunca esteve lá, os dados têm pouca estrutura na qual se prender.

Lembre-se de que no modelo das camadas de ritmo, as camadas lentas proporcionam uma estrutura para as camadas rápidas. Por conseguinte, a experiência anterior passa a ser a fundação. Ela se desenvolve na arquitetura sobre a qual tudo é construído subsequentemente. Toda novidade é compreendida pelo filtro dos dados antigos.

Para o bem ou para o mal, isto impossibilita alguns sonhos do futuro. No filme *Matrix*, Neo e Trinity se deparam com um helicóptero B-212 no alto de um prédio. Neo pergunta, "Sabe pilotar este helicóptero?" Trinity responde, "Ainda não", liga para o colega e pede "um programa piloto para um helicóptero B-212". O colega bate freneticamente em teclas de um conjunto de computadores e em poucos segundos o programa faz upload no cérebro de Trinity. Neo e Trinity embarcam no helicóptero, e ela pilota com perícia a aeronave entre os prédios.

Todos nós adoraríamos esse futuro, mas não vai acontecer. E por que não? Porque a memória é uma função de tudo que veio antes. O conhecimento de uma pessoa sobre a pilotagem de um helicóptero B-212 pode ser codificado por sua semelhança com a condução de uma moto. Outra pessoa pode ter sido criada andando a cavalo, assim ela forma o conhecimento de pilotagem por cima das memórias motoras de conduzir um corcel. Uma terceira pessoa guarda o conhecimento no contexto de um videogame da infância. Cada pessoa apreende a tarefa de um jeito diferente, impossibilitando ter um conjunto padrão de instruções que possa ser descarregado em qualquer cérebro. Em outras palavras, ao contrário de um computador, as "instruções" para pilotar a máquina não são um arquivo; elas estão ligadas a tudo que veio antes em sua vida. As experiências anteriores formam uma cidade interna de memória, em que cada novo morador deve encontrar seu ajuste único.[27]

A chave para se entender sobre as camadas de ritmo é a interação entre elas. À medida que avança o campo da neurociência, desconfio de que muitas questões clínicas passarão a ser compreendidas em termos destas interações.

Por exemplo, lembre-se do lorde almirante Nelson: depois de ser baleado por um mosquete, seu braço foi amputado, mas ele passou os anos restantes de vida sentindo que o braço ausente ainda estava presente, de certa forma. Embora o córtex que antes reagia ao tato no braço tenha se tornado reativo ao tato em seu rosto, as áreas cerebrais corrente abaixo ainda esperavam que esse trecho do córtex representasse o braço. Em outras palavras, para camadas profundas e lentas, a atividade naquele trecho continuou a ser interpretada como a sensibilidade no braço. Como é típico em amputados, isto levou à confusão perceptiva na forma de uma sensação fantasma: ele tinha certeza de que o braço ainda existia, pois as camadas profundas lhe diziam isso. O sistema de camadas de ritmo funciona melhor para coisas que mudam em velocidades normais — mas uma perturbação no projeto do corpo pode lançar o sistema a um estado estranho, em particular quando a mudança chega na velocidade de uma bala de mosquete.

Como outro exemplo, pense em um problema de saúde incomum chamado hipertimesia, em que uma pessoa tem uma memória autobiográfica perfeita: ela não se esquece de quase nada. Aponte uma data qualquer do passado dela e ela poderá lhe dizer as condições climáticas naquele dia, o que fez, que roupa usava e quem viu. Quando o campo da neurociência possuir a tecnologia para chegar ao fundo deste fenômeno (nos níveis neuronal e molecular), quase certamente ele será compreendido como uma interação entre as camadas, com a interface das camadas em uma velocidade incomum. Em termos de uma sociedade, seria como se os fashionistas obtivessem poder demais e pressionassem suas últimas modas diretamente na camada da governança. (Aliás, embora possa parecer ótimo se lembrar de tudo, os hipertiméticos sofrem da incapacidade de esquecer banalidades. Como certa vez disse Honoré de Balzac, "As lembranças embelezam a vida, mas só o esquecimento a torna suportável".)

Por fim, pense na sinestesia, um problema em que o estímulo de um sentido desencadeia experiências automáticas e involuntárias em uma segunda via. Por exemplo, uma letra do alfabeto produz uma experiência interna de cor — como o *J* desencadeando uma sensação interna de roxo, ou o *W* evocando o verde.

A hipótese mais comum é a de que a sinestesia reflete um grau maior de linhas cruzadas entre áreas normalmente separadas do cérebro. Mas sugeri anteriormente uma hipótese diferente: que ela representa a "plasticidade aderente".[28] Vamos imaginar que uma criança nova vê um *J* roxo — talvez em uma placa na parede da escola, ou costurada em uma colcha, ou como uma opção em uma caixa de lápis de cor. Como vimos, as sinapses podem modificar sua força se seus neurônios são ativos ao mesmo tempo — digamos, aqueles que codificam para o *J* e aqueles para o roxo. Eles disparam juntos, e assim se ligam juntos. Agora, para a maioria das pessoas, a ligação entre o *J* e alguma cor continuará a ser modificada a cada nova visão da letra *J* em diferentes cores. Assim, quando é visto um *J* amarelo, a ligação entre o *J* e o amarelo é fortalecida, e a ligação entre o *J* e o roxo é enfraquecida. Com exposição suficiente a *J*s de diferentes cores, os pares letra-cor chegarão a uma média, sem deixar nenhuma associação específica entre letras e cores. Sugiro que os sinestésicos têm uma plasticidade atípica; especificamente, uma capacidade reduzida de modificar uma associação depois que ela se estabelece. Depois que um pareamento inicial entre uma letra e uma cor se estabeleceu, ele *adere*.

Como isto pode ser testado? Afinal, quando você olha as cores do alfabeto do sinestésico, em geral parecem muito diferentes das de outro. Assim, como você saberia se elas foram impressas em algo que essas pessoas viram quando crianças?

Para testar essa hipótese, montei a Synesthesia Battery,[29] uma avaliação online para verificar e quantificar a sinestesia. Coletei e verifiquei dados de milhares de participantes e, com dois

A	vermelho	N	laranja
B	laranja	O	amarelo
C	amarelo	P	verde
D	verde	Q	azul
E	azul	R	roxo
F	roxo	S	vermelho
G	vermelho	T	laranja
H	laranja	U	amarelo
I	amarelo	V	verde
J	verde	W	azul
K	azul	X	roxo
L	roxo	Y	vermelho
M	vermelho	Z	laranja

Muitos sinestésicos nascidos entre o final dos anos 1960 e o final dos anos 1980 percebem o alfabeto que combina com as cores do primeiro jogo de ímãs para geladeira Fisher-Price. Um de nossos participantes tinha prova fotográfica de que ele recebera o jogo Fisher-Price quando criança.

de meus colaboradores da Stanford, analisei atentamente os alfabetos coloridos de 6.588 sinestésicos. O que descobrimos nos surpreendeu muito. Embora o mapeamento de letras para cores fosse essencialmente aleatório entre a maioria dos participantes, houve também centenas de sinestésicos com aproximadamente o mesmo padrão: *A* era vermelho, *B* era laranja, *C* era amarelo, *D* era verde, *E* era azul, *F* era roxo e o ciclo se repetia com a letra *G*.[30] Ainda mais estranho, todos os sinestésicos com este padrão específico nasceram entre o final dos anos 1960 e o final da década de 1980. Neste intervalo de tempo, mais de 15% dos sinestésicos tinham a mesma correlação letra-cor. Nenhum dos sinestésicos nascidos antes de 1967 tinha esse padrão; tampouco quase todos nascidos depois dos anos 1990.

Acontece que as cores eram aquelas do jogo de ímãs de geladeira Fisher-Price, que foi produzido somente entre 1971 e 1990 e enfeitou geladeiras por todos os Estados Unidos. O jogo de ímãs não provocou sinestesia; em vez disso, para as pessoas predispostas a ela, os ímãs tornaram-se a fonte dos pareamentos letra-cor.[31]

A sinestesia, como a hipertimesia, reflete uma aderência nas camadas de ritmos: as camadas rápidas pressionam seus programas mais rapidamente do que o normal para as camadas mais profundas. Embora a hipertimesia e a sinestesia não sejam consideradas doenças, são estatisticamente incomuns — o que sugere que a velocidade de interação entre as camadas de ritmos neurais na maioria da população foi otimizada evolutivamente.

MUITOS TIPOS DE MEMÓRIA

Embora tenhamos abordado a memória neste capítulo, falamos como se ela fosse uma coisa só. Mas a memória tem muitas faces.

Pense em um caso como o de Jody Roberts, que em 1985 trabalhou no estado de Washington como jornalista. Um dia, ela desapareceu. Seus entes queridos procuraram assiduamente e depois de muitos anos se resignaram com a trágica conclusão de que ela estava morta.

Só que não estava. Cinco dias depois de seu desaparecimento, ela apareceu a 1.500 quilômetros de distância, vagando desorientada em um centro comercial em Aurora, no Colorado. Não tinha nenhuma identificação, só a chave de um carro que nunca foi encontrado. Sofria de amnésia completa de seu passado. A polícia a levou ao hospital. Jody não conseguiu se lembrar de sua identidade, assim assumiu o nome de Jane Dee, começou a trabalhar em uma lanchonete e se matriculou na Universidade de Denver. Por fim ela se mudou para o Alasca, onde se casou com um pescador, arrumou um emprego de web designer e foi mãe de duas duplas de gêmeos.

Doze anos depois, um conhecido reconheceu Jody de uma matéria no jornal. Jody se reencontrou com a família chorosa e agradecida. Mas não tinha nenhuma lembrança deles. Ela foi educada, mas distante. Como seu pai declarou ao noticiário, "Ela é basicamente a mesma pessoa. Nós a recuperamos de volta, em certo sentido."[32]

O essencial a se observar em histórias como a de Jody é que ela ainda conseguia se lembrar de como se fala inglês, de dirigir, paquerar, arrumar um emprego, ser garçonete, escrever cartas de amor, cuidar de crianças. Só não conseguia lembrar sua biografia. Casos como o de Jody (existem muitos) levam à percepção de que existem muitos tipos de memória. Ao contrário do que se vê à primeira vista, a memória não é uma só coisa, mas compreende muitos subtipos diferentes. No nível mais amplo, existe a memória de curto prazo (lembrar-se de um número telefônico logo depois de discá-lo) e a memória de longo prazo (o que você fez nas férias dois anos atrás). Dentro da memória de longo prazo, podemos distinguir memórias declarativas (como de nomes e fatos) de memórias não declarativas (como andar de bicicleta, algo que você sabe *fazer,* mas não sabe articular como faz). Dentro da categoria não declarativa estão vários subtipos, como lembrar-se de como digitar rapidamente ou por que você saliva quando ouve alguém abrir a embalagem de uma barra de chocolate.

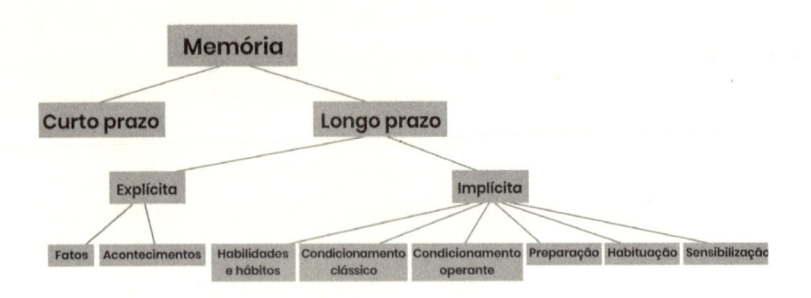

```
                        Memória
                   /              \
            Curto prazo        Longo prazo
                              /            \
                          Explícita      Implícita
                          /      \       /   |   |   \      \           \
                      Fatos  Acontecimentos  Habilidades  Condicionamento  Condicionamento  Preparação  Habituação  Sensibilização
                                             e hábitos       clássico         operante
```

Diferentes tipos de memória.

O primeiro passo para entender a situação de Jody é reconhecer que diferentes estruturas cerebrais apoiam diferentes tipos de aprendizado e memória. Uma lesão no hipocampo e nas estruturas que o cercam afeta a formação de novas memórias declarativas (*o que eu comi no desjejum esta manhã?*), mas, não, memórias não declarativas (como falar, cantar, andar). É por isso que o amnésico Henry Molaison conseguia viver bem a vida cotidiana, sem nenhum déficit ao escovar os dentes, dirigir o carro ou ter uma conversa. Outras áreas cerebrais são necessárias para aprender habilidades motoras, em especial aquelas que envolvem o equilíbrio e a coordenação. Outras áreas são importantes para ligar os atos motores a recompensas subsequentes. Outras áreas ainda são fundamentais em mudanças na memória relacionada com o condicionamento pelo medo, e várias estruturas de recompensa apoiam o aprendizado de estratégias de procura por alimentos. A lista de estruturas cerebrais e sua relação com o aprendizado e a memória é grande e é crescente, e Jody e Henry nos ensinam que a integridade de determinado subsistema não é necessariamente essencial para o funcionamento de outras. Você pode perder a capacidade de se lembrar da narrativa de sua vida, mas isto não precisa influenciar a capacidade de aprender e se lembrar de novas habilidades motoras.

Pense neste exemplo: desde sua infância, você viu muitas aves, e assim seu cérebro faz a generalização de que os animais com penas podem voar. Mas você também viu avestruzes no zoológico e pôde reter esta exceção à regra. Além disso, você pode aprender que o avestruz em seu zoológico se chamava Dora, o que não se aplica a outros avestruzes que porventura você tenha encontrado.

Alguns anos atrás, as pessoas que construíam redes neurais artificiais começaram a topar com um problema em relação a esta distinção entre generalizações e exemplos específicos. Elas podiam montar redes que aprendiam generalizações (*coisas com penas voam*) ou podiam montar uma rede que tivesse uma coleção de exemplos específicos (*a ave de nome Dora não voa, enquanto aquela de nome Paul sabe voar*). Mas não conseguiam fazer as duas coisas. Ou a rede mudava seus parâmetros lentamente, sendo exposta a milhares de exemplos, ou mudava as coisas rapidamente, empurrada por exemplos únicos.

Como você consegue que um único cérebro aprenda coisas nas duas escalas de tempo de uma vez só? Afinal, você precisa de diferentes escalas de tempo de aprendizado para se lembrar de diferentes tipos de fatos sobre o mundo. Às vezes você quer generalizar (*limões são amarelos*) e outras vezes precisa se lembrar de algo específico (*o limão na gaveta de legumes de minha geladeira está podre*).

Esta aparente incompatibilidade de objetivos produziu uma pista importante.[33] Para realizar bem as duas tarefas, o cérebro precisa ter diferentes sistemas com diferentes velocidades de aprendizado: uma para a extração de generalidades (aprendizado lento), outra para a memória episódica (aprendizado rápido). Uma proposta é que esses dois sistemas estão no hipocampo e no córtex: o hipocampo é rápido em suas mudanças (então ele aprende a partir de exemplos, rapidamente), enquanto o córtex não tem pressa para extrair, lentamente, generalidades. O primeiro muda rapidamente, retendo particularidades, enquanto o segundo muda lentamente, exigindo muitos exemplos. Com este truque, o cérebro pode aprender rapidamente com episódios individuais (*este botão dá a partida no carro alugado*), e ao mesmo tempo pode fazer uma extração lenta de estatística de todas as experiências (*muitas flores brotam na primavera*).[34]

MODIFICADO PELA HISTÓRIA

Enquanto a atividade passa pelo cérebro, ela muda a estrutura. Do ponto de vista da vasta floresta de neurônios em seu crânio, o problema organizacional é tremendo: o sistema nervoso deve se alterar fisicamente para refletir de forma ideal o mundo a que está incorporado. As mudanças individuais devem fazer, cada uma delas, a contribuição certa para a rede incorporar o novo conhecimento, e as mudanças devem ser posicionadas para fazer uma diferença no comportamento quando chegar o momento certo, em alguma hora do futuro. Um erro de simplificação quando pensamos na memória tem sido supor que ela é sustentada por um único mecanismo de mudança. A clássica história de fortalecimento e enfraquecimento de sinapses nos levou por um longo caminho, e as redes neurais artificiais que empregam estes princípios podem realizar proezas impressionantes de engenharia. Mas a memória é mais do que selecionar sinapses em um grande diagrama de ligação. Como vimos, modelos sinápticos simples rapidamente perdem a capacidade de representar dados antigos à medida que dados novos entram. O modo como as memórias se degradam — de forma que as mais antigas tenham mais estabilidade — revela o segredo de diferentes escalas de tempo de mudança.

O modelo sináptico seria conveniente para neurocientistas e engenheiros de inteligência artificial, mas quase certamente não para a abordagem da natureza. Em vez disso, as mudanças que subjazem à memória são distribuídas amplamente por um número titânico de neurônios, sinapses, moléculas e genes. Por analogia, pense em como o deserto se lembra do vento: ele o faz na inclinação das dunas de areia, no formato de suas rochas e nas pressões evolutivas que esculpem as asas de seus insetos e as folhas de suas plantas.

O progresso no campo da memória pede uma visão realista ao máximo do fenômeno que tentamos explicar. Embora as redes neurais artificiais de hoje consigam proezas maravilhosas (como discriminar fotografias com habilidade sobre-humana), elas não capturam as características básicas da nossa memória. A riqueza da memória, sugiro, surge por uma cascata biológica de escalas de tempo. Novas informações se baseiam nas antigas, ajustando-se às restrições dadas pela experiência anterior. Conheci muitos estudantes de medicina que receavam que se aprendessem um fato a mais, outra coisa ia sair de sua memória. Felizmente, este modelo do volume constante não é verdadeiro. Em vez disso, cada nova coisa que você aprende o torna mais capaz de absorver o fato relacionado seguinte.

11

O LOBO E A SONDA EM MARTE

Recentemente li sobre uma escola na Califórnia que encerrou seus programas de artes, música e educação física. Por que todo o corte de orçamento? Porque alguns anos antes tinham decidido canalizar todo o dinheiro para um centro de computação de última geração para os alunos. Compraram 330 milhões de dólares em computadores, servidores, monitores e acessórios. Com pompa e circunstância, orgulhosamente inauguraram sua obra-prima educacional.

Alguns anos depois, o equipamento de computação tinha ficado ultrapassado. Os chips ficaram mais rápidos, a memória tinha saído de discos rígidos para a nuvem e os novos softwares eram incompatíveis com o antigo firmware. Menos de uma década depois desta compra inicial, eles foram obrigados a descartar todo o equipamento. A menina dos olhos da escola — o gasto que assassinou as artes criativas e a aptidão física — teve sua vida curta e agora era uma lembrança cara cintilando no aterro sanitário.

Essa história me fez pensar. Por que ainda compramos máquinas programadas que acabam descartadas? No momento em que soldamos uma máquina, nós a condenamos a ter um prazo de validade.

Se somos estudantes astutos da biologia que nos cerca, podemos tirar proveito dos princípios do *liveware*. Pense que quando um lobo tem a perna presa em uma armadilha, ele rói a perna e segue mancando. Compare isto com a sonda *Spirit*, em Marte. Ela tocou a superfície do planeta vermelho em 4 de janeiro de 2004 e rolou por lá durante anos, com sucesso. Mas, no final de 2009, o veículo robótico de 200 quilos ficou empacado no solo, não conseguia sair, em parte porque a roda dianteira direita tinha parado de funcionar. Preso no terreno marciano, os painéis solares do *Spirit* se viram incapazes de se orientar para o sol. O veículo perdeu energia, depois sofreu danos irreversíveis durante o inverno. Em 22 de março de 2010, transmitiu seu canto do cisne para a Terra e pereceu.

O Spirit, *um veículo maravilhoso que agora é um pedaço de lixo extraplanetário de 400 milhões de dólares.*

O *Spirit* superou heroicamente sua expectativa de vida programada. Mas se tivéssemos enviado colônias humanas que durassem apenas alguns anos antes de desmoronar em uma pilha de ossos, estaríamos transtornados.

Isto não é uma crítica à inacreditável engenharia da NASA. O problema é que ainda construímos robôs com *hardwiring*. Se um robô atual perder uma roda, um eixo ou parte de sua placa-mãe, é o fim da linha para ele. Porém, em todo o reino animal, os organismos sofrem danos e seguem a vida. Eles mancam, se arrastam, saltam, privilegiam uma fraqueza, fazem o que for preciso para continuar na direção de seus objetivos.

O lobo aprisionado rói a própria perna, e seu cérebro se adapta ao plano corporal incomum — porque conseguir voltar à segurança é *relevante* para seus sistemas de recompensa. Ele precisa de alimento, abrigo e do apoio do resto da alcateia. Assim, seu cérebro pensa numa solução para sair dali.

Esta diferença entre a sonda em Marte e o lobo está na informação em contraposição à informação com propósito. Ao contrário do *Spirit*, o lobo da perna presa opera com ambições: escapar do perigo e alcançar a segurança. Seus atos e intenções são embasados na ameaça de predadores e nas demandas de seu estômago. O lobo transita em deferência a objetivos. Por consequência, seu cérebro absorve informações do ambiente e do que seus membros lhe permitem fazer. E o cérebro traduz essas capacidades em ações mais úteis.

O lobo segue mancando porque os animais não se desativam com danos moderados. E nossas máquinas também não deveriam fazer isso.

A Mãe Natureza sabe que não tem sentido dotar o cérebro de um lobo de uma programação fixa. Planos corporais mudam. Ambientes mudam. A relação complexa entre capacidades e ações muda. Em lugar de circuitos pré-definidos, o melhor plano é construir um sistema infotrópico que otimize tudo em tempo real, autoadaptando-se para ficar eficiente no alcance de seus objetivos. Alguns propósitos são de longo prazo (como a sobrevivência), enquanto outros são de curto prazo (elaborar movimentos de pinça para pegar renas em fuga); em todos os casos, o cérebro se adapta para ter esses propósitos como alvo.

O que nossos robôs exigiriam para continuar depois de sofrerem danos? Uma capacidade de dirigir um plano corporal modificado, combinada com um anseio de comer, socializar, sobreviver. Com isto em vigor, eles podem perder rodas e ter peças danificadas, e seus circuitos restantes se adaptariam para terminar o que começaram. Imagine só a sonda em Marte serrando a roda atolada e pensando em como deslocar a mobilidade para as rodas restantes. Estes princípios podem ser usados para construir máquinas reconfigurantes que combinem input e objetivos para adaptar seu próprio circuito. Quando perderem pneus, quebrarem eixos ou partirem fios, os circuitos restantes se reconstituirão o necessário para terminar o que começaram.

Como não tem sentido dotar um lobo de uma programação fixa, não tem sentido fazer o mesmo com as irmãs Polgár, Itzhak Perlman ou com Serena Williams. O mundo é complexo demais para a previsão e se mostraria impossível programar genes para combinar com a complexidade do mundo. Afinal, tudo está em fluxo: corpos, fontes de alimento e o mapeamento entre inputs, capacidades e outputs. Em lugar de circuitos pré-definidos, uma abordagem melhor é construir um sistema que melhore ativamente, autoajustando-se para alcançar seus objetivos.

Ao longo de décadas, a neurociência tem sido impulsionada pelas contribuições da engenharia, de osciloscópios a eletrodos e aparelhos de ressonância magnética. Enfim pode ter chegado o tempo de reverter a direção da influência, permitindo que a engenharia recorra à biologia.

Com nossa engenharia atual nas mais elegantes salas clean das empresas mais ricas, não podemos chegar perto de abordar o que vemos à nossa volta: criaturas que se movem, de cães a golfinhos, da espécie humana a colibris, de pandas a pangolins. Estas criaturas não precisam ser plugadas em tomadas na parede;

elas encontram as próprias fontes de energia. Elas se penduram, correm, escalam, saltam, nadam, rastejam e, com algum esforço, podem dominar skates, pranchas de surfe e de snowboard. Tudo isso é possível porque a Mãe Natureza brinca incessantemente com genes para construir novos sensores e músculos, e o cérebro deduz como tirar proveito deles. E essas criaturas podem suportar danos — de uma perna quebrada a uma hemisferectomia — e continuar com seus truques. Nossos dispositivos não têm nem a flexibilidade nem a robustez que caracterizam a biologia.

Então, por que ainda não construímos dispositivos *livewired*? Não sejamos tão duros conosco: a mãe natureza teve bilhões de anos para testar trilhões de experiências paralelamente. Mal conseguimos imaginar a perspectiva de tempo deste tamanho, ou conceber os incontáveis cérebros de criaturas que apareceram e perambularam pela terra ou giraram nas águas, ou planaram nos céus.

Vamos precisar de um tempo para recuperar o atraso. A boa notícia é que estamos começando a decifrar os códigos à nossa volta.

Assim, como podemos começar incorporando os princípios do *livewiring* mais profundamente no que construímos? A primeira resposta é imitar o que a Mãe Natureza já desenvolveu. Tome como exemplo os sensores que recobrem o corpo de um peixe da caverna chamado tetra-cego: pela detecção da pressão e do fluxo da água, ele consegue decifrar as estruturas na água escura à sua volta. Inspirados por isto, engenheiros em Cingapura construíram versões artificiais desses sensores para submarinos.[1] Afinal, as luzes na embarcação subaquática são famintas por energia e perturbam os ecossistemas. Pelo uso de um leque de pequenos sensores de baixa energia inspirados no tetra-cego, a esperança é "enxergar" no escuro por meio de mudanças na água.

Embora a biomimetização de sensores seja um ótimo ponto de partida, é só o começo. O desafio maior é projetar um sistema nervoso que integre novos dispositivos plug-and-play. Por que isto seria útil? Tome como exemplo os problemas que a NASA enfrenta continuamente com a Estação Espacial Internacional. A colaboração entre nações está no cerne do projeto, mas também é o núcleo de um problema de engenharia. Os russos constroem um módulo, os americanos anexam outro, os chineses contribuem com outro. A EEI enfrenta um problema contínuo de coordenação dos sensores nos módulos dos diferentes países. Os sensores de calor americanos nem sempre estão em sincronia com os sensores de vibração russos, e os sensores de gás chineses têm problemas de comunicação com o resto da estação. A EEI continuamente aloca engenheiros para resolver o problema, de forma ininterrupta.

O jeito certo de atacar isto, de uma vez por todas, seria imitar a Mãe Natureza. Afinal, ela deu início a milhares de novos sensores, de olhos a ouvidos, narizes, sensores de pressão, fossetas loreais, eletrorreceptores, magnetorreceptores e mais. Da perspectiva evolutiva, ela investiu seus esforços no projeto de um sistema nervoso que pode extrair as informações desses sensores sem ter de ser ensinada sobre eles (Capítulo 4). Os sensores podem ter projetos totalmente diferentes, ainda assim não têm dificuldades para trabalhar tranquilamente juntos. Por quê? Porque o cérebro se move pelo mundo, procura correlações entre os diferentes fluxos de dados que chegam e deduz como colocar as informações para trabalhar.

Como podemos nos aproveitar desta abordagem? Uma das técnicas mais poderosas do cérebro é realizar um ato motor e avaliar o *feedback*. Sugiro que deixemos o experimento na EEI não só com seu *sensorium*, mas também seu *motorium* — isto é, como usa seu corpo. Afinal de contas, o princípio da EEI é de um projeto modular, o que significa que seu plano corporal mudará com o tempo. Como vimos no Capítulo 5, os cérebros aprendem a dirigir o corpo em que se encontram. Não é necessária nenhuma pré-programação, apenas balbucio motor: experimentar vários movimentos e observar os resultados. Desse modo, os cérebros deduzem seus corpos. Pela mesma técnica, a EEI pode se mexer esporadicamente e se deslocar para entender os novos anexos e todas as suas capacidades consequentes. O futuro da autoconfiguração implica que projetaremos máquinas que não são acabadas, mas usam a interação com o mundo para completar os padrões de seu próprio circuito.

Depois que os sinais internos e externos estão coordenados, todo tipo de mágica pode acontecer. Como exemplo, pense no tipo popular de microchip que fica no coração de muitos produtos (o arranjo de portas programadas em campo, ou FPGA — *field-programmable gate array*). É um chip incrível, mas uma das principais dificuldades nesses chips é coordenar o tempo de todos os sinais que disparam dentro dele. Zeros e uns correm pelos chips quase à velocidade da luz, e se um bit de uma parte do chip chega por acidente a algum lugar antes de um bit de outra parte, é um desastre: toda a função lógica do chip é comprometida. O tempo em microchips representa todo um subcampo da ciência; existem livros volumosos sobre o tema.[2]

Pela perspectiva de um biólogo, existe uma solução simples. O cérebro enfrenta o mesmo desafio de um chip: lida com um fluxo constante de sinais que chegam (de dispositivos sensoriais e órgãos internos) e um fluxo de sinais que saem (movimento dos membros). E o tempo importa muito. Se você acredita que ouve um graveto estalar pouco antes de seu pé atingir o chão, é melhor procurar por predadores. Mas se o estalo acontece logo depois de sua passada, esta é uma consequência sensorial normal de seus próprios atos, não precisa entrar em pânico. O desafio para o cérebro é que não existe como programar antecipadamente os tempos esperados de cada sentido, porque eles podem mudar. Quando você entra em um lugar escuro, saindo de outro iluminado, a velocidade com que seus olhos falam com o cérebro se reduz em quase um décimo de segundo. Quando faz calor em vez de frio, os sinais podem viajar por seus membros em uma velocidade maior. Quando você deixa de ser um bebê e vai se tornando um adulto, o tamanho de seus membros muda e assim a quantidade de tempo para enviar e receber sinais se estende.

Então, como o cérebro resolve esses problemas de tempo? Não lendo um livro volumoso sobre verificação de tempo. Ele envia sondas ao mundo: chuta coisas, toca coisas, derruba coisas. Ele opera segundo o pressuposto de que se você *criou* a ação (estendendo a mão ao mundo), então as informações dispersas no tempo, que voltam pelos canais sensoriais, devem ser percebidas como sincronizadas. Isto é, sua consciência deve se ajustar para ver, ouvir e sentir todas as consequências ao mesmo tempo.[3] Afinal, a melhor maneira de prever o futuro é criando um futuro. Sempre que interage com o mundo, seu cérebro manda uma mensagem clara aos diferentes sentidos: sincronizem seus sistemas.

Deste modo, o jeito neuroinspirado de resolver o problema do tempo de microchips seria ter o chip enviando sondas a si mesmo regularmente (como uma pessoa pode quicar uma bola, usar talheres ou olhar para os lados depois de colocar os óculos). Quando o chip é quem está "criando" a sonda, ele pode ter expectativas claras sobre o que deve acontecer. E depois pode se ajustar de acordo com isso, permitindo que enfim nós abandonemos os livros gigantescos.

À medida que incorporamos os princípios do *livewiring* em nossas máquinas, cada tipo de dispositivo agirá em sua própria esfera. Pense em carros de direção autônoma. No futuro, podemos presumivelmente aguardar rodovias com menos mortes — não só porque os carros terão compartilhado conhecimento e comunicação com os carros que os cercam, mas também porque haverá aprendizado no sistema: os carros se tornarão motoristas melhores com o tempo. Não é que eles serão programados intencionalmente para cometer erros desde o início; em lugar disto, o problema é que o mundo é complexo. Nem todas as situações podem ser programadas de antemão. Assim, como adolescentes que aprendem com seus erros e compartilham as lições, os carros ficarão mais inteligentes com o tempo.

Também podemos usar os princípios do *livewiring* para distribuir eletricidade com uma eficiência muito maior do que fazemos agora. À medida que construímos a Internet das Coisas (a conexão de dispositivos cotidianos com a rede), podemos utilizar recursos de nossas colossais constelações de luzes, aparelhos de ar condicionado e computadores — usando a internet como um sistema nervoso gigantesco que distribui eletricidade onde e quando ela é necessária.[4] Entre outras coisas, uma grade inteligente[smart grid] abriria a porta para uma geração de energia privada: pense em acrescentar moinhos de vento e fazendas solares como a Mãe Natureza acrescenta novos dispositivos periféricos a uma criatura e deixa que seu cérebro deduza como usá-los. Para além do aumento na eficiência, uma grade inteligente pode ser capaz de suportar ataques, curando a si mesma. A maioria dos países do mundo alega estar trabalhando para implementar versões de grades inteligentes, mas a verdade é que existem vários níveis representados pela palavra "inteligente". Um aluno da terceira série é inteligente e Albert Einstein é inteligente. Aos poucos faremos a transição de uma grade inteligente para uma grade genial, à medida que passemos a compreender e implementar os princípios do *livewiring* que a Mãe Natureza concebeu em bilhões de anos.

Além das vantagens de *livewiring* para sondas espaciais, carros, chips e redes de eletricidade, é minha esperança ver a biologia redefinir campos como a arquitetura. Atualmente, nossas construções mais magníficas empalidecem em comparação com as criações da natureza — da linda estrutura de um neurônio ao projeto requintado do cerebelo e à dança ágil dos membros. E se os arquitetos tirarem inspiração da biologia?

Imagine um prédio que registra o tráfego por seus banheiros e libera chamarizes ou repelentes para ativar o rápido crescimento de mais torneiras de pia, mictórios e canos de esgoto. Ou imagine uma casa que conhece a própria arquitetura e pode reajustar seu sistema nervoso para acompanhar mudanças: quando um novo cômodo é acrescentado, dutos de ar ou fiação elétrica crescem nela naturalmente. O cérebro da casa se reajusta, desenvolvendo um novo senso de como a casa é. Da mesma forma, quando parte da casa é destruída em um acidente, os recursos são reconfigurados de uma forma dinâmica: uma cozinha danificada realoca espaço de bancada e produtos eletrônicos para realizar as mesmas funções da cozinha maior em uma área menor. Podemos ter de lidar com a dor fantasma da geladeira no futuro, mas pelo menos não teremos de lidar com o tipo antiquado de casa em que a queda de paredes acaba com tudo. E se projetarmos tijolos que extraem pistas um dos outros para se auto-organizarem em uma estrutura — como os neurônios se reúnem em núcleos maiores? E se os prédios puderem se mexer, otimizando dinamicamente a exposição ao sol, a sombra, o acesso à água e a quantidade de vento a que estão expostos? E se eles forem móveis, capazes de se levantar e se deslocar a um local melhor quando um incêndio se aproxima ou num cenário em que litorais mudam em escalas de tempo longas? Não existe fim para como essa engenharia vai florescer à medida que passarmos a entender o *livewiring*.

Por fim, observe que um futuro de dispositivos que se autoconfiguram mudará o que significa consertá-los. Operários de construção ou mecânicos de carros raras vezes se surpreendem: a quebra de uma parte do prédio ou do motor leva a um conjunto razoavelmente previsível de consequências. Os jovens neurologistas, por sua vez, em geral são indecisos e inseguros. Embora possam passar a reconhecer e diagnosticar problemas no cérebro com uma precisão razoável, existe frustração porque os pacientes não costumam se encaixar nos modelos dos livros-texto. Por que esses livros ficam aquém? Porque cada cérebro seguiu uma trajetória singular baseada em sua própria história, seus objetivos e sua prática. Os operários de construção e mecânicos de carros no futuro distante terão de ser mais parecidos com neurologistas, tateando em busca de princípios gerais em vez de esperar pescar determinado fio ou parafuso.

À medida que esclarecermos os princípios da função cerebral, eles serão aplicados proveitosamente a campos que vão da inteligência artificial à arquitetura, dos microchips a sondas em Marte. Não teremos de continuar enchendo lixeiras com dispositivos frágeis para sempre. Em vez disso, dispositivos com autoconfiguração povoarão não só nosso mundo biológico, mas também nosso mundo manufaturado.

Desconfio de que nossos descendentes distantes olharão a história da Revolução Industrial e se perguntarão por que levamos esse tempo todo para evoluir simplesmente imitando os princípios da revolução biológica de bilhões de anos da natureza, que nos cerca por todos os lados.

Assim, quando um jovem lhe perguntar como será nossa tecnologia daqui a cinquenta anos, você pode dizer: "A resposta está bem atrás de seus olhos."

12

A DESCOBERTA DO AMOR HÁ MUITO PERDIDO DE ÖTZI

Em setembro de 1991, um casal alemão que fazia trilha nos Alpes tiroleses encontrou um cadáver. Os 90% inferiores do corpo estavam solidamente congelados no gelo glacial; só a cabeça e os ombros estavam expostos. O homem no gelo estava perfeitamente intacto e liofilizado. Corpos de vários alpinistas perdidos foram encontrados nestas montanhas com o passar dos anos, mas esta descoberta era diferente.

Este homem tinha congelado ali cinco mil anos atrás.

O espécime congelado passou a ser conhecido como o Homem de Gelo e recebeu o nome de Ötzi. O gelo de sua prisão foi picado durante várias visitas, depois recongelado pelo clima inclemente e finalmente arrancado com bastões de esqui. Depois de várias semanas de debates a respeito da propriedade, por diferentes jurisdições, cientistas conseguiram um consenso e determinaram que o homem era do período Neolítico Tardio — especificamente, da Era do Cobre.[1]

De imediato começaram a brotar pontos de interrogação. Quem foi esse homem? Como ele era? Por que regiões viajou? À medida que eu lia o dilúvio científico, fiquei admirado ao ver quanto podia ser inferido a partir de seus simples restos mortais. O conteúdo dos intestinos revelou suas duas últimas refeições (carne de camurça e de cervo, ambas consumidas com farelo de espelta, raízes e frutas). O pólen em sua última refeição estivera fresco, situando a morte na primavera. O cabelo contava o esquema geral da dieta nos meses anteriores, e as partículas de cobre nas mechas sugerem que ele esteve envolvido em fundição. A composição do esmalte dos dentes mostrava a região onde ele passara a infância. Os pulmões escurecidos contavam da fumaça de fogueiras. As proporções dos ossos da perna revelaram que ele passara a juventude andando por grandes distâncias em regiões montanhosas. Ele tinha recebido acupuntura antiga para o desgaste nos joelhos, revelada pelo estado dos ossos e as marcas cruciformes correspondentes na pele. As unhas faziam a crônica de seu histórico de doenças: três linhas atravessando as unhas significavam que ele sofrera de uma doença sistêmica em três ocasiões no meio ano antes de morrer.

Pode-se reunir uma quantidade imensa de dados a partir de um corpo, porque um corpo é moldado por suas experiências.

Como vimos, uma modelagem muito mais específica acontece no cérebro.

A certa altura talvez sejamos capazes de ler os detalhes rudimentares da vida de alguém — o que a pessoa fez e o que era importante para ela — pela exata moldagem de seus recursos neurais. Se viável, isto representaria um novo tipo de ciência. Ao analisar como o cérebro se moldou, será que poderíamos saber a que uma pessoa se expôs, e talvez do que gostava? Que mão esta pessoa usava para as habilidades motoras finas? Quais eram os sinais relevantes em seu ambiente? Qual era a estrutura de sua linguagem? E todas as outras perguntas que não podemos responder simplesmente olhando intestinos, cabelos, joelhos e unhas.

Afinal, esta é a mesma lógica com que fazemos a engenharia reversa dos aviões de guerra abatidos de nossos inimigos. Pressupomos que a função é relacionada com a estrutura: se os fios do cockpit estão em determinada configuração, existe um motivo por trás disto. As mesmas oportunidades se sugerem pela decodificação retrospectiva do cérebro.

Se tudo correr bem, daqui a cinquenta anos estaremos revisitando o Homem de Gelo envolto em vidro em Bolzano, na Itália. Vamos libertá-lo da prisão transparente que espelha sua geleira. E leremos os detalhes de sua narrativa gravados diretamente no tecido do cérebro. Compreenderemos sua vida não de fora, mas da perspectiva dele mesmo. O que importava para ele? Com o que ele passava seu tempo? Quem ele amava? Neste momento isto é ficção científica, mas em algumas décadas talvez seja ciência.

Já sabemos que a evolução, em escalas de tempo longas, esculpe criaturas para combinar com o ambiente. Pense no fato de que os fotorreceptores em nossas retinas combinam perfeitamente com o espetro luminoso emitido pelo sol, ou que nossos genomas guardam um registro arqueológico de infecções ancestrais. Mas na escala de tempo curta de uma vida, os circuitos do cérebro podem nos contar muito mais. A estrutura do cérebro esclarece as preocupações, os investimentos de tempo e os focos informativos do ambiente de uma pessoa. Deste modo, não só podemos vir a conhecer o Homem de Gelo como um representante de sua época, mas podemos ler o diário microscópico gravado no roteiro das células encefálicas. Podemos testemunhar as faces de seus irmãos, seus filhos, os idosos, os amigos e os concorrentes; sentir o cheiro de suas noites chuvosas e das fogueiras; ouvir sua língua e as vozes que ele conhecia; experimentar suas alegrias, os temores, as mágoas e esperanças pessoais.

Ötzi não teve a sorte de viver em uma época em que ele pudesse apontar uma câmera de vídeo para o mundo e capturá-lo. Mas nem precisava disso. Ele era sua própria câmera.

CONHECEMOS OS METAMORFOS, E SOMOS NÓS

Às vezes as pessoas me dizem coisas assim: "Os médicos disseram a minha sobrinha que ela nunca mais vai andar. E olhe para ela agora, passou correndo!" Primeiro, fico emocionado pela paciente e pela família por ter dado tudo certo. Segundo, sou um tanto cético que seu médico realmente tenha dito "nunca". Pelo menos não sem prefaciar isto com algo como "esta é a hipótese mais *provável*". Ou talvez o médico só tentasse evitar um processo mantendo as expectativas baixas, para que algum progresso fosse valorizado. Qualquer que seja o motivo, um bom médico raras vezes se compromete em definitivo com uma declaração dessas, porque a capacidade do cérebro de se reconfigurar mantém abertas as portas da possibilidade, em particular nos jovens.

A meu ver, o *livewiring* é bem possivelmente o fenômeno mais lindo na biologia. Neste livro procurei destilar as principais características do *livewiring* em sete princípios:

1. **Refletir o mundo.** Os cérebros se combinam com seu input.
2. **Envolver os inputs.** Os cérebros tiram proveito de qualquer informação que flua para eles.
3. **Dirigir qualquer maquinaria.** Os cérebros aprendem a controlar o plano corporal em que se encontram.
4. **Reter o que importa.** Os cérebros distribuem seus recursos com base na relevância.
5. **Fixar informações estáveis.** Algumas partes do cérebro são mais flexíveis do que outras, dependendo do input.
6. **Competir ou morrer.** A plasticidade surge de uma luta pela sobrevivência das partes do sistema.
7. **Avançar para os dados.** O cérebro constrói um modelo interno do mundo e ajusta aquelas previsões que estão incorretas.

O *livewiring* é mais do que uma curiosidade surpreendente da natureza; é o truque fundamental que propicia a memória, a inteligência flexível e as civilizações. Trata-se de se encontrar sem as ferramentas para um trabalho e refinar o cérebro para criar essas ferramentas. O *livewiring* é o mecanismo pelo qual a evolução por seleção natural é liberada de algumas pressões impossíveis: em lugar de pressagiar cada eventualidade, os cérebros podem ajustar bilhões de parâmetros em tempo real para abordar o imprevisto.

A plasticidade é encontrada em todos os níveis, de sinapses a regiões inteiras do cérebro. A luta constante por território no cérebro é uma competição pela sobrevivência do mais apto: cada sinapse, cada neurônio, cada população luta por recursos. Enquanto as guerras por fronteiras são travadas, os mapas mudam de tal modo que os objetivos mais importantes para o organismo sempre se refletem na estrutura do cérebro.

O *livewiring* se tornará parte padrão de nosso pensamento: à medida que estudarmos o mundo que nos cerca, veremos com uma clareza crescente o papel do cérebro.

Pense na queda acentuada da criminalidade nos Estados Unidos em meados dos anos 1990. Uma hipótese é a de que a queda resultou de uma única lei, a Lei do Ar Limpo, que exigia que os automóveis passassem da gasolina com chumbo para outra sem chumbo. Com menos chumbo no ar, a criminalidade viu uma queda significativa vinte e três anos depois. Acontece que altos níveis de chumbo no ar comprometem o desenvolvimento do cérebro do bebê, levando a um comportamento mais impulsivo e menos pensamento de longo prazo. Será coincidência a correlação entre níveis de chumbo e criminalidade? Provavelmente não. Diferentes países passaram para a gasolina sem chumbo em diferentes épocas, e todos viram o índice de criminalidade cair cerca de vinte e três anos depois de fazer a troca — justo quando as crianças menos expostas a chumbo ficavam adultas.[2] Se a hipótese estiver correta, significa que a Lei do Ar Limpo pode ter feito mais para combater o crime do que qualquer outra política na história dos EUA. Embora precise de mais pesquisa, esta hipótese destaca a importância da ideia de que nosso processo de *livewiring* pode ser insidiosamente influenciado por moléculas, hormônios e toxinas. Se você algum dia duvidou da importância da plasticidade cerebral, pode ter certeza de que ela se amplifica do indivíduo para a sociedade.

Graças ao *livewiring*, cada um de nós é uma nave de espaço e tempo. Caímos em determinado local no mundo e aspiramos os detalhes deste local. Tornamo-nos, essencialmente, um dispositivo de gravação de nosso momento no mundo.

Quando você encontra uma pessoa mais velha e se choca com as opiniões ou a visão de mundo que ela sustenta, pode tentar ter empatia entendendo-a como um dispositivo de gravação para a janela de tempo e o conjunto de experiências dela. Um dia seu cérebro será esse instantâneo calcificado pelo tempo que frustra a geração seguinte.

Aqui está um fragmento de minha nave: lembro-me de uma música produzida em 1985 de título "We Are the World". Dezenas de astros e estrelas da música a cantaram para levantar fundos para crianças pobres da África. O tema era de que cada um de nós partilha da responsabilidade pelo bem-estar de todos.

Examinando a canção agora, não posso deixar de ver outra interpretação pela minha lente de neurocientista. Em geral, nós passamos pela vida pensando que existe o *eu* e existe *o mundo*. Mas como vimos neste livro, quem você é surge de tudo com que você interagiu: seu ambiente, todas as suas experiências, seus amigos, os inimigos, a cultura, o sistema de crenças, a época — tudo isso. Embora valorizemos declarações como "ele é dono de si" ou "ela é uma pensadora independente", na verdade não há como separar a si mesmo do vasto contexto em que você está incorporado. Não existe *você* sem o exterior. Seus dogmas, suas crenças e aspirações são moldados por isso, dentro e fora, como uma escultura a partir de um bloco de mármore. Graças ao *livewiring*, cada um de nós é o mundo.

AGRADECIMENTOS

Minha carreira na neurociência tem sido aprimorada por muitas pessoas que espelharam meu fascínio pela caixa de ferramentas infinitamente criativa da natureza, com as quais aprendi a emoção de buscar respostas. Estes são meus pais, Cirel e Arthur, que moldaram meu cérebro durante seus períodos mais sensíveis; Read Montague, Terry Sejnowski e Francis Crick, que mais tarde moldaram-no na graduação e durante meu pós-doutorado; e muitos amigos, alunos e colegas. Agradeço a meus colegas da Stanford por proporcionarem um castelo de banquetes intelectuais. São tantos os amigos a quem me voltei em busca de inspiração e uma boa conversa — demais para relacionar aqui —, mas esta lista inclui Don Vaughn, Jonathan Downar, Brett Mensh e todos os estudantes de meu laboratório, com o passar dos anos. Agradeço a Tristan Renz e Scott Freeman por apoiarem financeiramente nosso trabalho com substituição sensorial antes que qualquer outro estivesse disposto a se arriscar nisto. Agradeço a meu ex-colega de pós-graduação e atual parceiro de negócios Scott Novich por trabalhar comigo para tornar a tecnologia do Neosensory uma realidade. E tenho uma gratidão constante para com a equipe sempre crescente de funcionários do Neosensory.

Agradeço a Dan Frank e Jamie Byng por serem editores tão magníficos e defensores inabaláveis. Agradeço à Wylie Agency — em particular a Andrew, Sarah, James e Kristina — pelo apoio forte e sempre solidário.

Sou grato por ter recebido leituras deste livro de muitas pessoas, inclusive Mike Perrotta, Shahid Mallick, Sean Judge e todos os estudantes maravilhosos que fizeram meu curso de Plasticidade Cerebral, em Stanford.

Dedico este livro a meus dois filhos jovens, Aristotle e Aviva, em cujas lindas cabecinhas os princípios da plasticidade cerebral se desenrolam a cada segundo. E expresso meu mais profundo amor e gratidão a minha esposa, Sarah, por ser meu esteio, alicerce e reforço. Embora a adoração costume viver no domínio da poesia lírica, ela não seria nada sem o *livewiring*: nosso amor compartilhado reescreveu o cérebro de cada um de nós.

Por fim, quero agradecer aos estudantes e leitores do mundo todo que me inspiraram. Eles nem sempre percebem como meu trabalho é incrível, em particular quando tenho a tarefa invejável de revelar uma ideia em que eles nunca pensaram. Os reflexos de uma bela verdade iluminam o meu rosto e os deles.

NOTAS

Para tornar as ideias deste livro amplamente acessíveis, escrevi os conceitos em uma linguagem simples e não no jargão da área. Esta decisão tem prós e contras. Para minimizar os contras, as notas a seguir permitem a leitores interessados localizar os conceitos na literatura original, ter detalhes mais profundos e vocabulário científico.

1 O tecido elétrico vivo

1. Comunicação pessoal com a família de Matthew.
2. Estranho, mas verdadeiro: o cirurgião de Matthew foi o Dr. Ben Carson, que mais tarde concorreu à presidência dos Estados Unidos pelo Partido Republicano e perdeu para Donald Trump.
3. Para as coisas ficarem mais complexas, os neurônios são apoiados por um igual número de células chamadas células da glia. Embora as células da glia sejam importantes para a função de longo prazo, são os neurônios que transportam informações rapidamente. Antigamente se pensava que havia dez vezes mais células da glia que neurônios; agora sabemos, por novos métodos (por exemplo, o fracionador isotrópico), que os números ficam perto de um para um. Ver Von Bartheld, C.S., Bahney, J., Herculano-Houzel, S. (2016), "The search for true numbers

of neurons and glial cells in the human brain: a review of 150 years of cell counting", *J Comp Neurol* 524 (18): 3865-95. Para uma visão geral dos números, ver também Gordons, *The Synaptic Organization of the Brain* (Nova York: Oxford University Press, 2004).
4. Aqui está um subgrupo mínimo de experiências que um menino de dois anos pode ter em um dia, e todas formam sua trajetória futura de algum jeito desconhecido: ele ouve uma história sobre um menino com um rabo comprido que mata moscas. Josette, a amiga da mãe, visita com uma travessa prateada e quente de almôndegas caseiras fumegantes. Três meninos mais velhos passam gritando pela casa, de bicicleta. Ele vê um gato branco dormindo no capô quente de uma picape. A mãe diz ao pai, "Parece aquela vez no Novo México", e os dois riem. O pai fica junto da pia e come couves-de-bruxelas de um Tupperware, falando de boca cheia. O menino coloca a bochecha na frieza do piso de madeira. Ele vê um homem parrudo de fantasia de castor distribuindo amendoins. E assim por diante. Cada uma destas experiências o molda de algum jeito mínimo, e se as experiências forem ligeiramente diferentes, ele se desenvolverá em um adulto ligeiramente diferente. Estas considerações podem preocupar pais com a responsabilidade de conduzir um filho na direção certa. Mas a vastidão do oceano de experiências possíveis impossibilita a navegação. Você não tem como saber do impacto da escolha de um livro qualquer em detrimento de outro nem de uma decisão ou exposição. Uma trajetória de vida — mesmo em um só dia — é complexa demais para que seus impactos sejam previstos. Embora isto nada faça para diminuir os deveres e as preocupações dos pais, no fim, a impossibilidade de saber pode ser meio libertadora.
5. Nishiyama, T. (2005), "Swords into plowshares: Civilian application of wartime military technology in modern Japan, 1945-1964" (tese de doutorado, Universidade do Estado de Ohio).
6. O principal argumento desta seção foi abordado em Eagleman, D.M. (2001), *Incognito: The Secret Lives of the Brain* (Nova York: Pantheon). [Ed. bras.: *Incógnito: As vidas secretas do cérebro*, Rio de Janeiro: Rocco, 2012.]
7. Há debates sobre como marcar claras fronteiras em torno do termo "plasticidade". Quanto tempo esta mudança precisa durar para ser rotulada de plástica? Será possível distinguir a plasticidade de conceitos como a maturidade, a predisposição, a flexibilidade e a elasticidade? Estes debates semânticos são tangenciais ao argumento deste livro; todavia, para aqueles interessados, incluí alguma discussão aqui.

Parte do debate gira em torno de *quando* usar o termo "plasticidade". Existiriam questões de plasticidade de desenvolvimento, plasticidade fenotípica e plasticidade sináptica expressando a mesma coisa, ou a "plasticidade" seria um termo singular usado frouxamente em diferentes contextos? Até onde sei, a primeira pessoa a abordar explicitamente esta questão foi Jacques Paillard, em seu ensaio de 1976 "Réflexions sur l'usage du concept de plasticité en neurobiologie", traduzido e comentado por Bruno Will e colaboradores em 2008. Seguindo a pista de Paillard, o artigo de 2008 sugere que um exemplo correto de "plasticidade" deve incluir mudanças estruturais *e* funcionais (não apenas uma ou outra), e deve ser distinguido de *flexibilidade* (como uma adaptação pré-programada) e *elasticidade* (mudanças de curto prazo que por fim voltam a seu estado anterior). Como veremos mais adiante neste livro, nem sempre é possível distinguir entre esses temas. Como exemplo, passaremos um capítulo inteiro explorando como o cérebro muda em diferentes escalas de tempo, e como estas mudanças podem ser transmitidas a diferentes partes do sistema (por exemplo, do nível molecular à arquitetura celular maior). Nesta ótica, se nossa tecnologia mediu uma mudança que acabou por voltar a seu estado original — mas só porque não conseguimos medir simultaneamente os efeitos em cascata —, teríamos de concluir que o sistema todo é apenas elástico, e não plástico? Parece-me insensato ancorar nossas definições semânticas nas tecnologias atuais.

Os debates sobre a palavra "plasticidade" em geral tendem a tempestades em copo d'água. No contexto deste livro, nosso interesse é compreender a automodificação do quilo e meio de tecnologia futurista em nosso crânio. Se você tiver uma vasta compreensão disto no final deste livro, eu terei tido sucesso.

8. A coxeadura de Matthew é do lado oposto ao do hemisfério removido, porque cada hemisfério controla o lado oposto do corpo. A coxeadura residual vem do fato de que o hemisfério restante foi parcialmente, mas não inteiramente, capaz de assumir a função motora do hemisfério removido.

2 Basta adicionar o mundo

1. Gopnik, A., Schulz, L. (2004), "Mechanisms of theory formation in young children", *Trends Cogn Sci* 8:371-77.
2. Spurzheim, J. (1815), *The Physiognomical System of Drs. Gall and Spurzheim*, 2ª ed. (Londres: Baldwin, Cradock and Joy).
3. Darwin. C. (1874), *The Descent of Man* (Chicago: Rand, McNally).

4. Bennett, E.L. et al. (1964), "Chemical and anatomical plasticity of brain", Science 164:610-19.
5. Diamond, M. (1988), *Enriching Heredity* (Nova York: Free Press).
6. Rosenzweig, M.R., Bennett, E.L. (1996), "Psychobiology of plasticity: Effects of training and experience on brain and behavior", *Behav Brain Res* 78:57-5; Diamond, M. (2001), "Response of the brain to enrichment", *An Acad Bras Ciênc* 73:211-20.
7. Jacobs, B., Schall, M., Scheibel, A.B. (1993), "A quantitative dendritic analysis of Wernicke's area in humans. II. Gender, hemispheric, and environmental factors", *J Comp Neurol* 327:97-111. Ora, você perguntará sensatamente para que lado aponta a seta da causalidade aqui: talvez aqueles com dendritos melhores sejam capazes de conquistar a admissão na faculdade, ou será que é a faculdade que causa o crescimento? Boa pergunta. Ainda não temos os experimentos para definir isto. Mas como veremos nos capítulos posteriores, as mudanças no cérebro agora podem ser medidas em tempo real, enquanto as pessoas aprendem coisas novas, inclusive malabarismo, música, navegação e mais.
8. O Projeto Genoma Humano estimou originalmente cerca de 24 mil genes; o número oscilou desde então, chegando a 19 mil. Ver Ezkurdia, I. et al. (2014), "Multiple evidence strands suggest that there may be as few as 19,000 human protein-coding genes", *Hum Mol Genet* 23 (22): 5866-78.
9. Muito mais nos capítulos posteriores. Embora a dependência e a independência da experiência pareçam histórias contrárias, nem sempre existe uma fronteira nítida entre elas (ver Cline, H. [2003], Sperry e Hebb: "Oil and vinegar?", *Trends Neurosci* 26[12]: 655-61). Às vezes mecanismos de programação fixa simularão a experiência no mundo, em outras vezes a experiência no mundo leva à expressão genética que leva à nova programação fixa. Pense no que parece ser uma história clara de atividade dependente de atividade: no córtex visual primário descobrem-se faixas alternadas de tecido que podem transmitir informações do olho esquerdo e do olho direito (mais sobre isso em capítulos posteriores). Os axônios que transmitem estas informações visuais específicas do olho inicialmente se ramificam muito no córtex, depois secretam em trechos específicos do olho. Como eles sabem como secretar? O truque é que a separação surge de padrões de atividade correlacionada: os neurônios do olho esquerdo tendem a ter maior correlação entre si do que com neurônios do olho direito.

Em meados dos anos 1960, os neurobiologistas de Harvard David Hubel e Torsten Wiesel mostraram que o mapa de faixas uniformemente alternadas podia ser drasticamente alterado pela experiência: fechar um olho de um animal leva a uma expansão do território ocupado por fibras do olho aberto, demonstrando a necessidade de atividade neural na competição sináptica que forma esses mapas (Hubel, D.H., Wiesel, T.N. [1965], "Binocular interaction in striate cortex of kittens reared with artificial squint", *J Neurophysiol* 28:1041-59).

Porém, há um mistério escondido aqui, porque Hubel e Wiesel tinham observado anteriormente que o estabelecimento de territórios alternados dos olhos esquerdo e direito não dependia de atividade: até animais criados na completa escuridão desenvolveram esses padrões (Horton, J.C., Hocking, D.R. [1996]. "An adult-like pattern of ocular dominance columns in striate cortex of newborn monkeys prior to visual experience", *J Neurosci* 16 [5]:1791-807). Como estas descobertas são coerentes?

Anos se passaram até o paradoxo ser resolvido. Acontece que enquanto o animal em desenvolvimento flutua no útero, sua retina gera ondas espontâneas de atividade. Estas ondas estimulam mais ou menos a visão. As ondas de atividade são rudimentares — não têm as fronteiras nítidas e detalhadas da experiência visual real —, mas são suficientes para correlacionar a atividade em fibras vizinhas de cada olho, levando à segregação específica do olho nas áreas cerebrais posteriores (como o núcleo geniculado lateral do tálamo e o córtex). Em outras palavras, o cérebro fornece a própria atividade no início do desenvolvimento para ajudar no processo de segregação dos olhos; mais tarde, assume o input visual do mundo (Meister, M. et al. [1991], "Synchronous bursts of action potentials in ganglion cells of the developing mammalian retina", *Science* 252 (5008): 939-43). Assim, existe um borrão entre a experiência no mundo e atividade neuronal pré-especificada. A interação entre a experiência no mundo e a instrução genética pode ser complexa. O princípio geral é de que mecanismos moleculares independentes da experiência levam a circuitos iniciais e imprecisos do cérebro. Mais tarde, a atividade causada pela interação com o mundo refina aquelas conexões. Não podemos mais pensar no cérebro como resultado apenas de genes ou apenas de experiência no mundo, porque às vezes os genes representam a experiência no mundo. Os mecanismos dependentes e independentes de experiência são estreitamente interligados.

10. Leonhard, K. (1970), "Kaspar Hauser und die moderne Kenntnis des Hospitalismus", *Confin Psychiat* 13:213-29.
11. DeGregory, L. (2008), "The girl in the window", *St. Petersburg Times*. Devemos observar que nos últimos anos Danielle mostrou alguma

melhora. Aprendeu a usar o banheiro, consegue entender parte do que as pessoas lhe dizem e é capaz de fazer algumas réplicas verbais limitadas. Recentemente, frequentou o jardim de infância e aprendeu a desenhar letras. Estes são sinais maravilhosos e bem-vindos; infelizmente, ainda é improvável que ela seja capaz de conquistar muito do terreno perdido durante seus trágicos primeiros anos de vida.

Mais uma observação. Crianças como Danielle, que são criadas em condições de estresse e privação, não se desenvolvem adequadamente em termos corporais; isto é conhecido como nanismo psicossocial. Por ironia, um escritor médico nos anos 1990 tentou cunhar uma nova expressão para isto: "síndrome de Kaspar Hauser" (Money, J. (1992). *The Kaspar Hauser syndrome of "psychosocial dwarfism": Deficient statural, intellectual, and social growth induced by child abuse*. Prometheus Books, 1992), uma escolha infeliz, uma vez que Hauser quase certamente fingiu seu passado selvagem.

12. Felizmente, protocolos de direitos animais atuais proíbem pesquisas como estas. Mesmo na época, muitos colegas de Harlow ficaram horrorizados com suas experiências, o que fortaleceu o movimento pela libertação dos animais nos Estados Unidos. Um dos críticos de Harlow, Wayne Booth, escreveu que as experiências de Harlow provavam apenas "o que todos nós já sabíamos — que criaturas sociais podem ser destruídas quando seus laços sociais são destruídos".

3 O interior espelha o exterior

1. Ver Penfield, W. (1952), "Memory mechanisms", *AMA Arch Neurol Psychiatry* 67 (2): 178-98; Penfield, W. (1961), "Activation of the record of human experience", *Ann R Coll Surg Engl* 29 (2): 77-84.
2. O córtex é a camada mais externa — em geral com cerca de 3 milímetros de espessura — do cérebro. É chamada de massa cinzenta porque suas células são mais escuras do que a massa branca abaixo do córtex. Nos animais maiores, em geral, o córtex é dobrado e sulcado. A primeira faixa onde Penfield mediu é chamada de córtex somatossensorial, referindo-se à sensação do corpo, ou soma.
3. Ettlin, D. (1981), "Taub denies allegations of cruelty", *Baltimore Sun*, 1º de novembro de 1981.
4. Pons, T.P. et al. (1991), "Massive cortical reorganization after sensory deafferentation in adult macaques", *Science* 252:1857-60; Merzenich, M. (1998), "Long-term change of mind", *Science* 282 (5391): 1062-63;

Jones, E.G., Pons, T.P. (1998), "Thalamic and brainstem contributions to large-scale plasticity of primate somatosensory cortex", *Science* 282 (5391): 1121-5; Merzenich, M. et al. (1984), "Somatosensory cortical map changes following digit amputation in adult monkeys", *J Comp Neurol* 224:591-605.
5. Além do córtex, houve mudanças e reorganizações maciças também em outras áreas cerebrais, como o tálamo e o tronco encefálico; voltaremos a isto posteriormente.
6. Knight, R. (2005), *The Pursuit of Victory: The Life and Achievement of Horatio Nelson* (Nova York: Basic Books).
7. Mitchell, S.W. (1872), *Injuries of Nerves and Their Consequences* (Filadélfia: Lippincott).
8. Estas técnicas começaram pela magnetoencefalografia (MEG) e logo passaram à ressonância magnética funcional, ou RMF. Para uma análise das técnicas de imageamento do cérebro, ver Eagleman, D.M., Downar, J. (2015), *Brain and Behavior* (Nova York: Oxford University Press).
9. A dor fantasma nos ensina que embora os cérebros reescrevam seus mapas, as mudanças são imperfeitas: apesar de os neurônios que antes codificavam para o braço agora codificarem para o rosto, outros neurônios corrente abaixo ainda pensam que recebem informações do braço. Como resultado da confusão corrente abaixo, os amputados em geral sentem dor no membro fantasma. Geralmente, mudanças corticais maiores se traduzem em maior dor experimentada. Ver Flor et al. (1995), "Phantom-limb pain as a perceptual correlate of cortical reorganization following arm amputation", *Nature* 375 (6531): 482-84; Karl, A. et al. (2001), "Reorganization of motor and somatosensory cortex in upper extremity amputees with phantom limb pain", *J Neurosci* 21:3609-18. Compreenderemos mais sobre a dor fantasma posteriormente, quando virmos como áreas cerebrais diferentes mudam a diferentes velocidades.
10. Singh, A.K. et al. (2018), "Why does the cortex reorganize after sensory loss?", *Trends Cogn Sci* 22 (7): 569-82; Ramachandran, V.S. et al. (1992), "Perceptual correlates of massive cortical reorganization", *Science* 258:1159-60; Barinaga, M. (1992), "The brain remaps its own contours", *Science* 258:216-18; Borsook, D. et al. (1998), "Acute plasticity in the human somatosensory cortex following amputation", *Neuroreport* 9:1013-17.
11. Weiss, T. et al. (2004), "Rapid functional plasticity in the primary somatomotor cortex and perceptual changes after nerve block", *Eur J Neurosci* 20:3413-23.

12. Clark, S.A. et al. (1988), "Receptive-fields in the body-surface map in adult cortex defined by temporally correlated inputs", *Nature* 332:444-45.
13. Esta regra, conhecida como regra de Hebb, foi proposta em 1949. Hebb, D.O. (1949), *The Organization of Behavior* (Nova York: Wiley & Sons). Em geral, é ligeiramente mais complexo: se o neurônio A dispara pouco antes do neurônio B, a ligação entre eles é fortalecida; se A dispara logo depois de B, sua ligação é enfraquecida. Isto é conhecido como plasticidade dependente de tempo de pico.
14. Também existem tendências genéticas que levam o mapa a se formar de determinadas maneiras; por exemplo, o motivo para a cabeça ficar em uma extremidade do mapa, e os pés em outra, tem a ver com o modo como as fibras se conectam no corpo. Mas este livro enfatiza as formas surpreendentes com que a experiência muda os circuitos.
15. Para exatidão histórica: o Território da Louisiana primeiramente foi para a Espanha. Depois, em 1802, a Espanha devolveu a Louisiana à França. Mas Napoleão a vendeu aos Estados Unidos em 1803, porque a essa altura tinha desistido do sonho do Novo Mundo.
16. Elbert, T., Rockstroh, B. (2004), "Reorganization of human cerebral cortex: The range of changes following use and injury", *Neuroscientist* 10:129-41; Pascual-Leone, A. et al. (2005), "The plastic human brain cortex", *Annu Rev Neurosci* 28:377-401; D'Angiulli, A. e Waraich, P. (2002), "Enhanced tactile encoding and memory recognition in congenital blindness", *Int J Rehabil Res* 25 (2): 143-45; Collignon, O. et al. (2006), "Improved selective and divided spatial attention in early blind subjects", *Brain Res* 1075 (1): 175-82; Collignon, O. et al. (2009), "Cross-modal plasticity for the spatial processing of sounds in visually deprived subjects", *Exp Brain Res* 192 (3): 343-58; Bubic, A., Striem-Amit, E., Amedi, A. (2010), "Large-scale brain plasticity following blindness and the use of sensory substitution devices", em *Multisensory Object Perception in the Primate Brain*, org. M.J. Naumer e J. Kaiser (Nova York: Springer), 351-80.
17. Amedi, A. et al. (2010), "Cortical activity during tactile exploration of objects in blind and sighted humans", *Restor Neurol Neurosci* 28 (2): 143-56; Sathian, K., Stilla, R. (2010), "Cross-modal plasticity of tactile perception in blindness", *Restor Neurol Neurosci* 28 (2): 271-81. Observe também que estas mudanças podem ser interpretadas de outra maneira: por exemplo, em um leitor de braile, um pulso de estímulo magnético no córtex occipital induzirá uma sensação tátil nos dedos (enquanto o pulso não tem este efeito nos participantes-controle com

visão). Ver Ptito, M. et al. (2008), "TMS of the occipital cortex induces tactile sensations in the fingers of blind Braille readers", *Exp Brain Res* 184 (2): 193-200.
18. Hamilton, R. et al. (2000), "Alexia for Braille following bilateral occipital stroke in an early blind woman", *Neuroreport* 11 (2): 237-40.
19. Voss, P. et al. (2006), "A positron emission tomography study during auditory localization by late-onset blind individuals", *Neuroreport* 17 (4): 383-88; Voss, P. et al. (2008), "Differential occipital responses in early-and late-blind individuals during a sound-source discrimination task", *Neuroimage* 40 (2): 746-58. Em um segundo experimento no mesmo artigo, os participantes adivinharam a localização de um som e foi feita a mesma descoberta: ativação do córtex visual primário.
20. Renier, L., De Volder, A.G., Rauschecker, J.P. (2014), "Cortical plasticity and preserved function in early blindness", *Neurosci Biobehav Rev* 41:53-63; Raz, N., Amedi, A., Zohary, E. (2005), "V1 activation in congenitally blind humans is associated with episodic retrieval", *Cereb Cortex* 15:1459-68; Merabet, L.B., Pascual-Leone, A. (2010), "Neural reorganization following sensory loss: The opportunity of change", *Nat Rev Neurosci* 11 (1): 44-52.

Observo que a ligação pode ser demonstrada no outro sentido: quando a atividade no lobo occipital de cegos é temporariamente interrompida (por estímulo com pulso magnético), sua leitura de braile e até o processamento verbal sofrem. Ver Amedi, A. et al. (2004), "Transcranial magnetic stimulation of the occipital pole interferes with verbal processing in blind subjects", *Nat Neurosci* 7:1266.
21. Esta área é conhecida como VWFA (de *visual word form area*, área do formato visual de palavra). Reich, L. et al. (2011), "A ventral visual stream reading center independent of visual experience", *Curr Biol* 21:363-68; Striem-Amit, E. et al. (2012), "Reading with sounds: Sensory substitution selectively activates the visual word form area in the blind", *Neuron* 76:640-52.
22. Esta área é conhecida como MT (de *middle temporal*, temporal medial em português) ou V5. Ptito, M. et al. (2009), "Recruitment of the middle temporal area by tactile motion in congenital blindness, *Neuroreport* 20:543-47. Matteau, I. et al. (2010), "Beyond visual, aural, and haptic movement perception: hMT+ is activated by electrotactile motion stimulation of the tongue in sighted and in congenitally blind individuals", *Brain Res Bull* 82:264-70.
23. Esta área é conhecida como LOC (de *lateral occipital cortex*, córtex occipital lateral, em português). Amedi et al. (2010).

24. Outro jeito de expressar isto: o cérebro é um operador "metamodal". Metamodal significa que as operações são independentes dos modos (ou sentidos) específicos que recebem a informação ali. Ver Pascual-Leone, A., Hamilton, R. (2001), "The metamodal organization of the brain", *Prog Brain Res* 134:427-45; Reich, L., Maidenbaum, S., Amedi, A. (2011), "The brain as a flexible task machine: Implications for visual rehabilitation using noninvasive vs. invasive approaches", *Curr Opin Neurol* 25:86-95. Ver também Maidenbaum, S. et al. (2014), "Sensory substitution: Closing the gap between basic research and widespread practical visual rehabilitation", *Neurosci Biobehav Rev* 41:3-15; Reich, L. et al. (2011), "A ventral visual stream reading center independent of visual experience", *Curr Biol* 21 (5): 363-8; Striem-Amit, E. et al. (2012), "The large-scale organization of 'visual' streams emerges without visual experience", *Cereb Cortex* 22 (7): 1698-709; Meredith, M.A. et al. (2011), "Crossmodal reorganization in the early deaf switches sensory, but not behavioral roles of auditory cortex", *Proc Natl Acad Sci USA* 108 (21): 8856-61; Bola, Ł. et al. (2017), "Task-specific reorganization of the auditory cortex in deaf humans", *Proc Natl Acad Sci USA* 114 (4): E600-E609. Para revisões, ver Bavelier e Hirshorn (2010) e Dormal, Collignon (2011).
25. Finney, E.M., Fine, I., Dobkins, K.R. (2001), "Visual stimuli activate auditory cortex in the deaf", *Nat Neurosci* 4 (12): 1171-73; Meredith, M.A. et al. (2011).
26. Elbert, Rockstroh (2004); Pascual-Leone et al. (2005).
27. Ver Hamilton, R.H., Pascual-Leone, A., Schlaug, G. (2004), "Absolute pitch in blind musicians", *Neuroreport* 15:803-6; Gougoux, F. et al. (2004), "Neuropsychology: Pitch discrimination in the early blind", *Nature* 430 (6997): 309.
28. Voss et al. (2008).
29. Ben morreu em 2016, aos dezesseis anos, quando o câncer que lhe havia tirado os dois olhos voltou.
30. "Extraordinary People: The Boy Who Sees Without Eyes", Temporada 1, episódio 43, exibido em 29 de janeiro de 2007.
31. Teng, S., Puri, A., Whitney, D. (2012), "Ultrafine spatial acuity of blind expert human echolocators", *Exp Brain Res* 216 (4): 483-88; Schenkman, B.N., Nilsson, M.E. (2010), "Human echolocation: Blind and sighted persons' ability to detect sounds recorded in the presence of a reflecting object", *Perception* 39 (4): 483; Arnott, S.R. et al. (2013), "Shape-specific activation of occipital cortex in an early blind echolocation expert", *Neuropsychologia* 51 (5): 938-49; Thaler, L. et al. (2014), "Neural

correlates of motion processing through echolocation, source hearing, and vision in blind echolocation experts and sighted echolocation novices", *J Neurophysiol* 111 (1): 112-27. Também, em ecolocalizadores cegos, ouvir ecos do som ativa o córtex visual, e não o auditivo: Thaler, L. et al. (2011), "Neural correlates of natural human echolocation in early and late blind echolocation experts", *PLoS One* 6 (5): e20162. A ecolocalização pode ser aprimorada por tecnologia: vários projetos recentes empregam um sensor ultrassônico instalado em óculos vestíveis, que mede a distância até o objeto mais próximo e transmite isto em um sinal de áudio nítido que toca diferentes tons para representar diferentes distâncias.

32. Griffin, D.R. (1944), "Echolocation by blind men, bats, and radar", *Science* 100 (2609): 589-90.
33. Amedi, A. et al. (2003), "Early 'visual' cortex activation correlates with superior verbal-memory performance in the blind", *Nat Neurosci* 6:758-66.
34. Em outras palavras, a tarefa de discriminar escalas de cinza toma um território do córtex que em geral é dedicado ao cinza e às cores.
35. Kok, M.A. et al. (2014), "Cross-modal reorganization of cortical afferents to dorsal auditory cortex following early and late onset deafness", *J Comp Neurol* 522 (3): 654-75; Finney, E.M. et al. (2001), "Visual stimuli activate auditory cortex in the deaf", *Nat Neurosci* 4 (12): 1171.
36. No autismo, as regiões do cérebro se desenvolvem a taxas diferentes, aparentemente levando as regiões a estabelecerem uma conectividade anormal — com o resultado de que as conexões de longa distância são sutilmente diferentes, levando a déficits na linguagem e no comportamento social. Redcay, E., Courchesne, E. (2005), "When is the brain enlarged in autism? A meta-analysis of all brain size reports", *Biol Psychiatry* 58:1-9. Em outras palavras, um sistema *livewired* pode se descompactar a partir de uma única célula, mas o modo como se descompacta — o ritmo e a ordem exatos — tem diferentes resultados.

Precisamos observar que as teorias sobre o autismo são abrangentes, incluindo defeitos no sistema neurônio espelho, vacinas, subconectividade, distúrbios de coerência central e muito mais. Assim, a ideia de que ele é simplesmente uma redistribuição do córtex deve ser apenas parte da história. Entretanto, ver exemplos como Boddaert, N. et al. (2005), "Autism: Functional brain mapping of exceptional calendar capacity", *Br J Psychiatry* 187:83-86; LeBlanc, J., Fagiolini, M. (2011), "Autism: A 'critical period' disorder?", *Neural plasticity*. 2011:921680.
37. Voss et al. (2008).

38. Pascual-Leone, A., Hamilton, R. (2001), "The metamodal organization of the brain", em *Vision: From Neurons to Cognition*, org. C. Casanova e M. Ptito (Nova York: Elsevier Science), 427-45.
39. Merabet, L.B. et al. (2008), "Rapid and reversible recruitment of early visual cortex for touch", *PLoS One* 3 (8): e3046. Observe também que uma versão inicial desses resultados foi publicada em Pascual-Leone e Hamilton (2001).
40. Merabet, L.B. et al. (2007), "Combined activation and deactivation of visual cortex during tactile sensory processing", *J Neurophysiol* 97:1633-41.
41. Embora algumas formas de sonhos possam ocorrer durante o sono não REM (Kleitman, N. [1963], *Sleep and Wakefulness*. [Chicago: U Chicago Press]), estes sonhos são muito diferentes dos sonhos REM mais comuns: em geral têm relação com planos ou pensamentos elaborados, e carecem de nitidez visual e dos componentes alucinatórios e ilusionais dos sonhos REM. Como nosso propósito depende da forte ativação do sistema visual, o sono REM está implicado no sono não REM.
42. Esta atividade é chamada de ondas PGO (ondas ponto-genículo-occipital), assim batizadas porque têm origem em uma área do cérebro chamada pontina, depois viajam ao núcleo geniculado lateral (daí o "genículo"), depois completam sua jornada para o córtex occipital (visual primário). Aliás, existe algum debate (mas não muito) se as ondas PGO, o sono REM e os sonhos são realmente equivalentes, ou se são questões distintas. Para ser mais completo aqui, menciono que crianças e esquizofrênicos com lobotomias pré-frontais podem ter sono REM com muito poucos sonhos. Ver Solms, M, (2000), "Dreaming and REM sleep are controlled by different brain mechanisms", *Behav Brain Sci* 23 (6): 843-50 (inclusive a animada discussão de colegas que acompanha o artigo); ver também Jus et al. (1973), "Studies on dream recall in chronic schizophrenic patients after prefrontal lobotomy", *Biol Psychiatry* 6 (3): 275-93. Além disso, não se sabe se a atividade do tronco encefálico é aleatória ou se reflete as lembranças do dia, ou se serve a programas neurais práticos — mas aqui a parte importante é que, depois que as ondas se propagam para as áreas visuais, a atividade é vivida como visual. Ver Nir, Y., Tononi, G. (2010), "Dreaming and the brain: From phenomenology to neurophysiology", *Trends Cogn Sci* 14 (2): 88-100.
43. Eagleman, D.M., Vaughn, D.A. (2020, em análise). Como qualquer teoria biológica, esta deve ser compreendida no contexto do tempo evolutivo. Os programas para construir estes circuitos estão profundamente na genética, portanto não dependem das experiências da vida de um

indivíduo. Como esses circuitos evoluíram por centenas de milhões de anos, não são afetados por nossa capacidade atual de desafiar a escuridão com a luz elétrica.

Nossa hipótese deixa muitas questões em aberto: por exemplo, por que não sonhamos constantemente, mas em explosões? Isto também não se reflete no mistério do *conteúdo* do sonho. Para uma visão geral do tema, ver Flanagan, O. (2000), *Dreaming Souls: Sleep, Dreams, and the Evolution of the Conscious Mind* (Nova York: Oxford University Press). Nossa hipótese será estudada mais a fundo no futuro pelo exame das mudanças visuais em doenças que levam à perda ou à deficiência do ato de sonhar. Existe muito mais a ser revelado aqui, dada a oportunidade de compreender os sonhos por uma nova ótica. Além disso, o sono REM pode ser suprimido por inibidores de monoamina oxidase ou por determinadas lesões cerebrais, e ainda assim é difícil detectar quaisquer problemas (cognitivos ou fisiológicos) em pessoas com problemas de sono REM. (Siegel, J.M. [2001], "The REM sleep-memory consolidation hypothesis", *Science* 294:1058-63). Porém, nossa hipótese prevê problemas *visuais*, e na verdade é precisamente isto que observamos em pessoas que tomam inibidores de monoamina oxidase ou antidepressivos tricíclicos. Alguns médicos sugerem que a visão borrada resulta de olhos secos; sugerimos que esta talvez não seja a origem correta do problema.

Outro ponto técnico interessante: várias hipóteses no passado sugeriram que a duração do sono REM tem alguma relação com o período de vigília anterior. Mas, se fosse assim, poderíamos esperar que a duração do sono REM fosse maior no início da noite e mais curta depois. O que realmente acontece é o contrário. Seu primeiro período de sono REM pode durar apenas cinco ou dez minutos, enquanto o último pode durar mais de 25 minutos (ver Siegel, J.M. [2005], "Clues to the functions of mammalian sleep", *Nature* 437 [7063]:1264-71). Isto é coerente com um sistema que precisa se esforçar mais quanto mais tempo fica sem input visual.

Outra questão: em um animal jovem, se você reduzir a luz que entra em um olho (mas não no outro), poderá medir a tomada de território do olho bom. Se depois você privar o animal de sono REM durante o período crítico de suscetibilidade, o desequilíbrio é acelerado. Em outras palavras, o sono REM (que beneficia igualmente os canais visuais) ajuda a reduzir as tomadas de território — neste caso a tomada do território de um olho feita pelo outro. Sem o sono REM, a tomada acontece mais rapidamente.

44. Em um artigo de 1999 intitulado "The Dreams of Blind Men and Women", Craig Hurovitz e colaboradores registraram cuidadosamente e analisaram os dados de 372 sonhos de 15 adultos cegos.
45. As pessoas que ficaram cegas depois dos sete anos têm mais conteúdo visual nos sonhos do que aquelas que ficaram cegas antes: Amadeo, M., Gomez, E. (1966), "Eye movements, attention and dreaming in the congenitally blind", *Can Psychiat Assoc J*: 501-7; Berger, R.J. et al. (1962), "The eec, eye-movements and dreams of the blind", *Quart J Exp Psychol* 14 (3): 183-6; Kerr, N.H. et al. (1982), "The structure of laboratory dream reports in blind and sighted subjects", *J Nerv Mental Dis* 170 (5): 286-94; Hurovitz, C. et al. (1999), "The dreams of blind men and women: A replication and extension of previous findings", *Dreaming* 9:183-93; Kirtley, D.D. (1975), *The Psychology of Blindness* (Chicago: Nelson-Hall). O lobo occipital nos cegos tardios é menos conquistado por outros sentidos: ver, por exemplo, Voss et al. (2006, 2008).
46. Zepelin, H., Siegel, J.M., Tobler, I. (2005), em *Principles and Practice of Sleep Medicine*, vol. 4, org. M.H. Kryger, T. Roth e W.C. Dement (Filadélfia: Elsevier Saunders), 91-100. Jouvet-Mounier, D., Astic, L., Lacote, D. (1970), "Ontogenesis of the states of sleep in rat, cat, and guinea pig during the first postnatal month", *Dev Psychobiol* 2:216-39.
47. Siegel, J.M. (2005).
48. Angerhausen, D. et al. (2012), "An astrobiological experiment to explore the habitability of tidally locked m-dwarf planets", *Proc Int Astron Union* 8 (S293): 192-96. Observe que isto seria parecido com a mesma face de nossa lua sempre voltada para a Terra. Deve-se notar, porém, que o tempo de rotação de nossa lua é igual a seu tempo de órbita, e é por isso que sempre vemos a mesma face, mas a lua ainda tem dias e noites, porque se volta para o sol de forma diferente. Um planeta fixado a uma estrela não tem dias ou noites.

4 O aproveitamento de inputs

1. Ver Chorost, M. (2005), *Rebuilt: How Becoming Part Computer Made Me More Human* (Boston: Houghton Mifflin); Chorost, M. (2011), *World Wide Mind: The Coming Integration of Humanity, Machines, and the Internet* (Nova York: Free Press). Ver também Chorost, M. (2005), "My bionic quest for Bolero", *Wired*.
2. Fleming, N. (2007), "How one man 'saw' his son after 13 years", *Telegraph*.

3. Ahuja, A.K. et al. (2011), "Blind subjects implanted with the Argus II retinal prosthesis are able to improve performance in a spatial-motor task", *Br J Ophthalmol* 95 (4): 539-43.
4. Minha analogia é um pouco defeituosa, porque o plug-and-play no mundo da computação só é alcançado por ter regras pré-acordadas de envolvimento: os periféricos vêm com algumas informações sobre eles mesmos, e dizem isso ao computador de modo que o processador central saiba o que fazer. O cérebro, por sua vez, usa um protocolo um tanto diferente. Presumivelmente, dispositivos periféricos como os olhos não sabem nada de si mesmos. Eles simplesmente fazem o que fazem. Mas o cérebro tem a capacidade de aprender a extrair informações úteis deles — em outras palavras, como os *usar*.
5. Fotografia de Sharon Steinmann, AL.com. "Alabama baby born without a nose, mom says he's perfect", ABC News, www.abcnews.go.com.
6. Lourgos, A.L. (2015), "Family of Peoria baby born without eyes prepares for treatment in Chicago", *Chicago Tribune*, www.chicagotribune.com.
7. Isto se chama síndrome LAMM; LAMM significa *labyrinthine aplasia, microtia, and microdontia*, aplasia labiríntica, microtia e microdontia. Afeta o desenvolvimento dos ouvidos e dos dentes. A síndrome LAMM também é caracterizada por orelhas pequenas e dentes espaçados — porque o gene que é mutado (FGF3) desencadeia uma cascata de reações celulares que levam à formação das estruturas do ouvido interno, da orelha e dos dentes. Quando o FGF3 está mutado, não transmite o sinal correto, e o resultado é a síndrome LAMM dos ouvidos e dos dentes.
8. Wetzel, F. (2013), "Woman born without tongue has op so she can speak, eat, and breathe more easily", *Sun*, 18 de janeiro de 2013.
9. Esse fenômeno é conhecido de modo geral como insensibilidade congênita à dor ou analgesia congênita. Ver Eagleman, D.M., Downar, J. (2015), *Brain and Behavior* (Nova York: Oxford University Press).
10. Abrams, M., Winters, D. (2003), "Can you see with your tongue?", *Discover*.
11. Macpherson, F., org. (2018), *Sensory Substitution and Augmentation* (Oxford: Oxford University Press); Lenay, C. et al. (2003), "Sensory substitution: Limits and perspectives", em *Touching for Knowing: Cognitive Psychology of Haptic Manual Perception*, org. Y. Hatwell, A. Streri e E. Gentaz (Filadélfia: John Benjamins), 275-92; Poirier, C., De Volder, A.G., Scheiber, C. (2007), "What neuroimaging tells us about sensory substitution", *Neurosci Biobehav Rev* 31:1064-70; Bubic,

A., Striem-Amit, E., Amedi, A. (2010), "Large-scale brain plasticity following blindness and the use of sensory substitution devices", em *Multisensory Object Perception in the Primate Brain,* org. M.J. Naumer e J. Kaiser (Nova York: Springer), 351-80; Novich, S.D., Eagleman, D.M. (2015), "Using space and time to encode vibrotactile information: Toward an estimate of the skin's achievable throughput", *Exp Brain Res* 233 (10): 2777-88; Chebat, D.R. et al. (2018), "Sensory substitution and the neural correlates of navigation in blindness", em *Mobility of Visually Impaired People* (Cham: Springer), 167-200.

12. Bach-y-Rita, P. (1972), *Brain Mechanisms in Sensory Substitution* (Nova York: Academic Press); Bach-y-Rita, P. (2004), "Tactile sensory substitution studies", *Ann NY Acad Sci* 1013:83-91.

13. Hurley, S., Noë, A. (2003), "Neural plasticity and consciousness", *Biology and Philosophy* 18 (1): 131-68; Noë, A. (2004), *Action in Perception* (Cambridge, Mass: MIT Press).

14. Bach-y-Rita, P. et al. (2003), "Seeing with the brain", *Int J Human-Computer Interaction*, 15 (2): 285-95; Nagel, S.K. et al. (2005), "Beyond sensory substitution — learning the sixth sense", *J Neural Eng* 2 (4): R13-R26.

15. Starkiewicz, W., Kuliszewski, T. (1963), "The 80-channel elektroftalm", em *Proceedings of the International Congress on Technology and Blindness* (Nova York: American Foundation for the Blind).

16. Esta ideia do córtex sendo fundamentalmente o mesmo em toda parte — mas moldado pelos inputs — foi explorada originalmente pelo neurofisiologista Vernon Mountcastle e mais tarde revigorada pelo cientista e inventor Jeff Hawkins. Ver Hawkins, J., Blakeslee, S. (2005), *On Intelligence* (Nova York: Times Books).

17. Pascual-Leone, A., Hamilton, R. (2001), "The metamodal organization of the brain", em *Vision: From Neurons to Cognition,* org. C. Casanova e M. Ptito (Nova York: Elsevier Science), 427-45.

18. Sur, M. (2001), "Cortical development: Transplantation and rewiring studies", em *International Encyclopedia of the Social and Behavioral Sciences,* org. N. Smelser e P. Baltes (Nova York: Elsevier).

19. Sharma, J., Angelucci, A., Sur, M. (2000), "Induction of visual orientation modules in auditory cortex", *Nature* 404:841-47. As células no novo córtex auditivo reagiam, agora, por exemplo, a diferentes orientações de linhas.

20. Temos uma ressalva aqui, que vamos desenvolver melhor nos capítulos seguintes: o cérebro não chega como uma tabula rasa completa. E é por isso que o córtex auditivo visualmente responsivo no furão chegou um

tanto mais desajeitado em sua codificação do que o córtex visual tradicional. A genética local torna determinadas áreas ligeiramente mais predispostas a certos tipos de input sensorial. Existe um contínuo entre planos de construção firmes (genética) e flexibilidade de atividade (*livewiring*). Por quê? Devido às escalas de tempo evolutivas, os inputs instáveis de algo aprendido em uma vida inteira movem-se lentamente para o geneticamente programado. Nosso objetivo aqui é nos concentrarmos na tremenda flexibilidade vista durante uma vida.

21. Bach-y-Rita, P. et al. (2005), "Late human brain plasticity: Vestibular substitution with a tongue BrainPort human-machine interface", *Intellectica* 1 (40): 115-22; Nau, A.C. et al. (2015), "Acquisition of visual perception in blind adults using the Brain-Port artificial vision device", *Am J Occup Ther* 69 (1): 1-8; Stronks, H.C. et al. (2016), "Visual task performance in the blind with the BrainPort V100 Vision Aid", *Expert Rev Med Devices* 13 (10): 919-31.
22. Sampaio, E., Maris, S., Bach-y-Rita, P. (2001), "Brain plasticity: 'Visual' acuity of blind persons via the tongue", *Brain Res* 908 (2): 204-7.
23. Levy, B. (2008), "The blind climber who 'sees' with his tongue", *Discover*, 22 de junho de 2008.
24. Bach-y-Rita, P. et al. (1969), "Vision substitution by tactile image projection", *Nature* 221:963-64; Bach-y-Rita, P. (2004), "Tactile sensory substitution studies", *Ann NY Acad Sci* 1013:83-91.
25. Esta é uma área chamada MT+. Matteau, I. et al. (2010), "Beyond visual, aural, and haptic movement perception: hMT+ is activated by electrotactile motion stimulation of the tongue in sighted and in congenitally blind individuals", *Brain Res Bull* 82 (5-6): 264-70. Ver também Amedi, A. et al. (2010), "Cortical activity during tactile exploration of objects in blind and sighted humans", *Restor Neurol Neurosci* 28 (2): 143-56; e Merabet, L. et al. (2009), "Functional recruitment of visual cortex for sound encoded object identification in the blind", *Neuroreport* 20 (2): 132. Nos cegos, muitas outras áreas no córtex occipital também tornaram-se ativas, como esperaríamos da tomada real de território cortical que vimos no capítulo anterior.
26. WIRED Science video: "Mixed Feelings."
27. O Forehead Retina System foi desenvolvido pela EyePlusPlus Inc. do Japão e pelo Tachi Laboratory da Universidade de Tóquio. Ele usa realce de bordas e filtros de passa-banda temporais para imitar a retina.
28. Este é um bom jeito de evitar excessos para impedir o desperdício. Lobo, L. et al. (2018), "Sensory substitution: Using a vibrotactile device to orient and walk to targets", *J Exp Psychol Appl* 24 (1): 108. Ver

também Lobo, L. et al. (2017), "Sensory substitution and walking toward targets: An experiment with blind participants". A pesquisa demonstra que as trajetórias de caminhada dos participantes cegos não são pré-planejadas, mas surgem dinamicamente como novos fluxos de informação.

29. Ver Kay, L. (2000), "Auditory perception of objects by blind persons, using a bio-acoustic high resolution air sonar", *J Acoust Soc Am* 107 (6): 3266–76. Os óculos sônicos estrearam em meados dos anos 1970 e foram aprimorados de diversas formas desde então (ver o Binaural Sensory Aid, de Kay, e o sistema KASPA posterior, que representa a textura de superfície pelo timbre). A resolução de técnicas de ultrassonografia não é alta, em particular na direção de cima para baixo — o que torna os óculos sônicos mais úteis para detectar objetos em uma fresta horizontal estreita.

30. Ver Bower, T.G.R. (1978), "Perceptual development: Object and space", em *Handbook of Perception*, vol. 8, *Perceptual Coding*, org. E.C. Carterette e M.P. Friedman (Nova York: Academic Press). Ver também Aitken, S., Bower, T.G.R. (1982), "Intersensory substitution in the blind", *J Exp Child Psychol* 33:309-23.

31. Devido à diminuição da plasticidade com o envelhecimento, a substituição sensorial precisa ser individualizada — tanto para a idade atual como para a idade em que a cegueira foi adquirida. Bubic, Striem-Amit, Amedi (2010).

32. Meijer, P.B. (1992), "An experimental system for auditory image representations, *IEEE Trans Biomed Eng* 39 (2): 112-21.

33. Veja detalhes técnicos e ouça demonstrações do algoritmo do vOICe em www.seeingwithsound.com.

34. Arno, P. et al. (1999), "Auditory coding of visual patterns for the blind", *Perception* 28 (8): 1013-29; Arno, P. et al. (2001), "Occipital activation by pattern recognition in the early blind using auditory substitution for vision", *Neuroimage* 13 (4): 632-45; Auvray, M., Hanneton, S., O'Regan, J.K. (2007), "Learning to perceive with a visuo-auditory substitution system: Localisation and object recognition with 'the vOICe'", *Perception* 36:416-30; Proulx, M.J. et al. (2008), "Seeing 'where' through the ears: Effects of learning-by-doing and long-term sensory deprivation on localization based on image-to-sound substitution", *PLoS One* 3 (3): e1840.

35. Cronly-Dillon, J., Persaud, K., Gregory, R.P. (1999), "The perception of visual images encoded in musical form: A study in cross-modality information transfer", *Proc Biol Sci* 266 (1436): 2427-33; Cronly-Dillon,

J., Persaud, K.C., Blore, R. (2000), "Blind subjects construct conscious mental images of visual scenes encoded in musical form", *Proc Biol Sci* 267 (1458): 2231-38.
36. Citação de Pat Fletcher em um artigo no fórum de braile da ACB, citado em Maidenbaum, S. et al. (2014), "Sensory substitution: Closing the gap between basic research and widespread practical visual rehabilitation", *Neurosci Biobehav Rev* 41:3-15.
37. Especificamente, Amedi et al. (2007) demonstraram ativação em uma região do cérebro conhecida como área visual-tátil occipitolateral (LOtv). Esta região parece codificar informações sobre forma — sejam ativadas por visão, tato ou pelo aprendizado de uma paisagem visual-para-auditiva. Amedi A et al. (2007), "Shape conveyed by visual-to-auditory sensory substitution activates the lateral occipital complex", *Nat Neurosci* 10:687-89. Ver um resumo da experiência de um usuário em Piore, A. (2017), *The Body Builders: Inside the Science of the Engineered Human* (Nova York: Ecco).
38. Collignon, O. et al. (2007), "Functional cerebral reorganization for auditory spatial processing and auditory substitution of vision in early blind subjects", *Cereb Cortex* 17 (2): 457-65.
39. Abboud, S. et al. (2014), "EyeMusic: Introducing a 'visual' colorful experience for the blind using auditory sensory substitution", *Restor Neurol Neurosci* 32 (2): 247-57. O EyeMusic é baseado em uma tecnologia mais antiga chamada SmartSight: Cronly-Dillon et al. (1999, 2000).
40. Massiceti, D., Hicks, S.L., van Rheede, J.J. (2018), "Stereosonic vision: Exploring visual-to-auditory sensory substitution mappings in an immersive virtual reality navigation paradigm", *PLoS One* 13 (7): e0199389. Tapu, R., Mocanu, B., Zaharia, T. (2018), "Wearable assistive devices for visually impaired: A state of the art survey", *Pattern Recognit Lett*; Kubanek, M., Bobulski, J. (2018), "Device for acoustic support of orientation in the surroundings for blind people", *Sensors* 18 (12): 4309. Ver também Hoffmann, R. et al. (2018), "Evaluation of an audio-haptic sensory substitution device for enhancing spatial awareness for the visually impaired", *Optom Vis Sci* 95 (9): 757.
41. O tracoma, a principal causa de cegueira nos países em desenvolvimento, deixou quase 2 milhões de pessoas cegas. A segunda maior causa de cegueira, a oncocercose, é endêmica em trinta países africanos. Muitos pesquisadores estão pensando em usar software de substituição sensorial como uma ponte para o reaprendizado da visão em conjunção com outras terapias (por exemplo, cirurgia na córnea).

42. Koffler, T. et al. (2015), "Genetics of hearing loss", *Otolaryngol Clin North Am* 48 (6): 1041-61.
43. Novich, S.D., Eagleman, D.M. (2015), "Using space and time to encode vibrotactile information: Toward an estimate of the skin's achievable throughput", *Exp Brain Res* 233 (10): 2777-88. Perrotta, M., Asgeirsdottir, T., Eagleman, D.M. (2020). "Deciphering sounds through patterns of vibration on the skin" (em revisão). Ver também Neosensory.com. Poderíamos ter escolhido algo além da vibração? Afinal, a pele contém vários tipos de receptores que podem ser usados para transmitir informações, inclusive vibração, temperatura, coceira, dor e estiramento. Mas escolhemos nos concentrar na vibração porque é rápida. A temperatura tem localização fraca e é percebida lentamente. Embora os receptores de estiramento possam ter propriedades espaciais e temporais promissoras, não queremos o longo desconforto da pele se esticando. E provavelmente não preciso dizer muito sobre a dor.
44. Aliás, pense no jeito característico de uma pessoa surda quando ela fala. Será algum impedimento de fala? Não. Em vez disso, uma pessoa que é totalmente surda aprende a vocalizar observando e copiando os movimentos da boca de pessoas falantes. Embora imitar os movimentos labiais seja um método razoavelmente eficaz, o problema é que o observador surdo não consegue ver o que faz a língua do falante. Tente falar uma frase normal enquanto deixa a língua pousada no fundo da boca. Você soará exatamente como um orador surdo. Uma oportunidade interessante é que as pessoas com nossos dispositivos podem superar esta limitação da língua oculta. Comparando as palavras de outra pessoa com a própria vocalização, pode-se sentir a diferença — e, portanto, explorar o espaço de possibilidades até que as palavras soem iguais.
45. Ver Alcorn, S. (1932), "The Tadoma method", *Volta Rev* 34:195-98; Reed, C.M. et al. (1985), "Research on the Tadoma method of speech communication", *J Acoust Soc Am* 77:247-57.
46. Devido a limitações computacionais em anos anteriores, as primeiras tentativas de substituição som-para-tato dependeram de filtragem de passa-banda de áudio e de tocar esse output na pele por solenoides de vibração. Os solenoides operaram a uma frequência fixa de menos de metade da largura de banda de alguns desses canais com passa-banda, levando a ruído suavizado. Além disso, as versões multicanais desses dispositivos tinham limitações no número de interfaces de vibração possíveis devido ao tamanho da bateria e a restrições de capacidade. Agora a computação é mais rápida e mais barata. As conversões matemáticas desejadas podem ser realizadas em tempo real, essencialmente

sem custo nenhum, e sem a necessidade de circuitos integrados customizados. As baterias de íon-lítio atuais suportam mais interfaces de vibração do que as que podiam ser usadas em auxiliares táteis anteriores. Para as primeiras tentativas de dispositivos de audição som-para-tato, ver Summers e Gratton (1995); Traunmuller (1980); Weisenberger et al. (1991); Reed e Delhorne (2003); Galvin et al. (2001). Ver também Cholewiak, R.W., Sherrick, C.E. (1986), "Tracking skill of a deaf person with long-term tactile aid experience: A case study", *J Rehabil Res Dev* 23 (2): 20-26.
47. Turchetti et al. (2011), "Systematic review of the scientific literature on the economic evaluation of cochlear implants in paediatric patients", *Acta Otorhinolaryngol* 31 (5): 311.
48. Para as pessoas que já têm implante coclear, o uso de um dispositivo vibrotátil melhora sua capacidade de identificar sons ambiente — como o latido de um cachorro, a buzina de um carro — em média em 20% (dados de estudos internos do Neosensory).
49. Danilov, Y.P. et al. (2007), "Efficacy of electrotactile vestibular substitution in patients with peripheral and central vestibular loss", *J Vestib Res* 17 (2-3): 119-30.
50. Mais uma observação sobre substituição sensorial: que abordagem é melhor para um indivíduo — um chip na retina ou substituição sensorial —, depende da origem da cegueira. O chip na retina é ideal para pessoas com doenças de degeneração de fotorreceptores (como retinite pigmentosa ou degeneração macular relacionada com o envelhecimento), porque estas patologias deixam o sistema visual corrente abaixo intacto e capaz de receber sinais de eletrodos implantados. Outras formas de cegueira não podem usar o chip de retina: se o problema é com outras partes do olho (digamos, um descolamento de retina) ou resulta de um problema posterior no sistema visual (digamos, um tumor ou dano a tecidos devido a um derrame), o chip de retina não terá utilidade. Nestes casos, uma substituição sensorial ou uma conexão direta no cérebro, sem chegar a causar danos, seria a ferramenta certa para o trabalho. Além disso, observe que alguns pesquisadores estão explorando a combinação de dispositivos de substituição sensorial com conectores (para a retina ou o cérebro); a ideia é que a substituição sensorial ajude o córtex visual a interpretar as informações que chegam de uma prótese. Em outras palavras, serve como um guia para decodificar as informações.
51. Para uma descrição em primeira mão da experiência, assista ao TED talk de Neil Harbisson. As inovações recentes incluem a extensão do

eyeborg para codificar saturação por volume. O dispositivo eyeborg foi traduzido em um chip que pode, em tese, ser implantado. Para recentes desenvolvimentos por outros grupos, ver, por exemplo, o Colorophone: Osinski, D., Hjelme, D.R. (2018), "A sensory substitution device inspired by the human visual system", em *11th International Conference on Human System Interaction*, de 2018. (HSI) (pp. 186-192). IEEE.

52. A partir do sucesso do eyeborg e de outros projetos, Harbisson e seu sócio criaram a Cyborg Foundation, uma organização sem fins lucrativos dedicada a combinar tecnologias a corpos humanos.

53. Especificamente, eles emendaram um fotopigmento humano. Jacobs, G.H. et al. (2007), "Emergence of novel color vision in mice engineered to express a human cone photopigment", *Science* 315 (5819): 1723-25.

54. Mancuso, K. et al. (2009), "Gene therapy for red-green colour blindness in adult primates", *Nature* 461:784-88. A equipe de pesquisa injetou um vírus contendo o gene para a opsina, de detecção do vermelho, atrás da retina. Depois de vinte semanas de prática, os macacos podiam usar a visão em cores para discriminar cores antes indistinguíveis. O macaco de nome Dalton foi batizado em homenagem a John Dalton, químico britânico que em 1794 tornou-se a primeira pessoa a descrever seu próprio daltonismo.

55. Jameson, K.A. (2009), "Tetrachromatic color vision", em *The Oxford Companion to Consciousness,* org. P. Wilken, T. Bayne e A. Cleeremans (Oxford: Oxford University Press).

56. Lentes eficientes Crystalens (Bausch & Lomb). Cornell, P.J. (2011), "Blue-violet subjective color changes after Crystalens implantation", *Cataract and Refractive Surgery Today.* Para mais sobre como é viver uma pequena extensão no espectro UV, ver este post do blog de Alek Komarnitsky, www.komar.org/faq/colorado-cataract-surgery-crystalens/ultra-violet-color-glow. A propósito, observe que as "luzes negras", mais comerciais, na verdade ampliam o espectro do violeta. Assim, a não ser que você tenha uma lente artificial implantada, deve ser por isso que detecta uma luz arroxeada.

57. Ardouin, J. et al. (2012), "FlyVIZ: A novel display device to provide humans with 360° vision by coupling catadioptric camera with HMD", em *Proceedings of the 18th ACM Symposium on Virtual Reality Software and Technology* (pp. 41-44); Guillermo, A.B. et al. (2016), "Enjoy 360° vision with the FlyVIZ", em *ACM SIGGRAPH 2016 Emerging Technologies* (Nova York: ACM), 6.

58. Wolbring, G. (2013), "Hearing beyond the normal enabled by therapeutic devices: The role of the recipient and the hearing profession", *Neuroethics* 6:607.

59. Eagleman, D.M., "Can we create new senses for humans?", TED talk, março de 2015, ted.com. Ver também Hawkins, Blakeslee (2004).
60. Huffman, comunicação pessoal; Larratt, entrevista de Dvorsky, G. (2012), "What does the future have in store for radical body modification?", io9. Observe que Larratt precisou remover os ímãs porque a cobertura saiu.
61. Nordmann, G.C., Hochstoeger, T., Keays, D.A. (2017), "Magnetoreception — a sense without a receptor", *PLoS Biol* 15 (10): e2003234.
62. Kaspar, K. et al. (2014), "The experience of new sensorimotor contingencies by sensory augmentation", *Conscious Cogn* 28:47-63; Kärcher, S.M. et al. (2012), "Sensory augmentation for the blind", *Front Hum Neurosci* 6:37.
63. Nagel, S.K. et al. (2005), "Beyond sensory substitution — learning the sixth sense", *J Neural Eng* 2 (4): R13.
64. Ibid.
65. Ver ibid. Também observe a relação interessante disto com as pessoas cegas que conhecemos antes, que eram mais capazes de localizar usando o pavilhão auditivo (a parte externa do ouvido) do que as pessoas com visão. Em outras palavras, as pessoas com visão têm a mesma oportunidade, mas é um sinal minúsculo que vive abaixo da superfície da consciência. Quando se começa a precisar dele, porém, pode-se treinar um sinal fraco e fazer bom uso dele.

    Além disso, observe que a pessoa não precisa usar um cinto por muito tempo. No final de 2018, cientistas desenvolveram uma pele eletrônica fina — essencialmente, um pequeno adesivo na mão — que aponta para o norte. Cañón Bermúdez, G.S. et al. (2018), "Electronic-skin compasses for geomagnetic field-driven artificial magnetoreception and interactive electronics", *Nat Electron* 1:589-95.
66. Norimoto, H., Ikegaya, Y. (2015), "Visual cortical prosthesis with a geomagnetic compass restores spatial navigation in blind rats", *Curr Biol* 25 (8): 1091-95.
67. Era perigoso voar sem um horizonte visível, um problema que só foi resolvido com a invenção do horizonte artificial giroscópico. Em um dos bombardeiros da Segunda Guerra Mundial, o assento do copiloto não era exatamente nivelado e isto podia levá-lo a sair do curso. Foram criados programas de treinamento para contrabalançar o "efeito fundilho".
68. A propósito, Descartes chegou à conclusão de que nunca poderia realmente saber se isto era ou não uma ilusão. Mas, contra esta percepção, ele gerou um dos passos mais importantes na filosofia: percebeu que *alguém* está fazendo a pergunta, assim, mesmo que este alguém esteja

sendo manipulado por um demônio maligno, este alguém ainda existe. *Cogito ergo sum:* penso, logo existo. Talvez você nunca seja capaz de saber se é a vítima de um demônio, ou um cérebro em um vidro, mas pelo menos parte de *você* existe para se atormentar com isso. Para o argumento do cérebro em um pote de vidro, ver Putnam, H. (1981), *Reason, Truth, and History* (Nova York: Cambridge University Press).
69. Neely, R.M. et al. (2018), "Recent advances in neural dust: Towards a neural interface platform", *Curr Opin Neurobiol* 50:64-71.
70. Esta linha de questionamento não deve ser confundida com a sinestesia, em que o estímulo de um sentido pode desencadear uma sensação em outro sentido — como o som incitando a experiência da cor. Na sinestesia, a pessoa está consciente do estímulo original e também tem uma sensação interna de outra coisa. Mas no texto principal estou perguntando sobre *confundir* um sentido com outro. Para saber mais sobre a sinestesia, ver Cytowic, R.E., Eagleman, D.M. (2009), *Wednesday Is Indigo Blue: Discovering the Brain of Synesthesia* (Cambridge, Mass.: MIT Press).
71. Eagleman, D.M. (2018), "We will leverage technology to create new senses", *Wired*.
72. O'Regan, J.K., Noë, A. (2001), "A sensorimotor account of vision and visual consciousness", *Behav Brain Sci* 24 (5): 939-73. Lembra-se dos experimentos de Bach-y-Rita com os cegos na cadeira de dentista? As grandes melhoras aconteceram quando os participantes conseguiram estabelecer a contingência entre seus atos e o *feedback* resultante: enquanto eles movimentavam a câmera, o mundo mudava de forma previsível. Quer sejam biológicos ou artificiais, os sentidos proporcionam um meio de explorar ativamente o ambiente, combinando determinada ação com uma mudança específica no input. Bach-y-Rita (1972, 2004); Hurley, Noë (2003); Noë (2004).
73. Nagel et al. (2005).

5 Como ter um corpo melhor

1. Fuhr, P. et al. (1992), "Physiological analysis of motor reorganization following lower limb amputation", *Electroencephalogr Clin Neurophysiol* 85 (1): 53-60; Pascual-Leone, A. et al. (1996), "Reorganization of human cortical motor output maps following traumatic forearm amputation, *Neuroreport* 7:2068-70; Hallett, M. (1999), "Plasticity in the human motor system", *Neuroscientist* 5:324-32; Karl A et al. (2001),

"Reorganization of motor and somatosensory cortex in upper extremity amputees with phantom limb pain", *J Neurosci* 21:3609-18.
2. Vargas, C.D. et al. (2009), "Re-emergence of hand-muscle representations in human motor cortex after hand allograft", *Proc Natl Acad Sci USA* 106 (17): 7197-202.
3. Os genes homeobox controlam o desenvolvimento de estruturas corporais maiores. Como exemplo, uma das primeiras descobertas de genes homeobox envolveu uma mutação em moscas-da-fruta com um par de pernas que podiam crescer onde deveria ficar a antena, e uma mutação reversa que colocava as antenas onde deveriam ficar as pernas. Isto acontece porque alguns genes agem como um comutador para ativar uma cascata de outros genes e é por isso que muitas mutações envolvem o aparecimento e desaparecimento surpreendente de toda uma "parte" do corpo — por exemplo, por que algumas crianças nascem com cauda. Mukhopadhyay, B. et al. (2012), "Spectrum of human tails: A report of six cases", *J Indian Assoc Pediatr Surg* 17 (1): 23-25.
4. Sommerville, Q. (2006), "Three-armed boy 'recovering well'", BBC News, 6 de julho de 2006.
5. Bongard, J., Zykov, V., Lipson, H. (2006), "Resilient machines through continuous self-modeling", *Science* 314:1118-21; Pfeifer, R., Lungarella, M., Iida, F. (2007), "Self-organization, embodiment, and biologically inspired robotics", *Science* 318 (5853): 1088-93.
6. Uma observação, um robô, tendo um modelo de si mesmo, abre a porta para a construção de outros robôs iguais a ele, dependendo de tentativa e erro para medir a distância entre si e o que está construindo.
7. Nicolelis, M. (2011), *Muito além do nosso eu* (São Paulo: Crítica, 2017).
8. Kennedy, P.R., Bakay, R.A. (1998), "Restoration of neural output from a paralyzed patient by a direct brain connection", *Neuroreport* 9:1707-11.
9. Hochberg, L.R. et al. (2006), "Neuronal ensemble control of prosthetic devices by a human with tetraplegia", *Nature* 442:164-71.
10. A degeneração espinocerebelar de Jan é um distúrbio raro que arruína a comunicação entre o cérebro e os músculos. Para a ciência do caso de Jan, ver Collinger, J.L. et al. (2013), "High-performance neuroprosthetic control by an individual with tetraplegia", *Lancet* 381 (9866): 557-64. Para uma visão geral do tratamento e suas promessas, ver Eagleman, D.M. (2016), *The Brain* (Edimburgo: Canongate Books), e Khatchadourian, R. (2018), "Degrees of freedom", *New Yorker*.
11. Upton, S. (2014), "What is it like to control a robotic arm with a brain implant?", *Scientific American*.

12. As técnicas de maior sucesso exigem a implantação de eletrodos diretamente no córtex durante a neurocirurgia, mas técnicas menos invasivas (por exemplo, usando eletrodos do lado de fora da cabeça) também estão em desenvolvimento.
13. Dentro de cada hemisfério, cinco áreas serão implantadas: os aspectos dorsal e ventral dos córtices pré-motores, o córtex motor primário, o córtex somatossensorial e o córtex parietal posterior. Ver www.WalkAgainProject.org para atualizações.
14. Bouton, C.E. et al. (2016), "Restoring cortical control of functional movement in a human with quadriplegia", *Nature* 533 (7602): 247. O participante tinha uma lesão na medula espinhal cervical. Os pesquisadores usaram algoritmos de aprendizado de máquina para aprender a interpretar melhor a tempestade de atividade neural, depois enviar sinais resumidos a um sistema de estimulação muscular elétrico sofisticado.
15. Iriki, A., Tanaka, M., Iwamura, Y. (1996), "Attention-induced neuronal activity in the monkey somatosensory cortex revealed by pupillometrics", *Neurosci Res* 25 (2): 173-81; Maravita, A., Iriki, A. (2004), "Tools for the body (schema)", *Trends Cogn Sci* 8:79-86.
16. Velliste, M. et al. (2008), "Cortical control of a prosthetic arm for self-feeding", *Nature* 453:1098-101.

    Aliás, costumamos pensar em braços robóticos feitos de metal. Mas não será assim por muito tempo. "Robôs soft" são construídos de borracha expansível e plásticos flexíveis. A pesquisa atual usa materiais como certos tipos de tecido para construir dedos artificiais, tentáculos de polvo, minhocas e assim por diante. A forma muda ajustando-se à pressão do ar ou pelo uso de sinais elétricos ou químicos.
17. Fitzsimmons, N. et al. (2009), "Extracting kinematic parameters for monkey bipedal walking from cortical neuronal ensemble activity", *Front Integr Neuro-sci* 3:3; Nicolelis, M. (2011), "Limbs that move by thought control", *New Scientist* 210 (2813): 26-27. Ver também a TEDMED talk de Nicolelis, em 2012: "A monkey that controls a robot with its thoughts. No, really."
18. Ver o livro de Nicolelis, *Muito além do nosso eu* (São Paulo: Crítica, 2017).
19. Pelo menos, a Mãe Natureza nunca resolveu este problema *diretamente*. Podemos argumentar que ela resolveu o problema do Bluetooth evoluindo humanos a partir do caldo primordial para fazer isso por ela.
20. Sentir que uma parte do corpo é algo bizarro ou pertencente a outra pessoal em geral é classificado como assomatognosia, enquanto negar um membro que se possui é um distúrbio secundário conhecido como

somatoparafrenia. Ver Feinberg, T. et al. (2010), "The neuroanatomy of asomatognosia and somatoparaphrenia", *J Neurol Neurosurg Psychiatry* 81:276-81. Ver também Dieguez, S., Annoni, J-M. (2013), "Asomatognosia", em *The Behavioral and Cognitive Neurology of Stroke*, org. O. Goderfroy e J. Bogousslavsky (Cambridge, Reino Unido: Cambridge University Press), 170. Ver também Feinberg, T.E. (2001), *Altered Egos: How the Brain Creates the Self* (Nova York: Oxford University Press) e Arzy, S. et al. (2006), "Neural mechanisms of embodiment: Asomatognosia due to premotor cortex damage", *Arch Neurol* 63:1022-25. Observe que o júri ainda não decidiu se todas as formas de assomatognosia são traços diferentes do mesmo distúrbio ou se são distúrbios fundamentalmente diferentes agrupados sob o mesmo rótulo.

21. Este último distúrbio, muito raro, é conhecido como misoplegia; ver Pearce, J. (2007), "Misoplegia", *Eur Neurol* 57:62-64.
22. Sacks, O.W. (1984), *A Leg to Stand on* (Nova York: Harper & Row); Sacks, O.W. (1982), "The leg", *London Review of Books*, 17 de junho de 1982. Ver também Stone, J., Perthen, J., Carson, A.J. (2012), "*A Leg to Stand On* by Oliver Sacks: A unique autobiographical account of functional paralysis", *J Neurol Neurosurg Psychiatry* 83 (9): 864-67.
23. Simon, M. (2019), "How I became a robot in London — from 5,000 miles away", *Wired*.
24. Herrera, F. et al. (2018), "Building long-term empathy: A large-scale comparison of traditional and virtual reality perspective-taking", *PloS One* 13 (10): e0204494; van Loon, A. et al. (2018), "Virtual reality perspective-taking increases cognitive empathy for specific others", *PloS One* 13 (8): e0202442. Ver também Bailenson, J. (2018), *Experience on Demand* (Nova York: W. W. Norton).
25. Won, A.S., Bailenson, J.N., Lanier, J. (2015), "Homuncular flexibility: The human ability to inhabit nonhuman avatars", em *Emerging Trends in the Social and Behavioral Sciences*, org. R. Scott e M. Buchmann (John Wiley & Sons), 1-6.
26. Won, Bailenson, Lanier (2015). Ver também Laha, B. et al. (2016), "Evaluating control schemes for the third arm of an avatar", *Presence: Teleoperators and Virtual Environments* 25 (2): 129-47.
27. Steptoe, W., Steed, A., Slater, M. (2013), "Human tails: Ownership and control of extended humanoid avatars", *IEEE Trans Vis Comput Graph* 19:583-90.
28. Hershfield, H.E. et al. (2011), "Increasing saving behavior through age-progressed renderings of the future self", *JMR* 48 (SPL): S23-37; Yee And et al. (2011), "The expression of personality in virtual worlds", *Soc*

Psycho Pers Sci 2 (1): 5-12; Fox, J. et al (2009), "Virtual experiences, physical behaviors: The effect of presence on imitation of an eating avatar", *Presence* 18 (4): 294-303.
29. DeCandido, K. (1997), "Arms and the man", em *Untold Tales of Spider--Man*, org. S. Lee e K. Busiek (Nova York: Boulevard Books).
30. Wetzel, F. (2012), "Dad who lost arm gets new lease of life with most hi-tech bionic hand ever", *Sun*.
31. Eagleman, D.M. (2011), em "20 predictions for the next 25 years", *Observer*, 2 de janeiro de 2011.

6 Por que é importante se importar

1. Pode ter havido vantagens genéticas também: é muito difícil saber. Mas não existem genes que codifiquem diretamente para o xadrez, assim os anos de treinamento certamente foram necessários.
2. Schweighofer, N., Arbib, M.A. (1998), "A model of cerebellar metaplasticity", *Learn Mem* 4 (5): 421-28.
3. Uma observação estranha: ouvi originalmente essa história sobre Perlman, mas agora a encontrei online diversamente atribuída a Perlman, Fritz Kreisler, Isaac Stern e vários outros músicos. Parece que não importa quem tenha dito isto, todos querem o crédito pela boa resposta.
4. Elbert, T. et al. (1995), "Increased finger representation of the fingers of the left hand in string players", *Science* 270:305-6; Bangert, M., Schlaug, G. (2006), "Specialization of the specialized in features of external human brain morphology", *Eur J Neurosci* 24:1832-34. Se você olhar o giro (a crista elevada na paisagem do cérebro) em não músicos, verá que ele corre geralmente em linha reta; o mesmo giro em músicos tem um desvio estranho e franzido. Observe que embora a mão esquerda de um violinista esteja fazendo todo o trabalho detalhado, ele mostra o sinal de ômega no hemisfério direito; isto porque a mão esquerda é representada pelo lado direito do cérebro.
5. Isto foi demonstrado pela primeira vez em macacos treinados em uma de duas tarefas diferentes: pegar um objeto pequeno de um poço, ou virar uma chave grande. A primeira tarefa exigia o uso habilidoso e fino dos dedos, enquanto a segunda dependia do uso do pulso e do braço. Depois que os macacos eram treinados na primeira tarefa, a representação cortical para os dedos usurpava progressivamente mais território, enquanto a representação para o pulso e o braço diminuía. Se os macacos eram treinados na tarefa de virar a chave, a quantidade de

território neural dedicado ao pulso e ao braço se expandia. Nudo, R.J. et al. (1996), "Use-dependent alterations of movement representations in primary motor cortex of adult squirrel monkeys", *J Neurosci* 16 (2): 785-807.
6. Karni, A. et al. (1995), "Functional MRI evidence for adult motor cortex plasticity during motor skill learning", *Nature* 377:155-58.
7. Draganski, B. et al. (2004), "Neuroplasticity: Changes in grey matter induced by training", *Nature* 427 (6972): 311-12; Driemeyer, J. et al. (2008), "Changes in gray matter induced by learning — revisited", *PLoS One* 3 (7): e2669; Boyke, J. et al. (2008), "Training-induced brain structure changes in the elderly", *J Neurosci* 28 (28): 7031-35; Scholz, J. et al. (2009), "Training induces changes in white-matter architecture", *Nat Neurosci* 12 (11): 1370-71. A hipótese de que a densidade aumenta na massa cinzenta observada em uma semana de treinamento provavelmente se deve ao aumento no tamanho das sinapses ou dos corpos celulares, enquanto o volume maior a longo prazo (meses) pode refletir o nascimento de novos neurônios, em particular no hipocampo.
8. Eagleman, D.M. (2011), *Incognito: The Secret Lives of the Brain* (Nova York: Pantheon).
9. Iriki, A., Tanaka, M., Iwamura, Y. (1996), "Attention-induced neuronal activity in the monkey somatosensory cortex revealed by pupillometrics", *Neurosci Res* 25 (2): 173-81; Maravita, A., Iriki, A. (2004), "Tools for the body (schema)", *Trends Cogn Sci* 8:79-86.
10. Draganski, B. et al. (2006), "Temporal and spatial dynamics of brain structure changes during extensive learning", *J Neurosci* 26 (23): 6314-17.
11. Ilg, R. et al. (2008), "Gray matter increase induced by practice correlates with task-specific activation: A combined functional and morphometric magnetic resonance imaging study", *J Neurosci* 28 (16): 4210-15.
12. Maguire, E.A. et al (2000), "Navigation-related structural change in the hippocampi of taxi drivers", *Proc Natl Acad Sci USA* 97 (8): 4398-403. Ver também Maguire, E.A., Frackowiak, R.S., Frith, C.D. (1997), "Recalling routes around London: Activation of the right hippocampus in taxi drivers", *J Neurosci* 17 (18): 7103-10.
13. Kuhl, P.K. (2004), "Early language acquisition: Cracking the speech code", *Nat Rev Neurosci* 5:831-43.
14. Estes estudos foram realizados originalmente com macacos. Em um estudo, um macaco foi exposto a estimulação auditiva e tátil simultaneamente. Se as demandas da tarefa exigiam que ele usasse o tato, seu córtex somatossensorial mostrava mudanças plásticas enquanto o córtex

auditivo não as revelava. Se em vez disso ele fosse dirigido a atender ao estímulo auditivo, acontecia o contrário. Ver Recanzone, G.H. et al. (1993), "Plasticity in the frequency representation of primary auditory cortex following discrimination training in adult owl monkeys", *J Neurosci* 13 (1): 87-103; Jenkins, W.M. et al. (1990), "Functional reorganization of primary somatosensory cortex in adult owl monkeys after behaviorally controlled tactile stimulation", *J Neurophysiol* 63 (1): 82-104; Bavelier, D., Neville, H.J. (2002), "Cross-modal plasticity: Where and how?", *Nat Rev Neurosci* 3 (6): 443.

15. Taub, E., Uswatte, G., Pidikiti, R. (1999), "Constraint-induced movement therapy: A new family of techniques with broad application to physical rehabilitation", *J Rehabil Res Dev* 36 (3): 1-21; Page, S.J., Boe, S., Levine, P. (2013), "What are the 'ingredients' of modified constraint induced therapy? An evidence-based review, recipe, and recommendations", *Restor Neurol Neurosci* 31:299-309.

16. Teng, S., Whitney, D. (2011), "The acuity of echolocation: Spatial resolution in the sighted compared to expert performance", *J Vis Impair Blind* 105 (1): 20.

17. Além disso, as nações têm um plano corporal extraordinariamente flexível. À medida que são adquiridos, os novos territórios passam a fazer parte dos membros e da consciência de uma nação. Diplomatas são colocados em cargos e bases militares são criadas. O local torna-se um telemembro da nação e, como acontece com qualquer membro que o corpo consegue controlar, os postos avançados tornam-se parte da identidade do país. Observe também como os governos prontamente envolvem novos inputs: à medida que a tecnologia muda, órgãos e legislação se adaptam para fazer frente a sua forma.

18. Os neurocientistas usam o termo "neurotransmissor" em referência a um mensageiro químico liberado de um neurônio em uma junção especializada, onde ele se comunica com outra célula com alta especificidade. Um neuromodulador, por sua vez, é um mensageiro químico que afeta uma população maior de neurônios (ou de outros tipos celulares) e tende a ter efeitos mais amplos. Observe que determinada substância pode agir como um transmissor ou um modulador em diferentes circunstâncias: a acetilcolina age como transmissor na periferia (quando se comunica com células musculares), mas como modulador no sistema nervoso central.

19. Bakin, J.S., Weinberger, N.M. (1996), "Induction of a physiological memory in the cerebral cortex by stimulation of the nucleus basalis", *Proc Natl Acad Sci USA* 93:11219-24.

20. Os neurônios que liberam acetilcolina são chamados de colinérgicos e estes neurônios existem quase inteiramente no prosencéfalo basal, um conjunto subcortical de estruturas que se projetam para o córtex. Tem muitos efeitos no sistema nervoso central, inclusive alterando a excitabilidade de neurônios, modulando a liberação pré-sináptica de neurotransmissores e coordenando a ativação de pequenas populações de neurônios. Ver Picciotto, M.R., Higley, M.J., Mineur, Y.S. (2012), "Acetylcholine as a neuromodulator: Cholinergic signaling shapes nervous system function and behavior", *Neuron* 76 (1): 116-29; Gu, Q. (2003), "Contribution of acetylcholine to visual cortex plasticity", *Neurobiol Learn Mem* 80:291-301; Richardson, R.T., DeLong, M.R. (1991), "Electrophysiological studies of the functions of the nucleus basalis in primates", *Adv Exp Med Biol* 295:233-52; Orsetti, M., Casamenti, F., Pepeu, G. (1996), "Enhanced acetylcholine release in the hippocampus and cortex during acquisition of an operant behavior", *Brain Res* 724:89-96. Observe que muitos neuromoduladores mudam transitoriamente o equilíbrio entre excitação e inibição; isto levou à hipótese de que a distribuição é um mecanismo pelo qual a neuromodulação permite modificações sinápticas de longo prazo.
21. Hasselmo, M.E. (1995), "Neuromodulation and cortical function: Modeling the physiological basis of behavior", *Behav Brain Res* 67:1-27.
22. Isto foi demonstrado pela primeira vez em ratos adultos algumas décadas atrás. Se os ratos eram expostos a determinados tons auditivos, os tons, sozinhos, não resultavam em nenhuma mudança significativa na representação cortical. Mas se determinado tom era combinado com estímulo do núcleo basal colinérgico, a representação cortical para aquele tom se expandia. Kilgard, M.P., Merzenich, M.M. (1998), "Cortical map reorganization enabled by nucleus basalis activity", *Science* 279:1714-18. Para uma revisão da ciência em ratos e pessoas, ver Weinberger, N.M. (2015), "New perspectives on the auditory cortex: Learning and memory", *Handb Clin Neurol* 129:117-47.
23. Bear, M.F., Singer, W. (1986), "Modulation of visual cortical plasticity by acetylcholine and noradrenaline", *Nature* 320:172-76; Sachdev, R.N.S. et al. (1998), "Role of the basal forebrain cholinergic projection in somatosensory cortical plasticity", *J Neurophysiol* 79:3216-28.
24. Conner, J.M. et al. (2003), "Lesions of the basal forebrain cholinergic system impair task acquisition and abolish cortical plasticity associated with motor skill learning", *Neuron* 38:819-29.
25. Para a entrevista completa, em que Asimov prevê os anos de internet antes de seu surgimento, procure pelo vídeo no YouTube.

26. Brandt, A., Eagleman, D.M. (2017), *The Runaway Species* (Nova York: Catapult).

7 Por que o amor só conhece a própria profundidade na hora da separação

1. Eagleman, D.M. (2001), "Visual illusions and neurobiology", *Nat Rev Neurosci* 2 (12): 920-26.
2. Pelah, A., Barlow, H.B. (1996), "Visual illusion from running", *Nature* 381 (6580): 283; Zadra, J.R., Proffitt, D.R. (2016), "Optic flow is calibrated to walking effort", *Psychon Bull Rev* 23 (5): 1491-96.
3. Esta ilusão é conhecida como efeito McCullough, batizada em homenagem a Celeste McCullough, que a descobriu em 1965. McCollough, C. (1965), "Color adaptation of edge-detectors in the human visual system", *Science* 149:1115-16. Observe que esta ilusão não seria possível para pessoas que são daltônicas. Este efeito secundário contingente funciona não só com linhas orientadas e cores, mas também entre movimento e cor, frequência espacial e cor, entre outras coisas.
4. Jones, P.D., Holding, D.H. (1975), "Extremely long-term persistence of the McCollough effect", *J Exp Psychol Hum Percept Perform* 1 (4): 323-27.
5. Os grandes movimentos dos olhos são chamados sacádicos, e os movimentos menores entre eles são chamados microssacádicos.
6. Isto se chama visão entóptica, referindo-se a efeitos que vêm do próprio olho (*entótica*), ao contrário das ilusões de ótica, que surgem devido à interpretação do cérebro. Para fundamentos sobre ilusões que surgem de dentro do olho, ver Tyler, C.W. (1978), "Some new entoptic phenomena", *Vision Res* 18 (12): 1633-39.
7. Isto foi observado pela primeira vez por Jan Purkinje, em 1823, e, desde então, a imagem de vasos sanguíneos no olho de uma pessoa é conhecida como Árvore de Purkinje. Ver Purkyně, J. (1823), *Beiträge zur Kenntniss des Sehens in subjectiver Hinsicht*, em *Beobachtungen und Versuche zur Physiologie der Sinne* (Praga: In Commission der J. G. Calve'schen Buchhandlung).
8. Stetson, C. et al. (2006), "Motor-sensory recalibration leads to an illusory reversal of action and sensation", *Neuron* 51 (5): 651-59.
9. Creio que esta é uma ideia interessante para a ciência guardar na manga: existiriam coisas que supostamente surgem, que realmente representem algo desaparecendo?
10. Kamin, L.J. (1969), "Predictability, surprise, attention, and conditioning", em *Punishment and Aversive Behavior*, org. B.A. Campbell e R.M.

Church (Nova York: Appleton-Century-Crofts), 279-96; Bouton, M.E. (2007), *Learning and Behavior: A Contemporary Synthesis* (Sunderland, Mass.: Sinauer).
11. Este método de aumento gradiente é conhecido como clinocinese.
12. Bastonetes e cones cobrem apenas quatro ordens de magnitude de iluminação no escuro, mas em luz ambiente contínua podem cobrir muito mais. Devido a uma variedade complexa de mecanismos, os fotorreceptores evitam a saturação e reagem a um fluxo maior de fótons ajustando os fatores de amplificação (e as taxas de recuperação) de suas cascatas moleculares. Alguns exemplos: mudança no tempo de vida de moléculas em seu estado bioquimicamente ativo, mudança na disponibilidade de proteínas de ligação por perto, uso de outras moléculas para aumentar a vida de complexos ativados e mudança na afinidade de canais para os ligantes que se unem a eles. Em uma escala maior, os fotorreceptores podem unir forças com outros graças a células horizontais, que modulam as conexões (chamadas de junções comunicantes) para alterar como os fotorreceptores interagem. Ver Arshavsky, V.Y., Burns, M.E. (2012), "Photoreceptor signaling: Supporting vision across a wide range of light intensities", *J Biol Chem* 287 (3): 1620-26; Chen, J. et al. (2010), "Channel modulation and the mechanism of light adaptation in mouse rods", *J Neurosci* 30 (48): 16232-40; Diamond, J.S. (2017), "Inhibitory interneurons in the retina: Types, circuitry, and function", *Annu Rev Vis Sci* 3:1-24; O'Brien, J., Bloomfield, S.A. (2018), "Plasticity of retinal gap junctions: Roles in synaptic physiology and disease", *Annu Rev Vis Sci* 4:79-100; Demb, J.B., Singer, J.H. (2015), "Functional circuitry of the retina", *Annu Rev Vis Sci* 1:263-89.

8 O equilíbrio à beira da mudança

1. Muckli, L., Naumer, M.J., Singer, W. (2009), "Bilateral visual field maps in a patient with only one hemisphere", *Proc Natl Acad Sci* 106 (31): 13034-39. Observe que Alice também tinha o olho direito anormalmente pequeno que era praticamente cego. Ver o material suplementar deste artigo para mais informações.
2. Udin, S.H. (1977), "Rearrangements of the retinotectal projection in *Rana pipiens* after unilateral caudal half-tectum ablation", *J Comp Neurol* 173:561-82.
3. Constantine-Paton, M., Law, M.I. (1978), "Eye-specific termination bands in tecta of three-eyed frogs", *Science* 202:639-41; Law, M.I.,

Constantine-Paton, M. (1981), "Anatomy and physiology of experimentally produced striped tecta", *J Neurosci* 1:741-59.

4. Por que os territórios se alternam em faixas em lugar de uma mistura regular? Os modelos de computador mostram que isto sai naturalmente da competição hebbiana entre os axônios que chegam dos diferentes olhos. Um modelo central da formação de faixas vistas em colunas de dominância ocular foi proposto na década de 1980 (Miller, K.D., Keller, J.B., Stryker, M.P. [1989], "Ocular dominance column development: Analysis and simulation", *Science* 245 [4918]: 605-15). Desde então, este modelo tem sido construído com o acréscimo de muitas outras características fisiologicamente realistas.
5. Attardi, D.G., Sperry, R.W. (1963), "Preferential selection of central pathways by regenerating optic fibers", *Exp Neurol* 7 (1): 46-64.
6. Basso, A. et al. (1989), "The role of the right hemisphere in recovery from aphasia: Two case studies", *Cortex* 25:555-66. Em décadas recentes, pesquisadores conseguiram testemunhar a transferência em ação com neuroimageamento. Ver Heiss, W.D., Thiel, A. (2006), "A proposed regional hierarchy in recovery of post-stroke aphasia, *Brain Lang* 98:118-23; Pani, E. et al. (2016), "Right hemisphere structures predict post-stroke speech fluency", *Neurology* 86:1574-81; Xing, S. et al. (2016), "Right hemisphere grey matter structure and language outcome in chronic left-hemisphere stroke", *Brain* 139:227-41. A quantidade de "mudança correta" que é clinicamente observada difere de um paciente para outro, por motivos que ainda estão sendo investigados.
7. Wiesel, T.N., Hubel, D.H. (1963), "Single-cell responses in striate cortex of kittens deprived of vision in one eye", *J Neurophysiol* 26:1003-17; Gu, Q. (2003), "Contribution of acetylcholine to visual cortex plasticity", *Neurobiol Learn Mem* 80:291-301; Hubel, D.H., Wiesel, T.N. (1965), "Binocular interaction in striate cortex of kittens reared with artificial squint", *J Neurophysiol* 28:1041-59. Estes experimentos foram realizados originalmente com filhotes de gato e macacos; tecnologias posteriores confirmaram (o que não surpreende) que exatamente as mesmas lições são válidas para a compreensão do córtex visual humano.
8. Observe que isto é meio análogo à estratégia da terapia de restrição em pacientes de derrame, em que o braço saudável é colocado numa tipoia.
9. Isto se chama mapa relacional: a mão será representada perto do cotovelo, que será representado perto do ombro, independentemente de quanto território estiver disponível.
10. Nos anos desde a descoberta inicial de Levi-Montalcini, toda uma família de outros fatores neurotróficos foi revelada; todos têm em

comum a propriedade de estimular a sobrevivência e o desenvolvimento de neurônios. De modo mais geral, as neurotrofinas pertencem a uma classe de proteínas conhecida como fatores de crescimento. Ver Spedding, M., Gressens, P. (2008), "Neurotrophins and cytokines in neuronal plasticity", *Novartis Found Symp* 289:222-33.
11. Zoubine, M.N. et al. (1996), "A molecular mechanism for synapse elimination: Novel inhibition of locally generated thrombin delays synapse loss in neonatal mouse muscle", *Dev Biol* 179:447-57.
12. Sanes, J.R., Lichtman, J.W. (1999), "Development of the vertebrate neuromuscular junction", *Annu Rev Neurosci* 22:389-442.
13. Pense no que aconteceu em 1933 na Alemanha, quando quase todos os representantes eleitos para o Reichstag ou eram de partidos de extrema esquerda (como os comunistas) ou de partidos de extrema direita (como os nazistas). Embora o equilíbrio fosse representado pelos extremos, ainda assim era equilíbrio. Mas em agosto de 1934, depois da morte do presidente Paul von Hindenburg, Adolf Hitler se declarou *Führer und Reichskanzler* e aprovou leis por decreto. Não é de surpreender que as primeiras leis tenham trancado seus adversários comunistas em campos de concentração e o imenso desequilíbrio tenha desencadeado um desastre para milhões de pessoas.
14. Yamahachi, H. et al. (2009), "Rapid axonal sprouting and pruning accompany functional reorganization in primary visual cortex", *Neuron* 64 (5): 719-29; Buonomano, D.V., Merzenich, M.M. (1998), "Cortical plasticity: From synapses to maps", *Annu Rev Neurosci* 21:149-86; Pascual-Leone, A., Hamilton, R. (2001), "The metamodal organization of the brain", em *Vision: From Neurons to Cognition*, org. C. Casanova e M. Ptito (Nova York: Elsevier Science), 427-45; Pascual-Leone, A. et al. (2005), "The plastic human brain cortex", *Annu Rev Neurosci* 28:377-401; Merzenich, M.M. et al. (1984), "Somatosensory cortical map changes following digit amputation in adult monkeys", *J Comp Neurol* 224:591-605; Pons, T.P. et al. (1991), "Massive cortical reorganization after sensory deafferentation in adult macaques", *Science* 252:1857-60; Sanes, J.N., Donoghue, J.P. (2000), "Plasticity and primary motor cortex", *Annu Rev Neurosci* 23 (1): 393-415.
15. Jacobs, K.M., Donoghue, J.P. (1991), "Reshaping the cortical motor map by unmasking latent intracortical connections", *Science* 251 (4996): 944-7; Tremere, L. et al. (2001), "Expansion of receptive fields in raccoon somatosensory cortex in vivo by GABA-A receptor antagonism: Implications for cortical reorganization", *Exp Brain Res* 136 (4): 447-55.

16. Este mecanismo torna as fronteiras entre as regiões mais resistentes. Por exemplo, ver Tremere et al. (2001).
17. Weiss, T. et al. (2004), "Rapid functional plasticity in the primary somatomotor cortex and perceptual changes after nerve block", *Eur J Neurosci* 20:3413-23.
18. Bavelier, D., Neville, H.J. (2002), "Cross-modal plasticity: Where and how?", *Nat Rev Neurosci* 3:443-52.
19. Eckert, M.A. et al. (2008), "A cross-modal system linking primary auditory and visual cortices: Evidence from intrinsic fMRI connectivity analysis", *Hum Brain Mapp* 29 (7):848-57; Petro, L.S., Paton, A.T., Muckli, L. (2017), "Contextual modulation of primary visual cortex by auditory signals", *Philos Trans R Soc B Biol Sci* 372 (1714): 20160104.
20. Pascual-Leone et al. (2005).
21. Darian-Smith, C., Gilbert, C.D. (1994), "Axonal sprouting accompanies functional reorganization in adult cat striate cortex", *Nature* 368:737-40; Florence, S.L., Taub, H.B., Kaas, J.H. (1998), "Large-scale sprouting of cortical connections after peripheral injury in adult macaque monkeys", *Science* 282:1117-21. Muita atenção foi dada a mudanças no córtex, embora as mudanças de longo prazo no tálamo, repito, também possam contribuir para alterações lentas e maiores na estrutura cortical. Ver Jones, E.G. (2000), "Cortical and subcortical contributions to activity-dependent plasticity in primate somatosensory cortex", *Annu Rev Neurosci* 23:1-37; Buonomano, Merzenich (1998). Para os estudantes da próxima geração: uma questão biológica em aberto ainda é *como* combinar as mudanças rápidas (desmascaramento) com as mudanças de longo prazo (crescimento de novos axônios).
22. Merlo, L.M. et al. (2006), "Cancer as an evolutionary and ecological process", *Nat Rev Cancer* 6 (12): 924-35; Sprouffske, K. et al. (2012), "Cancer in light of experimental evolution", *Curr Biol* 22 (17): R762-R771; Aktipis, C.A. et al. (2015), "Cancer across the tree of life: Cooperation and cheating in multicellularity", *Philos Trans R Soc B Biol Sci* 370 (1673).

9 Por que é mais difícil ensinar truques novos a cachorros velhos?

1. Teuber, H.L. (1975), "Recovery of function after brain injury in man", em *Outcome of Severe Damage to the Central Nervous System,* org. R. Porter e D.W. Fitzsimmons (Amsterdã: Elsevier), 159-90.

2. Os cérebros jovens têm altos níveis de transmissores colinérgicos, mas não outros transmissores inibitórios, que ficam disponíveis posteriormente; isto lhes dá uma plasticidade generalizada. Os cérebros adultos, por sua vez, inibem ativamente a mudança que não deve acontecer. Isto é, os efeitos colinérgicos em um cérebro adulto são modificados por transmissores inibitórios — que tornam a maioria das áreas menos plásticas ou não plásticas, e assim o cérebro só muda onde é necessário. Ver Gopnik, A., Schulz, L. (2004), "Mechanisms of theory formation in young children", *Trends Cogn Sci* 8:371-77; Schulz, L.E., Gopnik, A. (2004), "Causal learning across domains", *Dev Psychol* 40:162-76. Como os cérebros jovens permitem a mudança global, a cientista Alison Gopnik chama os bebês de "departamento de pesquisa e desenvolvimento" da espécie humana.
3. Gopnik, A. (2009), *The Philosophical Baby: What Children's Minds Tell Us About Truth, Love, and the Meaning of Life* (Nova York: Farrar, Straus & Giroux).
4. Esta descrição é adaptada de Coch, D., Fischer, K.W., Dawson, G. (2007), "Dynamic development of the hemispheric biases in three cases: Cognitive/hemispheric cycles, music, and hemispherectomy", em *Human Behavior, Learning, and the Developing Brain* (Nova York: Guilford), 94-97. Notavelmente, esta cirurgia foi realizada com sucesso em adultos, mas é incomum e em geral tem resultados piores. Ver Schramm, J. et al. (2012), "Seizure outcome, functional outcome, and quality of life after hemispherectomy in adults", *Acta Neurochir* 154 (9): 1603-12.
5. O período sensível às vezes é chamado de período crítico.
6. Petitto, L.A., Marentette, P.F. (1991), "Babbling in the manual mode: Evidence for the ontogeny of language", *Science* 251:1493-96.
7. Lenneberg, E. (1967), *Biological Foundations of Language* (Nova York: Wiley); Johnson, J.S., Newport, E.L. (1989), "Critical period effects in second language learning: The influence of maturational state on the acquisition of English as a second language", *Cogn Psychol* 21:60-99. Observe que há alguma controvérsia se a plasticidade é a explicação para tudo na aquisição de uma segunda língua; afinal, às vezes adultos conseguem aprender uma segunda língua mais rapidamente do que os bebês devido à maturidade cognitiva maior, experiência de aprendizado e outros fatores psicológicos e sociais (ver Newport [1990] e Snow, Hoefnagel-Hoehle [1978]). Porém, independentemente da habilidade de aprender uma segunda língua, a pronúncia como dos nativos em uma língua estrangeira (isto é, o sotaque) continua mais difícil de ser

alcançada por aprendizes mais velhos. Asher, J., Garcia, R. (1969), "The optimal age to learn a foreign language", *Mod Lang J* 53 (5): 334-41.
8. Ver Berman, N., Murphy, E.H. (1981), "The critical period for alteration in cortical binocularity resulting from divergent and convergent strabismus", *Dev Brain Res* 2 (2): 181-202. Ter olhos desalinhados é conhecido coloquialmente como vesguice e tecnicamente como estrabismo.
9. Amedi, A. et al. (2003), "Early 'visual' cortex activation correlates with superior verbal-memory performance in the blind", *Nat Neurosci* 6:758-66.
10. Voss, P. et al. (2006), "A positron emission tomography study during auditory localization by late-onset blind individuals", *Neuroreport* 17 (4): 383-88; Voss, P. et al. (2008), "Differential occipital responses in early- and late-blind individuals during a sound-source discrimination task", *Neuroimage* 40 (2): 746-58.
11. Merabet, L.B. et al. (2005), "What blindness can tell us about seeing again: Merging neuroplasticity and neuroprostheses", *Nat Rev Neurosci* 6 (1): 71.
12. Em outras palavras, os estudos revelaram que embora o córtex auditivo venha a se parecer com um córtex visual, as novas conexões retêm algumas características de um córtex auditivo. Por exemplo, os novos campos visuais mostraram precisão mais elevada pelo eixo esquerda-direita do que pelo eixo acima-abaixo, e acredita-se que isto se deva ao fato de o córtex auditivo normalmente mapear frequências pelo eixo esquerda-direita.
13. Persico, N., Postlewaite, A., Silverman, D. (2004), "The effect of adolescent experience on labor market outcomes: The case of height", *J Polit Econ* 112 (5): 1019-53. Ver também Judge, T.A., Cable, D.M. (2004), "The effect of physical height on workplace success and income: Preliminary test of a theoretical model", *J Appl Psychol* 89 (3): 428-41.
14. Smirnakis et al. (2005), "Lack of long-term cortical reorganization after macaque retinal lesions", *Nature* 435 (7040): 300. Este estudo foi feito com macacos adultos (com mais de quatro anos); as mesmas lições presumivelmente são válidas para a espécie humana.
15. Como um exemplo em centenas, lembre-se de que quando você começa a usar um rastelo para pegar sua comida, seus córtices sensorial e motor rapidamente começam a se adaptar para incorporar o rastelo em seu plano corporal, mesmo quando você é adulto. Ver Iriki, A., Tanaka, M., Iwamura, Y. (1996), "Attention-induced neuronal activity in the monkey somatosensory cortex revealed by pupillometrics", *Neurosci*

Res 25 (2): 173-81; Maravita, A., Iriki, A. (2004), "Tools for the body (schema)", *Trends Cogn Sci* 8:79-86.
16. Chalupa, L.M., Dreher, B. (1991), "High precision systems require high precision 'blueprints': A new view regarding the formation of connections in the mammalian visual system", *J Cogn Neurosci* 3 (3): 209-19; Neville, H., Bavelier, D. (2002), "Human brain plasticity: Evidence from sensory deprivation and altered language experience", *Prog Brain Res* 138:177-88.
17. Haldane, J.B.S. (1932), *The Causes of Evolution* (Nova York: Longmans, Green). Via, S., Lande, R. (1985), "Genotype-environment interaction and the evolution of phenotypic plasticity", *Evolution* 39:505-22; Via, S., Lande, R. (1987), "Evolution of genetic variability in a spatially heterogeneous environment: Effects of genotype-environment interaction", *Genet Res* 49:147-56.
18. Snowdon, D.A. (2003), "Healthy aging and dementia: Findings from the Nun Study", *Ann Intern Med* 139 (5, pt. 2): 450-54.
19. O mais fundamental à medida que se envelhece é entender como evitar o entrincheiramento. Como analogia, a pior coisa que pode acontecer a um cientista é insistir em olhar do mesmo jeito um problema ou uma área de atuação. Isto pode explicar a vantagem surpreendente de polímatas: pessoas como Benjamin Franklin, que se superaram em muitos campos diferentes. Como se colocam constantemente em território novo, eles podem evitar a armadilha de ficar fixados em um único jeito de pensar.

10 Lembra quando

1. Ribot, T. (1882), *Diseases of the Memory: An Essay in the Positive Psychology* (Nova York: D. Appleton).
2. Hawkins, R.D., Clark, G.A., Kandel, E.R. (2006), "Operant conditioning of gill withdrawal in aplysia", *J Neurosci* 26:2443-48.
3. Hebb, D.O. (1949), *The Organization of Behavior: A Neuropsychological Theory* (Nova York: Wiley). Como coloca Hebb, "Quando um axônio da célula A está próximo o bastante para excitar uma célula B e repetida ou persistentemente participa de sua ativação, algum processo de crescimento ou mudança metabólica ocorre em uma ou nas duas células, de modo que a eficiência de A, como uma das células que ativam B, é aumentada." Embora os neurocientistas costumem se referir a uma sinapse entre A e B, tenha em mente que A também está conectando-se a C por meio de Z e a cerca de outros 10 mil neurônios. A chave é que

cada uma destas sinapses pode mudar sua força individualmente, fortalecendo algumas conexões e enfraquecendo outras.
4. Bliss, T.V., Lømo, T. (1973), "Long-lasting potentiation of synaptic transmission in the dentate area of the anaesthetized rabbit following stimulation of the perforant path", *J Physiol* (Londres) 232 (2): 331-56. No nível submicroscópico, canais mínimos na membrana sensíveis a determinado sinal químico (conhecidos como receptores NMDA) agem como *detectores de coincidências,* reagindo quando dois neurônios conectados disparam em um pequeno período de tempo. Muitas membranas pós-sinápticas contêm receptores de glutamato NMDA, assim como receptores não glutamato NMDA. Durante a estimulação normal de baixa frequência, só os canais não NMDA vão se abrir, porque os íons magnésio de ocorrência natural bloqueiam os canais NMDA. Mas o input pré-sináptico de alta frequência resultante da despolarização da membrana pós-sináptica desloca os íons de magnésio, tornando o receptor NMDA sensível à liberação subsequente de glutamato. Deste modo, o NMDA-R pode agir como um detector de coincidência, sentindo a coincidência de atividade pré e pós-sináptica. Assim, as sinapses NMDA parecem ser a quintessência das sinapses hebbianas e têm sido vistas como a chave para o armazenamento de associações. Além disso, o fato de que os NMDA-Rs têm uma permeabilidade particularmente alta para o cálcio permite que eles induzam um sistema de segundo mensageiro que pode falar com o genoma e resulta em mudanças estruturais de longo prazo na célula pós-sináptica. Na maioria dos tipos de neurônios, o NMDA-R é fundamental para a indução de potencialização de longo prazo (LTP).

Um animal pode aprender uma tarefa comportamental, mas, com a infusão de substâncias que agem como NMDA, a capacidade de se lembrar das especificidades da tarefa parece desaparecer. Porém, observe que o NMDA-R só é necessário para a *indução,* enquanto outros mecanismos escoram a *manutenção* das mudanças; de modo mais geral, a síntese de novas proteínas é necessária no núcleo da célula. Um animal pode ser treinado a associar dois estímulos (digamos, combinar um choque a uma luz), mas se a síntese proteica estiver bloqueada, o animal consegue formar memória de curto prazo, mas não de longo prazo. Na maioria dos casos, o LTP só é induzido quando a atividade na célula pós-sináptica (despolarização) é associada à atividade na célula pré-sináptica. Atividades pós ou pré-sinápticas, sozinhas, são ineficazes. Além disso, o LTP é específico para a sinapse em particular que é estimulada, o que significa que cada sinapse em uma célula pode,

em princípio, se fortalecer ou enfraquecer de acordo com sua história pessoal.
5. Em relação ao papel da sinapse na memória, ver Nabavi, S. et al. (2014), "Engineering a memory with LTD and LTP", *Nature* 511:348-52; Bailey, C.H., Kandel, R.R. (1993), "Structural changes accompanying memory storage", *Annu Rev Physiol* 55:397-426.
6. Hopfield, J. (1982), "Neural networks and physical systems with emergent collective computational abilities", *Proc Natl Acad Sci USA* 9:2554. Como cada unidade tem muitas conexões (sinapses) com vizinhas, uma unidade pode estar envolvida em muitas associações diferentes em diferentes momentos.
7. Embora a regra de Hebb seja útil para formar associações, uma de suas desvantagens teóricas é ser insensível à *ordem* dos eventos. Experimentos têm mostrado que animais são estritamente sensíveis à ordem dos inputs sensoriais; por exemplo, o cão de Pavlov não aprenderá uma associação se a carne for apresentada antes da campainha. Da mesma forma, os animais desenvolvem uma forte aversão a um alimento saboroso depois de uma única experiência de náusea depois de comê-lo, mas inverter a ordem (náusea, depois o alimento) não leva a uma aversão. Pode haver um paralelo a isto no nível biofísico: as mudanças na força sináptica dependem de atividade pré e pós-sináptica. Se um input de A precede a ativação do neurônio B, então a sinapse é fortalecida. Se um input de A vem depois de a célula B ser ativada, a sinapse é enfraquecida. Esta regra de aprendizado é chamada em geral de plasticidade dependente de tempo de pico, ou uma regra hebbiana temporalmente assimétrica, e sugere que o tempo de pico importa. De modo específico, a regra temporalmente assimétrica fortalece conexões que são previsíveis: se A ativa B de forma consistente, pode ser vista como uma previsão de sucesso e será fortalecida. Ver Rao, R.P., Sejnowski, T.J. (2003), "Self-organizing neural systems based on predictive learning", *Philos Transact A Math Phys Eng Sci* 361 (1807): 1149-75.
8. Os conceitos fundamentais que subjazem ao aprendizado profundo têm bem mais de trinta anos. Ver Rumelhart, D.E., Hinton, G.E., Williams, R.J. (1988), "Learning representations by back-propagating errors", *Cognitive Modeling* 5 (3): 1. Ver também o trabalho de Yann LeCun, Yoshua Bengio e Jürgen Schmidhuber a respeito de desenvolvimentos fundamentais relacionados mais ou menos na mesma época.
9. Carpenter, G.A., Grossberg, S. (1987), "Discovering order in chaos: Stable self-organization of neural recognition codes", *Ann NY Acad Sci* 504:33-51.

10. Bakin, J.S., Weinberger, N.M. (1996), "Induction of a physiological memory in the cerebral cortex by stimulation of the nucleus basalis", *Proc Natl Acad Sci USA* 93:11219-24; Kilgard, M.P., Merzenich, M.M. (1998), "Cortical map reorganization enabled by nucleus basalis activity", *Science* 279:1714-18.
11. Observe que os déficits de Molaison foram totalmente inesperados, porque se sabia que a remoção do lobo temporal medial (o hipocampo e as regiões circundantes) em *um* lado seria um procedimento seguro por algum tempo. Para um resumo de sua vida e caso clínico, ver Corkin, S. (2013), *Permanent Present Tense: The Unforgettable Life of the Amnesic Patient, HM* (Nova York: Basic Books).
12. Zola-Morgan, S.M., Squire, L.R. (1990), "The primate hippocampal formation: Evidence for a time-limited role in memory storage", *Science* 250 (4978): 288-90.
13. Eichenbaum, H. (2004), "Hippocampus: Cognitive processes and neural representations that underlie declarative memory", *Neuron* 44 (1): 109-20. Ver também Frankland, P.W. et al. (2004), "The involvement of the anterior cingulate cortex in remote contextual fear memory", *Science* 304 (5672): 881-83.
14. Pasupathy, A., Miller, E.K. (2005), "Different time courses of learning-related activity in the prefrontal cortex and striatum", *Nature* 433 (7028): 873-76. Ver também Ravel, S., Richmond, B.J. (2005), "Where did the time go?", *Nat Neurosci* 8 (6): 705-7.
15. Lisman, J. et al. (2018), "Memory formation depends on both synapse-specific modifications of synaptic strength and cell-specific increases in excitability", *Nat Neurosci* 12:1; Martin, S.J., Grimwood, P.D., Morris, R.G. (2000), "Synaptic plasticity and memory: An evaluation of the hypothesis", *Annu Rev Neurosci* 23:649-711; Shors, T.J., Matzel, L.D. (1997), "Long-term potentiation: What's learning got to do with it?", *Behav Brain Sci* 20 (4): 597-655. Com relação a LTP e LTD, muita coisa ainda é desconhecida sobre como o contexto intracelular dos neurônios determina como as sinapses mudarão: nem todas as sinapses têm o mesmo comportamento. Inicialmente se esperava que os detalhes dos protocolos de estímulo determinariam o resultado: uma alta taxa de ativação vai fortalecer uma sinapse, e uma baixa taxa de ativação vai enfraquecê-la. Mas à medida que aconteceram os estudos experimentais, alguns pesquisadores, que descobriram que uma célula não se deprime quando recebe o estímulo "certo", tendiam a descartar esses dados, com o pressuposto de que a célula estava "doente". Um olhar mais sóbrio nos dados revela que as regras sinápticas para a mudança giram em torno

de outros fatores dentro da célula, cuja maioria permanece não identificada. Ver Perrett, S.P. et al. (2001), "LTD induction in adult visual cortex: Role of stimulus timing and inhibition", *J Neurosci* 21 (7): 2308-19.
16. Draganski, B. et al. (2004), "Neuroplasticity: Changes in grey matter induced by training", *Nature* 427 (6972): 311-12.
17. Por exemplo, axônios e dendritos recém-ramificados, ou o nascimento de células da glia ou de neurônios.
18. Boldrini, M. et al. (2018), "Human hippocampal neurogenesis persists throughout aging", *Cell Stem Cell* 22 (4): 589-99; Gould et al. (1999), "Neurogenesis in the neo-cortex of adult primates", *Science* 286 (5439): 548-52; Eriksson et al. (1998), "Neurogenesis in the adult human hippocampus", *Nat Med* 4 (11): 1313.

    Desde os anos 1960, o dogma determinava que os mamíferos nasciam com um número fixo de neurônios: o número pode diminuir com o envelhecimento, mas nunca pode aumentar. Mas com a resolução maior nas técnicas, agora sabemos que o hipocampo fervilha de milhares de novos neurônios todo dia, em animais que vão de camundongos a humanos. Só por um erro histórico é que esta descoberta da neurogênese surpreende; afinal, o crescimento de novas células é realidade em todas as outras partes do corpo, e sabemos há um bom tempo que o cérebro de aves faz isso — na verdade, sempre que elas precisam aprender um novo canto: Nottebohm, F. (2002), "Neuronal replacement in adult brain", *Brain Res Bull* 57 (6): 737-49. Como ponto de interesse histórico, já se suspeitava da neurogênese no cérebro de mamíferos havia muito tempo, mas isto foi ignorado; ver Altman, J. (1962), "Are new neurons formed in the brains of adult mammals?", *Science* 135 (3509): 1127-28.
19. Gould, E. et al. (1999), "Learning enhances adult neurogenesis in the adult hippocampal formation", *Nat Neurosci* 2:260-65. Então por que as memórias existentes não seriam perturbadas por esses intrusos? Se novas células podem se insinuar no tecido do córtex sem corromper antigas memórias armazenadas, algo sobre o paradigma do conectoma precisa ser reformulado. Uma especulação é que as sinapses, talvez em virtude da rotatividade das moléculas constituintes, não sejam repositórios confiáveis para informações aprendidas de longo prazo (Nottebohm [2002]; Bailey, Kandel [1993]). Em vez disso, a mudança biofísica final requer todo um novo neurônio. Neste contexto especulativo, o armazenamento de uma memória envolve a ativação de um conjunto de genes que leva à diferenciação celular. Bastaria o caráter irreversível da divisão celular para o armazenamento da memória de longo prazo em uma escala de tempo maior.

Quero marcar esta ideia como especulativa, principalmente porque ainda há muito a ser compreendido sobre a neurogênese. Que neurônios são eliminados (aleatórios ou desajustados informacionais), exatamente onde eles estão nos circuitos, e a que funções eles servem? De modo mais geral, os experimentos precisarão testar se o aprendizado faz com que determinados neurônios ajam como repositórios de memórias de longo prazo — e, ao assim procederem, inibem irreversivelmente sua capacidade de adquirir novas informações. E é importante fazer todos esses experimentos em animais com estilos de vida aproximadamente naturais: tem-se especulado que o motivo para que os primeiros estudos com primatas não tenham localizado a neurogênese (Rakic P [1985], "Limits of neurogenesis in primates", *Science* 227 [4690]) é que os macacos de laboratório tinham uma vida engaiolada, com poucos estímulos. Agora sabemos que ambientes estimulantes e exercícios são fundamentais para a neurogênese — exatamente o que esperaríamos na teoria de mais memórias fluindo para o sistema e, portanto, mais armazenamento de longo prazo necessário.

20. Levenson, J.M., Sweatt, J.D. (2005), "Epigenetic mechanisms in memory formation", *Nat Rev Neurosci* 6 (2): 108-18. Em outro exemplo, a marcação epigenética do genoma ocorre durante a consolidação de memórias de longo prazo de condicionamento contextual do medo. No condicionamento contextual do medo, um estímulo nocivo e um espaço novo são combinados. A combinação leva a uma alteração nas proteínas em torno das quais o DNA se enrola e desenrola. A expressão genética alterada pode realizar essencialmente qualquer coisa, inclusive melhorar a função sináptica, a excitabilidade do neurônio e padrões de expressão do receptor. Quando comparada com o condicionamento contextual do medo, outra forma de memória de longo prazo chamada inibição latente leva a alterações de uma histona diferente, sugerindo a possibilidade de um código não descoberto para a histona, em que tipos específicos de memória são associados a padrões específicos de modificação da histona.

21. Weaver, I.C.G. et al. (2004), "Epigenetic programming by maternal behavior", *Nat Neurosci* 7 (8): 847. O campo da epigenética examina mudanças no DNA e nas proteínas em torno dele que produzem mudanças longas em padrões de expressão genética. As mudanças resultam de uma interação entre o genoma e o ambiente. Estas alterações herdáveis na expressão genética não são codificadas na própria sequência do DNA; isto pode permitir que células idênticas em seu genótipo sejam fenotipicamente individualizadas.

22. Brand, S. (1999), *The Clock of the Long Now: Time and Responsibility* (Nova York: Basic Books). A ideia das camadas de ritmo tem uma história. Primeiro Brand criou o diagrama da civilização saudável com Brian Eno em seu estúdio em Londres, em 1996. Ainda nos anos 1970, o arquiteto Frank Duffy apontou para quatro camadas nos prédios comerciais: o set (por exemplo, mobília, que é movida com frequência), o ambiente (por exemplo, paredes interiores, que a intervalos de cinco ou sete anos são transferidas de lugar), os serviços (por exemplo, a empresa que aluga, que muda em uma escala de cerca de quinze anos) e a concha (isto é, o prédio em si, que dura muitas décadas).
23. O contra-argumento seria que todos esses outros parâmetros só podem existir como um meio de manter a homeostase para uma mudança importante (digamos, as forças sinápticas). Para esclarecer, creio ser improvável. Seria como apontar uma camada de uma sociedade (digamos, o comércio) e argumentar que todas as outras mudanças na civilização são apenas um jeito de manter tudo garantido, de modo que sempre temos novos lugares onde comprar.
24. Em geral os neurocientistas estudam isto de um jeito que não é tão empolgante quanto se apaixonar. Em lugar disto, eles usam animais de laboratório, como ratos. Ensinam o rato a realizar uma tarefa em troca de recompensa e medem a velocidade com que o animal se aproxima do desempenho perfeito. Depois extinguem o comportamento, retirando o *feedback*, e acompanham quanto tempo leva para o comportamento desaparecer. Se posteriormente eles retreinam o animal com *feedback*, mesmo muito tempo depois, encontram uma quantidade surpreendente de memórias: o animal aprende muito mais rápido da segunda vez. Ver Della-Maggiore, V., McIntosh, A.R. (2005), "Time course of changes in brain activity and functional connectivity associated with long-term adaptation to a rotational transformation", *J Neurophysiol* 93:2254-62; Shadmehr, R., Brashers-Krug, T. (1997), "Functional stages in the formation of human long-term motor memory", *J Neurosci* 17:409-19; Landi, S.M., Baguear, F., Della-Maggiore, V. (2011), "One week of motor adaptation induces structural changes in primary motor cortex that predict long-term memory one year later", *J Neurosci* 31:11808-13; Yamamoto, K., Hoffman, D.S., Strick, P.L. (2006), "Rapid and long-lasting plasticity of input-output mapping", *J Neurophysiol* 96:2797-801.
25. Mulavara, A.P. et al. (2010), "Locomotor function after long-duration space flight: Effects and motor learning during recovery", *Exp Brain Res* 202:649-59.

26. Eagleman, D.M. (2011), *Incognito: The Secret Lives of the Brain* (Nova York: Pantheon). Ver também Barkow, J., Cosmides, L., Tooby, J. (1992), *The Adapted Mind: Evolutionary Psychology and the Generation of Culture* (Nova York: Oxford University Press).
27. Sugiro que a construção do novo sobre o antigo fundamenta o caráter falível do testemunho ocular. Cada testemunha de um crime traz sua própria história de experiência e seu próprio jeito de compreender o mundo. Seus filtros e vieses são a paisagem sedimentada sobre a qual pousa a nova experiência. Não é de surpreender que o input novo flua por declives diferentes dentro de cabeças diferentes. Dito de forma mais geral, a dependência que o presente tem do passado sustenta muitas divergências entre nós, de individuais a culturais.
28. Cytowic, R.E., Eagleman, D.M. (2009), *Wednesday Is Indigo Blue: Discovering the Brain of Synesthesia* (Cambridge, Mass.: MIT Press).
29. Eagleman, D.M. et al. (2007), "A standardized test battery for the study of synesthesia", *J Neurosci Methods* 159 (1): 139-45. A Synesthesia Battery pode ser encontrada em synesthete.org.
30. Witthoft, N., Winawer, J., Eagleman, D.M. (2015), "Prevalence of learned grapheme-color pairings in a large online sample of synesthetes", *PLoS One* 10 (3): e0118996.
31. Propusemos que a sinestesia grafema-cor é uma imagem mental que foi condicionada pela experiência; isto é, ela é navegada por sua memória. Observe que isto não contradiz descobertas de que o desenvolvimento da resposta sinestésica é dependente de predisposição genética. Quanto à origem das cores para os demais sinestésicos, lembre-se de que os ímãs não eram a única fonte de influência externa; outras iam de alfabetos coloridos escritos em livros a murais de alfabeto e a cartazes na sala de aula.
32. Plummer, W. (1997), "Total erasure", *People*.
33. Sherry, D.F., Schacter, D.L. (1987), "The evolution of multiple memory systems", *Psychol Rev* 94 (4): 439; McClelland, J.L. et al. (1995), "Why there are complementary learning systems in the hippocampus and neocortex: Insights from the successes and failures of connectionist models of learning and memory", *Psychol Rev* 102 (3): 419.
34. Uma taxa de aprendizado rápida é necessária para alcançar o aprendizado rápido; por outro lado, temos mais interferência e fracasso catastrófico se tentarmos armazenar múltiplas memórias. Por outro lado, se a taxa de mudança da força da conectividade é lenta, as conexões chegam à média em muitas experiências, replicando, assim, apenas a estatística subjacente do ambiente. Antigamente se pensava que o

hipocampo "passava" memórias por ele mesmo e para o substrato do córtex, mas alguns dados mais novos sugerem que isto acontece paralelamente — ambos aprendem ao mesmo tempo. Como a proposta inicial deste modelo de sistemas complementares de aprendizado (McCloskey e Cohen [1989]; McClelland et al. [1995]; White [1989]), passou por várias iterações, todas com a intenção de identificar onde os sistemas complementares estão localizados no cérebro. O modelo original sugeria o hipocampo e o córtex (McClelland et al. [1995]), "Why there are complementary learning systems in the hippocampus and neocortex", *Psychol Rev* 102:419-57; O'Reilly et al. [2014], "Complementary learning systems", *Cogn Sci* 38:1229-48). Modelos mais recentes sugeriram que as diferentes taxas de aprendizado podem acontecer inteiramente no hipocampo: a via tri-sináptica em CA3 é boa no aprendizado de episódios claramente demarcados (tem uma taxa de aprendizado rápida), enquanto a via mono-sináptica em CA1 é boa para o aprendizado estatístico porque sua taxa de aprendizado é mais lenta. Ver Schapiro et al. (2017), "Complementary learning systems within the hippocampus: A neural network modeling approach to reconciling episodic memory with statistical learning", *Phil Trans R Soc B* 372 (1711).

11 O lobo e a sonda em Marte

1. Coren, M.J. (2013), "A blind fish inspires new eyes and ears for subs", FastCoExist.
2. Ver, por exemplo, Leverington, M., Shemdin, K.N. (2017), *Principles of Timing in FPGAs*.
3. Eagleman, D.M. (2008), "Human time perception and its illusions", *Curr Opin Neurobiol* 18 (2): 131-36; Stetson, C. et al. (2006), "Motor-sensory recalibration leads to an illusory reversal of action and sensation", *Neuron* 51 (5): 651-59; Parsons, B., Novich, S.D., Eagleman, D.M. (2013), "Motor-sensory recalibration modulates perceived simultaneity of cross-modal events", *Front Psychol* 4:46; Cai, M., Stetson, C., Eagleman, D.M. (2012), "A neural model for temporal order judgments and their active recalibration: A common mechanism for space and time?", *Front Psychol* 3:470.

   Observe que um princípio semelhante está em operação quando as pessoas tiram suas lentes de contato à noite e colocam óculos. Nos primeiros momentos, seu senso de equilíbrio sofre. Por quê? Porque os

óculos distorcem um pouco a cena, de tal modo que um movimento dos olhos se traduz em uma mudança maior no campo visual: o output se traduz em um input ligeiramente inesperado. Como resolver isto rapidamente? Balançando a cabeça por um momento depois de colocar os óculos. Isto permite que suas redes neurais recalibrem rapidamente o output motor para o input sensorial.
4. O exemplo de grades inteligentes e grades elétricas é abordado em mais profundidade em Eagleman, D.M. (2010), *Why the Net Matters: Six Easy Ways to Avert the Collapse of Civilization* (Edimburgo: Canongate Books).

12 A descoberta do amor há muito perdido de Ötzi

1. Fowler, B. (2000), *Iceman: Uncovering the Life and Times of a Prehistoric Man Found in an Alpine Glacier*, (Chicago: U Chicago Press). Para uma descrição da radiologia que foi realizada, ver Gostner, P. et al. (2011), "New radiological insights into the life and death of the Tyrolean Iceman", *Archaeol Sci* 38 (12): 3425-31. Ver também Wierer, U. et al. (2018), "The Iceman's lithic toolkit: Raw material, technology, typology, and use", *PLoS One*; Maixner, F. et al. (2016), "The 5300- year-old Helicobacter pylori genome of the Iceman", *Science* 351 (6269): 162-65.
2. Stretesky, P.B., Lynch, M.J. (2004), "The relationship between lead and crime", *J Health Soc Behav* 45 (2): 214-29; Nevin, R. (2007), "Understanding international crime trends: The legacy of preschool lead exposure", *Environ Res* 104 (3): 315-36; Reyes, J.W. (2007), "Environmental policy as social policy? The impact of childhood lead exposure on crime", *Contrib Econ Anal Pol* 7 (1).

LEITURAS ADICIONAIS

Ahuja, A.K. et al. (2011). "Blind subjects implanted with the Argus II retinal prosthesis are able to improve performance in a spatial-motor task". *Br J Ophthalmol* 95 (4): 539-43.

Amedi, A., Camprodon, J., Merabet, L., Meijer, P., Pascual-Leone, A. (2006). "Towards closing the gap between visual neuroprostheses and sighted restoration: Insights from studying vision, cross- modal plasticity, and sensory substitution". *J Vision* 6 (13): 12.

Amedi, A., Floel, A., Knecht, S., Zohary, E., Cohen, L.G. (2004). "Transcranial magnetic stimulation of the occipital pole interferes with verbal processing in blind subjects". *Nat Neurosci* 7:1266-70.

Amedi, A., Raz, N., Azulay, H., Malach, R., Zohary, E. (2010). "Cortical activity during tactile exploration of objects in blind and sighted humans". *Restor Neurol Neurosci* 28 (2): 143-56.

Amedi, A., Raz, N., Pianka, P., Malach, R., Zohary, E. (2003). "Early 'visual' cortex activation correlates with superior verbal-memory performance in the blind". *Nat Neurosci* 6:758-66.

Amedi, A. et al. (2007). "Shape conveyed by visual-to-auditory sensory substitution activates the lateral occipital complex". *Nat Neurosci* 10:687-89.

Ardouin, J. et al. (2012). "FlyVIZ: A novel display device to provide humans with 360° vision by coupling catadioptric camera with HMD". Em *Proceedings of the 18th ACM Symposium on Virtual Reality Software and Technology*.

Arno, P., Capelle, C., Wanet-Defalque, M.C., Catalan-Ahumada, M., Vera-art, C. (1999). "Auditory coding of visual patterns for the blind". *Perception* 28 (8): 1013-29.

Arno, P. et al. (2001). "Occipital activation by pattern recognition in the early blind using auditory substitution for vision". *Neuroimage* 13 (4): 632-45.

Auvray, M., Hanneton, S., O'Regan, J.K. (2007). "Learning to perceive with a visuo- auditory substitution system: Localisation and object recognition with 'The vOICe'". *Perception* 36:416-30.

Auvray, M., Myin, E. (2009). "Perception with compensatory devices: From sensory substitution to sensorimotor extension". *Cogn Sci* 33 (6): 1036-58.

Bach-y-Rita, P. (2004). "Tactile sensory substitution studies". *Ann NY Acad Sci* 1013:83-91.

Bach-y-Rita, P., Collins, C.C., Saunders, F., White, B., Scadden, L. (1969). "Vision substitution by tactile image projection". *Nature* 221:963-64.

Bach-y-Rita, P., Danilov, Y., Tyler, M.E., Grimm, R.J. (2005). "Late human brain plasticity: Vestibular substitution with a tongue BrainPort human-machine interface". *Intellectica* 1 (40): 115-22.

Bailey, C.H., Kandel, R.R. (1993). "Structural changes accompanying memory storage". *Ann Rev Physiol* 55:397-426.

Bakin, J.S., Weinberger, N.M. (1996). "Induction of a physiological memory in the cerebral cortex by stimulation of the nucleus basalis". *Proc Natl Acad Sci USA* 93:11219-24.

Bangert, M., Schlaug, G. (2006). "Specialization of the specialized in features of external human brain morphology". *Eur J Neurosci* 24:1832-34.

Barinaga, M. (1992). "The brain remaps its own contours". *Science* 258:216-18.

Bear, M.F., Singer, W. (1986). "Modulation of visual cortical plasticity by acetylcholine and noradrenaline. *Nature* 320:172-76.

Bennett, E.L., Diamond, M.C., Krech, D., Rosenzweig, M.R. (1964). "Chemical and anatomical plasticity of brain". *Science* 164:610-19.

Bliss, T.V., Lømo, T. (1973). "Long-lasting potentiation of synaptic transmission in the dentate area of the anesthetized rabbit following stimulation of the perforant path". *J Physiol* (Londres) 232:331-56.

Boldrini, M. et al. (2018). "Human hippocampal neurogenesis persists throughout aging". *Cell Stem Cell* 22 (4): 589-99.

Borgstein, J., Grootendorst, C. (2002). "Half a brain". *Lancet* 359 (9305): 473.

Borsook, D. et al. (1998). "Acute plasticity in the human somatosensory cortex following amputation". *Neuroreport* 9:1013-17.

Bouton, C.E. et al. (2016). "Restoring cortical control of functional movement in a human with quadriplegia". *Nature* 533 (7602): 247.
Bower, T.G.R. (1978). "Perceptual development: Object and space". Em *Handbook of Perception*, vol. 8, *Perceptual Coding*, org. E.C. Carterette e M.P. Friedman. Academic Press.
Brandt, A.K. e Eagleman, D.M. (2017). *The Runaway Species*. Catapult Press.
Bubic, A., Striem-Amit, E., Amedi, A. (2010). "Large-scale brain plasticity following blindness and the use of sensory substitution devices". Em *Multisensory Object Perception in the Primate Brain*, org. M.J. Naumer e J. Kaiser, 351-80. Springer.
Buonomano, D.V., Merzenich, M.M. (1998). "Cortical plasticity: From synapses to maps". *Annu Rev Neurosci* 21:149-86.
Burrone, J., O'Byrne, M., Murthy, V.N. (2002). "Multiple forms of synaptic plasticity triggered by selective suppression of activity in individual neurons". *Nature* 420 (6914): 414-18.
Burton, H. (2003). "Visual cortex activity in early and late blind people". *J Neurosci* 23 (10): 4005-11.
Burton, H., Snyder, A.Z., Conturo, T.E., Akbudak, E., Ollinger, J.M., Raichle, M.E. (2002). "Adaptive changes in early and late blind: A fMRI study of Braille reading". *J Neurophysiol* 87:589-607.
Cai, M., Stetson, C., Eagleman, D.M. (2012). "A neural model for temporal order judgments and their active recalibration: A common mechanism for space and time?" *Front Psychol* 3:470.
Cañón Bermúdez, G.S., Fuchs, H., Bischoff, L., Fassbender, J., Makarov, D. (2018). "Electronic-skin compasses for geomagnetic field-driven artificial magnetoreception and interactive electronics". *Nat Electron* 1 (11): 589-95.
Carpenter, G.A., Grossberg, S. (1987). "Discovering order in chaos: Stable self- organization of neural recognition codes". *Ann NY Acad Sci* 504:33-51.
Chebat, D.R., Harrar, V., Kupers, R., Maidenbaum, S., Amedi, A., Ptito, M. (2018). "Sensory substitution and the neural correlates of navigation in blindness". Em *Mobility of Visually Impaired People*, 167-200. Springer.
Chorost, M. (2011). *World Wide Mind: The Coming Integration of Humanity, Machines, and the Internet*. Free Press.
Clark, S.A., Allard, T., Jenkins, W.M., Merzenich, M.M. (1988). "Receptive-fields in the body-surface map in adult cortex defined by temporally correlated inputs". *Nature* 332:444-45.
Cline, H. (2003). "Sperry and Hebb: Oil and vinegar?" *Trends Neurosci* 26 (12): 655-61.

Cohen, L.G. et al. (1997). "Functional relevance of cross-modal plasticity in blind humans. *Nature* 389:180-83.

Collignon, O., Lassonde, M., Lepore, F., Bastien, D., Veraart, C. (2007). "Functional cerebral reorganization for auditory spatial processing and auditory substitution of vision in early blind subjects". *Cereb Cortex* 17 (2): 457-65.

Collignon, O., Renier, L., Bruyer, R., Tranduy, D., Veraart, C. (2006). "Improved selective and divided spatial attention in early blind subjects". *Brain Res* 1075 (1): 175-82.

Collignon, O., Voss, P., Lassonde, M., Lepore, F. (2009). "Cross-modal plasticity for the spatial processing of sounds in visually deprived subjects". *Exp Brain Res* 192 (3): 343-58.

Conner, J.M., Culberson, A., Packowski, C., Chiba, A.A., Tuszynski, M.H. (2003). "Lesions of the basal forebrain cholinergic system impair task acquisition and abolish cortical plasticity associated with motor skill learning". *Neuron* 38:819-29.

Constantine-Paton, M., Law, M.I. (1978). "Eye-specific termination bands in tecta of three-eyed frogs". *Science* 202:639-41.

Cronholm, B. (1951). "Phantom limbs in amputees: A study of changes in the integration of centripetal impulses with special reference to referred sensations". *Acta Psychiatr Neurol Scand Suppl* 72:1-310.

Cronly-Dillon, J., Persaud, K.C., Blore, R. (2000). "Blind subjects construct conscious mental images of visual scenes encoded in musical form". *Proc Biol Sci* 267 (1458): 2231-38.

Cronly-Dillon, J., Persaud, K.C., Gregory, R.P. (1999). "The perception of visual images encoded in musical form: A study in cross-modality information transfer". *Proc Biol Sci* 266 (1436): 2427-33.

Crowley, J.C., Katz, L.C. (1999). "Development of ocular dominance columns in the absence of retinal input". *Nat Neurosci* 2:1125-30.

Cytowic, R.E., Eagleman, D.M. (2009). *Wednesday Is Indigo Blue: Discovering the Brain of Synesthesia*. MIT Press.

Damasio, A.R., Tranel, D. (1993). "Nouns and verbs are retrieved with differently distributed neural systems". *Proc Natl Acad Sci USA* 90 (11): 4957-60.

D'Angiulli, A., Waraich, P. (2002). "Enhanced tactile encoding and memory recognition in congenital blindness". *Int J Rehabil Res* 25 (2): 143-45.

Darian-Smith, C., Gilbert, C.D. (1994). "Axonal sprouting accompanies functional reorganization in adult cat striate cortex". *Nature* 368:737-40.

Day, J.J., Sweatt, J.D. (2010). "DNA methylation and memory formation". *Nat Neurosci* 13 (11): 1319.

Diamond, M. (2001). "Response of the brain to enrichment". *An Acad Bras Ciênc* 73:211-20.

Donati, A.R. et al. (2016). "Long-term training with a brain-machine interface-based gait protocol induces partial neurological recovery in paraplegic patients". *Sci Rep* 6:30383.

Dowling, J. (2008). "Current and future prospects for optoelectronic retinal prostheses". *Nature-Eye* 23:1999-2005.

Draganski, B., Gaser, C., Busch, V., Schuierer, G., Bogdahn, U., May, A. (2004). "Neuroplasticity: Changes in grey matter induced by training". *Nature* 427 (6972): 311-12.

Driemeyer, J., Boyke, J., Gaser, C., Büchel, C., May, A. (2008). "Changes in gray matter induced by learning — revisited. *PLoS One* 3 (7): e2669.

Dudai, Y. (2004). "The neurobiology of consolidations, or, how stable is the engram?" *Ann Rev Psychol* 55:51-86.

Eagleman, D.M. (2001). "Visual illusions and neurobiology". *Nat Rev Neurosci* 2 (12): 920-26.

Eagleman, D.M. (2005). "Distortions of time during rapid eye movements". *Nat Neurosci* 8 (7): 850-51.

Eagleman, D.M. (2008). "Human time perception and its illusions". *Curr Opin Neurobiol* 18 (2): 131-36.

Eagleman, D.M. (2009). "Silicon immortality: Downloading consciousness into computers". Em *This Will Change Everything: Ideas That Will Shape the Future*, org. J. Brockman. Harper Perennial.

Eagleman, D.M. (2010). "The strange mapping between the timing of neural signals and perception". Em *Issues of Space and Time in Perception and Action,* org. R. Nijhawan. Cambridge University Press.

Eagleman, D.M. (2011). "The brain on trial". *Atlantic Monthly.* Julho/agosto.

Eagleman, D.M. (2011). *Incognito: The Secret Lives of the Brain.* Pantheon. [Ed. bras.: *Incógnito: As vidas secretas do cérebro.* Rio de Janeiro: Rocco, 2012.]

Eagleman, D.M. (2012). "Synaesthesia in its protean guises". *Br J Psychol* 103 (1): 16-19.

Eagleman, D.M. (2015). "Can we create new senses for humans?" TED Talk.

Eagleman, D.M. (2015). *The Brain: The Story of You.* Pantheon. [Ed. bras.: *O cérebro: Uma biografia.* Rio de Janeiro: Rocco, 2017.]

Eagleman, D.M., Downar, J. (2015). *Brain and Behavior: A Cognitive Neuroscience Perspective.* Oxford University Press.

Eagleman, D.M. (2018). "We will leverage technology to create new senses". *Wired.*

Eagleman, D.M., Goodale, M.A. (2009). "Why color synesthesia involves more than color". *Trends Cogn Sci* 13 (7): 288-92.

Eagleman, D.M., Jacobson, J.E., Sejnowski, T.J. (2004). "Perceived luminance depends on temporal context". *Nature* 428 (6985): 854.
Eagleman, D.M., Kagan, A.D., Nelson, S.S., Sagaram, D., Sarma, A.K. (2007). "A standardized test battery for the study of synesthesia". *J Neurosci Methods* 159 (1): 139-45.
Eagleman, D.M., Montague, P.R. (2002). "Models of learning and memory". Em *Encyclopedia of Cognitive Science*. Macmillan.
Eagleman, D.M., Pariyadath, V. (2009). "Is subjective duration a signature of coding efficiency?" *Philos Trans R Soc* 364 (1525): 1841-51.
Eagleman, D.M., Sejnowski, T.J. (2000). "Motion integration and postdiction in visual awareness". *Science* 287 (5460): 2036-38.
Eagleman, D.M., Vaughn, D.A. (2020). "A new theory of dream sleep". Em análise.
Edelman, G.M. (1987). *Neural Darwinism: The Theory of Neuronal Group Selection*. Basic Books.
Elbert, T., Pentev, C., Wienbruch, C., Rockstroh, B., Taub, E. (1995). "Increased finger representation of the fingers of the left hand in string players". *Science* 270:305-6.
Elbert, T., Rockstroh, B. (2004). "Reorganization of human cerebral cortex: The range of changes following use and injury". *Neuroscientist* 10:129-41.
Eriksson, P.S. et al. (1998). "Neurogenesis in the adult human hippocampus". *Nat Med* 4 (11): 1313-17.
Feuillet, L., Dufour, H., Pelletier, J. (2007). "Brain of a white-collar worker". *Lancet* 370:262.
Finney, E.M., Fine, I., Dobkins, K.R. (2001). "Visual stimuli activate auditory cortex in the deaf". *Nat Neurosci* 4 (12): 1171-73.
Flor, H., Elbert, T., Knecht, S., Wienbruch, C., Pantev, C., Birbaumer, N., Larbig, W., Taub, E. (1995). "Phantom-limb pain as a perceptual correlate of cortical reorganization following arm amputation". *Nature* 375 (6531): 482-84.
Florence, S.L., Taub, H.B., Kaas, J.H. (1998). "Large-scale sprouting of cortical connections after peripheral injury in adult macaque monkeys". *Science* 282:1117-21.
Fuhr, P., Cohen, L.G., Dang, N., Findley, T.W., Haghighi, S., Oro, J., Hallett, M. (1992). "Physiological analysis of motor reorganization following lower limb amputation". *Electroencephalogr Clin Neurophysiol* 85 (1): 53-60.
Fusi, S., Drew, P.J., Abbott, L.F. (2005). "Cascade models of synaptically stored memories". *Neuron* 45 (4): 599-611.

Gougoux, F., Lepore, F., Lassonde, M., Voss, P., Zatorre, R.J., Belin, P. (2004). "Neuropsychology: Pitch discrimination in the early blind". *Nature* 430 (6997): 309.

Gougoux, F., Zatorre, R.J., Lassonde, M., Voss, P., Lepore, F. (2005). "A functional neuroimaging study of sound localization: Visual cortex activity predicts performance in early-blind individuals". *PLoS Biol* 3 (2): e27.

Gould, E., Beylin, A.V., Tanapat, P., Reeves, A., Shors, T.J. (1999). "Learning enhances adult neurogenesis in the hippocampal formation". *Nat Neurosci* 2:260-65.

Gould, E., Reeves, A., Graziano, M.S.A., Gross, C. (1999). "Neurogenesis in the neocortex of adult primates". *Science* 286:548-52.

Gu, Q. (2003). "Contribution of acetylcholine to visual cortex plasticity". *Neurobiol Learn Mem* 80:291-301.

Hallett, M. (1999). "Plasticity in the human motor system". *Neuroscientist* 5:324-32.

Halligan, P.W., Marshall, J.C., Wade, D.T. (1994). "Sensory disorganization and perceptual plasticity after limb amputation: A follow-up study". *Neuroreport* 5:1341-45.

Hamilton, R.H., Keenan, J.P., Catala, M.D., Pascual-Leone, A. (2000). "Alexia for Braille following bilateral occipital stroke in an early blind woman". *Neuroreport* 11:237-40.

Hamilton, R.H., Pascual-Leone, A., Schlaug, G. (2004). "Absolute pitch in blind musicians". *Neuroreport* 15:803-6.

Hasselmo, M.E. (1995). "Neuromodulation and cortical function: Modeling the physiological basis of behavior". *Behav Brain Res* 67:1-27.

Hawkins, J., Blakeslee, S. (2004). *On Intelligence*. Times Books.

Hochberg, L.R., Serruya, M.D., Friehs, G.M., Mukand, J.A., Saleh, M., Caplan, A.H., Branner, A., Chen, D., Penn, R.D., Donoghue, J.P. (2006). "Neuronal ensemble control of prosthetic devices by a human with tetraplegia". *Nature* 442:164-71.

Hoffman, K.L., McNaughton, B.L. (2002). "Coordinated reactivation of distributed memory traces in primate neocortex". *Science* 297:2070.

Hoffmann, R. et al. (2018). "Evaluation of an audio-haptic sensory substitution device for enhancing spatial awareness for the visually impaired". *Optom Vis Sci* 95 (9): 757.

Hubel, D.H., Wiesel, T.N. (1965). "Binocular interaction in striate cortex of kittens reared with artificial squint". *J Neurophysiol* 28:1041-59.

Hurovitz, C., Dunn, S., Domhoff, G.W., Fiss, H. (1999). "The dreams of blind men and women: A replication and extension of previous findings". *Dreaming* 9:183-93.

Jacobs, G.H., Williams, G.A., Cahill, H., Nathans, J. (2007). "Emergence of novel color vision in mice engineered to express a human cone photopigment". *Science* 315 (5819): 1723-25.

Jameson, K.A. (2009). "Tetrachromatic color vision". Em *The Oxford Companion to Consciousness*, org. P. Wilken, T. Bayne e A. Cleeremans. Oxford University Press.

Johnson, J.S., Newport, E.L. (1989). "Critical period effects in second language learning: The influence of maturational state on the acquisition of English as a second language". *Cogn Psychol* 21:60-99.

Jones, E.G. (2000). "Cortical and subcortical contributions to activity-dependent plasticity in primate somatosensory cortex". *Annu Rev Neurosci* 23:1-37.

Jones, E.G., Pons, T.P. (1998). "Thalamic and brainstem contributions to large-scale plasticity of primate somatosensory cortex". *Science* 282 (5391): 1121-25.

Karl, A., Birbaumer, N., Lutzenberger, W., Cohen, L.G., Flor, H. (2001). "Reorganization of motor and somatosensory cortex in upper extremity amputees with phantom limb pain". *J Neurosci* 21:3609-18.

Karni, A., Meyer, G., Jezzard, P., Adams, M., Turner, R., Ungerleider, L. (1995). "Functional MRI evidence for adult motor cortex plasticity during motor skill learning". *Nature* 377:155-58.

Kay, L. (2000). "Auditory perception of objects by blind persons, using a bioacoustic high resolution air sonar". *J Acoust Soc Am* 107 (6): 3266-76.

Kennedy, P.R., Bakay, R.A. (1998). "Restoration of neural output from a paralyzed patient by a direct brain connection". *Neuroreport* 9:1707-11.

Kilgard, M.P., Merzenich, M.M. (1998). "Cortical map reorganization enabled by nucleus basalis activity". *Science* 279:1714-18.

Knudsen, E.I. (2002). "Instructed learning in the auditory localization pathway of the barn owl". *Nature* 417:322-28.

Kubanek, M., Bobulski, J. (2018). "Device for acoustic support of orientation in the surroundings for blind people". *Sensors* 18 (12): 4309.

Kuhl, P.K. (2004). "Early language acquisition: Cracking the speech code". *Nat Rev Neurosci* 5:831-43.

Kupers, R., Ptito, M. (2014). "Compensatory plasticity and cross-modal reorganization following early visual deprivation". *Neurosci Biobehav Rev* 41:36-52.

Law, M.I., Constantine-Paton, M. (1981). "Anatomy and physiology of experimentally produced striped tecta". *J Neurosci* 1:741-59.

Lenay, C., Gapenne, O., Hanneton, S., Marque, C., Genouëlle, C. (2003). "Sensory substitution: Limits and perspectives". Em *Touching for*

Knowing, Cognitive Psychology of Haptic Manual Perception, org. Y. Hatwell, A. Streri e E. Gentaz, 275-92. John Benjamins.
Levy, B. (2008). "The blind climber who 'sees' with his tongue". *Discover*, 22 de junho de 2008.
Lisman, J., Cooper, K., Sehgal, M., Silva, A.J. (2018). "Memory formation depends on both synapse-specific modifications of synaptic strength and cell-specific increases in excitability". *Nat Neurosci* 12:1.
Lobo, L. et al. (2018). "Sensory substitution: Using a vibrotactile device to orient and walk to targets". *J Exp Psychol Appl* 24 (1): 108.
Macpherson, F., org. (2018). *Sensory Substitution and Augmentation*. Oxford University Press.
Mancuso, K., Hauswirth, W.W., Li, Q., Connor, T.B., Kuchenbecker, J.A., Mauck, M.C., Neitz, J., Neitz, M. (2009). "Gene therapy for red-green colour blindness in adult primates". *Nature* 461:784-88.
Maravita, A., Iriki, A. (2004). "Tools for the body (schema)". *Trends Cogn Sci* 8:79-86.
Martin, S.J., Grimwood, P.D., Morris, R.G. (2000). "Synaptic plasticity and memory: An evaluation of the hypothesis". *Annu Rev Neurosci* 23:649-711.
Massiceti, D., Hicks, S.L., van Rheede, J.J. (2018). "Stereosonic vision: Exploring visual-to-auditory sensory substitution mappings in an immersive virtual reality navigation paradigm". *PLoS One* 13 (7).
Matteau, I., Kupers, R., Ricciardi, E., Pietrini, P., Ptito, M. (2010). "Beyond visual, aural, and haptic movement perception: hMT+ is activated by electrotactile motion stimulation of the tongue in sighted and in congenitally blind individuals". *Brain Res Bull* 82 (5-6): 264-70.
Meijer, P.B. (1992). "An experimental system for auditory image representations". *IEEE Trans Biomed Eng* 39 (2): 112-21.
Merabet, L.B. et al. (2007). "Combined activation and deactivation of visual cortex during tactile sensory processing". *J Neurophysiol* 97:1633-41.
Merabet, L.B. et al. (2008). "Rapid and reversible recruitment of early visual cortex for touch". *PLoS One* 3 (8): e3046.
Merabet, L.B., Pascual-Leone, A. (2010). "Neural reorganization following sensory loss: The opportunity of change". *Nat Rev Neurosci* 11 (1): 44-52.
Merabet, L.B., Rizzo, J., Amedi, A., Somers, D., Pascual-Leone, A. (2005). "What blindness can tell us about seeing again: Merging neuroplasticity and neuroprostheses". *Nat Rev Neurosci* 6 (1): 71-77.
Merzenich, M.M. (1998). "Long-term change of mind". *Science* 282 (5391): 1062-63.
Merzenich, M.M. et al. (1984). "Somatosensory cortical map changes following digit amputation in adult monkeys". *J Comp Neurol* 224:591-605.

Miller, T.C., Crosby, T.W. (1979). "Musical hallucinations in a deaf elderly patient". *Ann Neurol* 5:301-2.
Mitchell, S.W. (1872). *Injuries of Nerves and Their Consequences*. Lippincott.
Montague, P.R., Eagleman, D.M., McClure, S.M., Berns, G.S. (2002). "Reinforcement learning". Em *Encyclopedia of Cognitive Science*. Macmillan.
Moosa, A.N. et al. (2013). "Long-term functional outcomes and their predictors after hemispherectomy in 115 children". *Epilepsia* 54 (10): 1771-79.
Muckli, L., Naumer, M.J., Singer, W. (2009). "Bilateral visual field maps in a patient with only one hemisphere". *Proc Natl Acad Sci USA* 106 (31): 13034-39.
Muhlau, M. et al. (2006). "Structural brain changes in tinnitus". *Cereb Cortex* 16:1283-88.
Nagel, S.K., Carl, C., Kringe, T., Märtin, R., König, P. (2005). "Beyond sensory substitution — learning the sixth sense". *J Neural Eng* 2 (4): R13-26.
Nau, A.C., Pintar, C., Arnoldussen, A., Fisher, C. (2015). "Acquisition of visual perception in blind adults using the BrainPort artificial vision device". *Am J Occup Ther* 69 (1): 1-8.
Neely, R.M., Piech, D.K., Santacruz, S.R., Maharbiz, M.M., Carmena, J.M. (2018). "Recent advances in neural dust: Towards a neural interface platform". *Curr Opin Neurobiol* 50:64-71.
Neville, H., Bavelier, D. (2002). "Human brain plasticity: Evidence from sensory deprivation and altered language experience". *Prog Brain Res* 138:177-88.
Noë, A. (2009). *Out of Our Heads*. Hill and Wang.
Norimoto, H., Ikegaya, Y. (2015). "Visual cortical prosthesis with a geomagnetic compass restores spatial navigation in blind rats". *Curr Biol* 25 (8): 1091-95.
Nottebohm, F. (2002). "Neuronal replacement in adult brain". *Brain Res Bull* 57 (6): 737-49.
Novich, S.D., Eagleman, D.M. (2015). "Using space and time to encode vibrotactile information: Toward an estimate of the skin's achievable throughput". *Exp Brain Res* 233 (10): 2777-88.
Nudo, R.J., Milliken, G.W., Jenkins, W.M., Merzenich, M.M. (1996). "Use-dependent alterations of movement representations in primary motor cortex of adult squirrel monkeys". *J Neurosci* 16 (2): 785-807.
O'Brien, J., Bloomfield, S.A. (2018). "Plasticity of retinal gap junctions: Roles in synaptic physiology and disease". *Annu Rev Vis Sci* 4:79-100.
O'Regan, J.K., Noë, A. (2001). "A sensorimotor account of vision and visual consciousness". *Behav Brain Sci* 24 (5): 939-73; discussão, 973-1031.

Orsetti, M., Casamenti, F., Pepeu, G. (1996). "Enhanced acetylcholine release in the hippocampus and cortex during acquisition of an operant behavior". *Brain Res* 724: 89-96.

Ortiz-Terán, L. et al. (2016). "Brain plasticity in blind subjects centralizes beyond the modal cortices". *Front Syst Neurosci* 10:61.

Ortiz-Terán, L. et al. (2017). "Brain circuit-gene expression relationships and neuroplasticity of multisensory cortices in blind children". *Proc Natl Acad Sci* 114 (26): 6830-35.

Osinski, D., Hjelme, D.R. (2018). "A sensory substitution device inspired by the human visual system". *11th International Conference on Human System Interaction*.

Parsons, B., Novich, S.D., Eagleman, D.M. (2013). "Motor-sensory recalibration modulates perceived simultaneity of cross-modal events". *Front Psychol* 4:46.

Pascual-Leone, A., Amedi, A., Fregni, F., Merabet, L. (2005). "The plastic human brain cortex". *Annu Rev Neurosci* 28:377-401.

Pascual-Leone, A., Hamilton, R. (2001). "The metamodal organization of the brain". Em *Vision: From Neurons to Cognition*, org. C. Casanova e M. Ptito, 427-45. Elsevier Science.

Pascual-Leone, A., Peris, M., Tormos, J.M., Pascual, A.P., Catala, M.D. (1996). "Reorganization of human cortical motor output maps following traumatic forearm amputation". *Neuroreport* 7:2068-70.

Pasupathy, A., Miller, E.K. (2005). "Different time courses of learning-related activity in the prefrontal cortex and striatum". *Nature* 433 (7028): 873-76.

Penfield, W. (1961). "Activation of the record of human experience". *Ann R Coll Surg Engl* 29 (2): 77-84.

Perrett, S.P., Dudek, S.M., Eagleman, D.M., Montague, P.R., Friedlander, M.J. (2001). "LTD induction in adult visual cortex: Role of stimulus timing and inhibition". *J Neurosci* 21 (7): 2308-19.

Petitto, L.A., Marentette, P.F. (1991). "Babbling in the manual mode: Evidence for the ontogeny of language". *Science* 251:1493-96.

Poirier, C., De Volder, A.G., Scheiber, C. (2007). "What neuroimaging tells us about sensory substitution". *Neurosci Biobehav Rev* 31:1064-70.

Pons, T.P., Garraghty, P.E., Ommaya, A.K., Kaas, J.H., Taub, E., Mishkin, M. (1991). "Massive cortical reorganization after sensory deafferentation in adult macaques". *Science* 252:1857-60.

Proulx, M.J., Stoerig, P., Ludowig, E., Knoll, I. (2008). "Seeing 'where' through the ears: Effects of learning-by-doing and long-term sensory deprivation on localization based on image-to-sound substitution". *PLoS One* 3 (3): e1840.

Ptito, M., Fumal, A., De Noordhout, A.M., Schoenen, J., Gjedde, A., Kupers, R. (2008). "TMS of the occipital cortex induces tactile sensations in the fingers of blind Braille readers". *Exp Brain Res* 184 (2): 193-200.

Rajangam, S., Tseng, P.H., Yin, A., Lehew, G., Schwarz, D., Lebedev, M.A., Nicolelis, M.A. (2016). "Wireless cortical brain-machine interface for whole-body navigation in primates". *Sci Rep* 6:22170.

Ramachandran, V.S. (1993). "Behavioral and MEG correlates of neural plasticity in the adult human brain". *Proc Natl Acad Sci USA* 90:10413-20.

Ramachandran, V.S, Rogers-Ramachandran, D., Stewart, M. (1992). "Perceptual correlates of massive cortical reorganization". *Science* 258:1159-60.

Rao, R.P., Sejnowski, T.J. (2003). "Self-organizing neural systems based on predictive learning". *Philos Transact A Math Phys Eng Sci* 361 (1807): 1149-75.

Raz, N., Amedi, A., Zohary, E. (2005). "V1 activation in congenitally blind humans is associated with episodic retrieval". *Cereb Cortex* 15:1459-68.

Renier, L., Anurova, I., De Volder, A.G., Carlson, S., VanMeter, J., Rauschecker, J.P. (2010). "Preserved functional specialization for spatial processing in the middle occipital gyrus of the early blind". *Neuron* 68 (1): 138-48.

Renier, L., De Volder, A.G., Rauschecker, J.P. (2014). "Cortical plasticity and preserved function in early blindness". *Neurosci Biobehav Rev* 41:53-63.

Ribot, T. (1882). *Diseases of the Memory: An Essay in the Positive Psychology*. D. Appleton.

Roberson, E.D., Sweatt, J.D. (1999). "A biochemical blueprint for long-term memory". *Learn Mem* 6 (4): 381-88.

Rosenzweig, M.R., Bennett, E.L. (1996). "Psychobiology of plasticity: Effects of training and experience on brain and behavior". *Behav Brain Res* 78:57-65.

Royer, S., Pare, D. (2003). "Conservation of total synaptic weight through balanced synaptic depression and potentiation". *Nature* 422 (6931): 518-22.

Sachdev, R.N.S., Lu, S.M., Wiley, R.G., Ebner, F.F. (1998). "Role of the basal forebrain cholinergic projection in somatosensory cortical plasticity". *J Neurophysiol* 79:3216-28.

Sadato, N., Pascual-Leone, A., Grafman, J., Deiber, M.P., Ibanez, V., Hallett, M. (1998). "Neural networks for Braille reading by the blind". *Brain* 121:1213-29.

Sampaio, E., Maris, S., Bach-y-Rita, P. (2001). "Brain plasticity: 'Visual' acuity of blind persons via the tongue". *Brain Res* 908 (2): 204-7.

Sathian, K., Stilla, R. (2010). "Cross-modal plasticity of tactile perception in blindness". *Restor Neurol Neurosci* 28 (2): 271-81.

Schulz, L.E., Gopnik, A. (2004). "Causal learning across domains". *Dev Psychol* 40:162-76.

Schweighofer, N., Arbib, M.A. (1998). "A model of cerebellar metaplasticity". *Learn Mem* 4 (5): 421-28.

Sharma, J., Angelucci, A., Sur, M. (2000). "Induction of visual orientation modules in auditory cortex". *Nature* 404:841-47.

Simon, M. (2019). "How I became a robot in London — from 5,000 miles away". *Wired*.

Singh, A.K., Phillips, F., Merabet, L.B., Sinha, P. (2018). "Why does the cortex reorganize after sensory loss?" *Trends Cogn Sci* 22 (7): 569-82.

Smirnakis, S.M., Brewer, A.A., Schmid, M.C., Tolias, A.S., Schüz, A., Augath, M., Inhoffen, W., Wandell, B.A., Logothetis, N.K. (2005). "Lack of long-term cortical reorganization after macaque retinal lesions". *Nature* 435 (7040): 300-307.

Southwell, D.G., Froemke, R.C., Alvarez-Buylla, A., Stryker, M.P., Gandhi, S.P. (2010). "Cortical plasticity induced by inhibitory neuron transplantation". *Science* 327 (5969): 1145-48.

Spedding, M., Gressens, P. (2008). "Neurotrophins and cytokines in neuronal plasticity". *Novartis Found Symp* 289:222-33; discussão, 233-40.

Steele, C.J., Zatorre, R.J. (2018). "Practice makes plasticity". *Nat Neurosci* 21 (12): 1645.

Stetson, C., Cui, X., Montague, P.R., Eagleman, D.M. (2006). "Motor-sensory recalibration leads to an illusory reversal of action and sensation". *Neuron* 51 (5): 651-59.

Tapu, R., Mocanu, B., Zaharia, T. (2018). "Wearable assistive devices for visually impaired: A state of the art survey". *Pattern Recognit Lett*.

Thaler, L., Goodale, M.A. (2016). "Echolocation in humans: An overview". *Wiley Interdisc Rev Cogn Sci* 7 (6): 382-93.

Thiel, C.M., Friston, K.J., Dolan, R.J. (2002). "Cholinergic modulation of experience-dependent plasticity in human auditory cortex". *Neuron* 35:567-74.

Tulving, E., Hayman, C.A.G., Macdonald, C.A. (1991). "Long-lasting perceptual priming and semantic learning in amnesia: A case experiment". *J Exp Psychol Learn Mem Cogn* 17:595-617.

Udin, S.H. (1977). "Rearrangements of the retinotectal projection in Rana pipiens after unilateral caudal half-tectum ablation". *J Comp Neurol* 173:561-82.

Velliste, M., Perel, S., Spalding, M.C., Whitford, A.S., Schwartz, A.B. (2008). "Cortical control of a prosthetic arm for self-feeding". *Nature* 453:1098-101.

von Melchner, L., Pallas, S.L., Sur, M. (2000). "Visual behaviour mediated by retinal projections directed to the auditory pathway". *Nature* 404:871-76.

Voss, P., Gougoux, F., Lassonde, M., Zatorre, R.J., Lepore, F. (2006). "A positron emission tomography study during auditory localization by late-onset blind individuals". *Neuroreport* 17 (4): 383-88.

Voss, P., Gougoux, F., Zatorre, R.J., Lassonde, M., Lepore, F. (2008). "Differential occipital responses in early- and late-blind individuals during a sound-source discrimination task". *Neuroimage* 40 (2): 746-58.

Weaver, I.C. et al. (2004). "Epigenetic programming by maternal behavior". *Nat Neurosci* 7 (8): 847-54.

Weiss, T. Miltner, W.H., Liepert, J., Meissner, W., Taub, E. (2004). "Rapid functional plasticity in the primary somatomotor cortex and perceptual changes after nerve block". *Eur J Neurosci* 20:3413-23.

Whitlock, J.R., Heynen, A.J., Shuler, M.G., Bear, M.F. (2006). "Learning induces long-term potentiation in the hippocampus". *Science* 313 (5790): 1093-97.

Wiesel, T.N., Hubel, D.H. (1963). "Single-cell responses in striate cortex of kittens deprived of vision in one eye". *J Neurophysiol* 26:1003-17.

Witthoft, N., Winawer, J., Eagleman, D.M. (2015). "Prevalence of learned grapheme-color pairings in a large online sample of synesthetes". *PLoS One* 10 (3).

Won, A.S., Bailenson, J.N., Lanier, J. (2015). "Homuncular flexibility: The human ability to inhabit nonhuman avatars". Em *Emerging Trends in the Social and Behavioral Sciences*, org. R. Scott e M. Buchmann, 1-6. John Wiley & Sons.

Yamahachi, H., Marik, S.A., McManus, J.N., Denk, W., Gilbert, C.D. (2009). "Rapid axonal sprouting and pruning accompany functional reorganization in primary visual cortex". *Neuron* 64 (5): 719-29.

Yang, T.T., Gallen, C.C., Ramachandran, V.S., Cobb, S., Schwartz, B.J., Bloom, F.E. (1994). "Non-invasive detection of cerebral plasticity in adult human somatosensory cortex". *Neuroreport* 5:701-4.

Zola-Morgan, S.M., Squire, L.R. (1990). "The primate hippocampal formation: Evidence for a time-limited role in memory storage". *Science* 250 (4978): 288-90.

CRÉDITOS DAS ILUSTRAÇÕES

6 – Reproduzido a partir de Kliemann, D. Conectividade intrínseca do cérebro em adultos com um único hemisfério cerebral – com a permissão de Elselvier
39/45/49/51/74/77/88/106/125/160/176/217/272/282 – Cortesia do autor

Impressão e Acabamento:
GRÁFICA E EDITORA CRUZADO